WENNS DRAUF AN KOMMT...
Mit den Allwetter-Schäften im Camouflage-Design
AF537241
SEMPRIO
IN-LINE-REPETIERER
Neben seiner Schnelligkeit, Sicherheit, Präzision und der schraubenlosen Take-Down-Funktion wartet der innovative In-Line-Repetierer Semprio mit einem weiteren überzeugenden Vorteil auf: Die Camouflage-Schäfte, erhältlich in „Forest Green“ und „Blaze Orange“, bieten auch bei Frost, Hitze und Nässe sichere Griffigkeit und machen die Semprio einmal mehr zur perfekten Alltagswaffe.
Weitere Details unter www.krieghoff.de
KRIEGHOFF
Abgabe von Waffen nur an Inhaber einer Erwerbserlaubnis.

Norbert Klups

Wiederladen

von Hoch- und Großwildpatronen

Leistungsstarke und präzise Jagdpatronen mit Spezialgeschossen

nimrod

Bildquellen:

Alle Aufnahmen stammen vom Verfasser

2., überarbeite und stark erweiterte Auflage

JANA Jagd + Natur VertriebsGmbH
Schwalbenweg 1, 34212 Melsungen
Tel. 05661.9262-0, Fax 05661.9262-20
www.nimrod-verlag.de, www.jana-jagd.de

Hinweis:
Alle in diesem Buch enthaltenen Angaben, Daten, Ergebnisse etc. wurden vom Autoren nach bestem Wissen erstellt und von ihm und dem Verlag mit größtmöglicher Sorgfalt überprüft und wiedergegeben. Dennoch lassen sich eventuelle Unrichtigkeiten nicht vermeiden. Außerdem besteht vonseiten des Autoren und Verlages weder eine Einflussmöglichkeit auf die vom Benutzer gewählten Komponenten noch auf die zum Verschießen der Munition verwendeten Waffen. Aus diesen Gründen wird für die Verwendung der wiedergegebenen Ladedaten, Verfahren und für etwaige inhaltliche Unrichtigkeiten keine Haftung und keine Gewähr übernommen. Die Verwendung der wiedergegebenen Ladedaten und Verfahren erfolgt auf eigene Gefahr! Der Haftungsausschluss gilt nicht, soweit nach dem Produkthaftungsgesetz für Personen- und Sachschäden gehaftet wird. Jeder Leser muss beim Umgang mit den genannten Stoffen, Materialien, Geräten usw. Vorsicht walten lassen, Gebrauchsanweisungen und Herstellungshinweise beachten sowie den Zugang für Unbefugte verhindern.

Printed in the European Community
Satz/Layout: J. Neumann-Neudamm AG, Melsungen
Titelbildgestaltung: Verlag J. Neumann-Neudamm AG
Druck und Weiterverarbeitung: Gorenjski tisk d.d.

ISBN 978-3-7888-1701-5

Inhaltsverzeichnis

Vorwort

Dieses Buch ist für den Jäger gedacht, der seine Jagdmunition selbst lädt, weil er eine für ihn optimale Munition will. Damit ist nicht nur die genaue Abstimmung auf die Büchse gemeint, die eine wesentlich bessere Präzision ermöglicht als Fabrikmunition, die so geladen wird, dass sie sich in allen Waffen dieses Kalibers verwenden lässt sondern auch eine Optimierung hinsichtlich der zu bejagenden Wildart und der zu erwartenden Schussentfernung.

Es ist ein Unterschied, ob das Wild den Zielwiderstand eines Rehs oder eines Hirsches bietet und ob es sich in 40 Meter oder 200 Meter Entfernung befindet. Nun weiß man bei der Jagd oft nicht, was gerade vor die Büchse läuft und wie weit es weg ist. Dann ist eine universell einsetzbare Laborierung gefragt, die zwar nicht für alle Zwecke optimal ist, aber die ganze Bandbreite möglichst gut abdeckt. Auch hier hat der Wiederlader eine Menge Möglichkeiten, denn moderne Geschosskonstruktionen decken ein breites Wirkungsfeld ab.

Oft ist aber auch vorher bekannt, was den Jäger erwartet. Wer eine Steinbockjagd in der Mongolei bucht, weiß ziemlich genau, dass er einen eher weiten Schuss auf eine Wildart abgeben wird, die etwa 70–100 Kilogramm wiegt. Hier lassen sich die entsprechende Patrone und das Geschoss schon sehr genau auswählen und optimal abstimmen. Umgekehrt wird es bei der Drückjagd kaum Weitschüsse geben. Hier ist ein schnell ansprechendes Geschoss gefragt, das eine hohe Energieabgabe garantiert und möglichst unempfindlich gegenüber Hindernissen in der Flugbahn ist. Eine gute Außenballistik ist hier zu vernachlässigen. Auch der Großwildjäger weiß genau, dass er auf Elefant oder Büffel auf Kurzdistanz schießt und eine Patrone mit möglichst guter Tiefenwirkung und Richtungsstabilität im Wildkörper braucht.

Das heutige Angebot an Geschossen und Treibladungspulvern ermöglicht dem erfahrenen Wiederlader sehr wirkungsvolle und präzise Jagdmunition herzustellen. Selbstverständlich ist auch das Angebot an Fabrikpatronen heute sehr gut, aber die Munitionshersteller müssen sich aus wirtschaftlichen Gründen auf gängige Laborierungen beschränken. Spezialmunition in Kleinserien lässt sich nicht kostendeckend produzieren. Die beste Präzision lässt sich sowieso nur mit wiedergeladener Munition aus einer Büchse herausholen.

Das zweite Ziel dieses Buches ist das Laborieren von alten Patronen, für die es kaum Ladedaten gibt. In den gängigen Wiederladebüchern gibt es fast nur Informationen über Standardpatronen. Alte und ausgefallene Kaliber werden kaum behandelt. Hier findet der Leser Ladedaten für fast alle englischen Nitro-Express-Kaliber und speziellen Patronen von Herstellern wie A-Square und Dakota.

Vergessen sollte man allerdings den Gedanken, mit dem Wiederladen von Jagdpatronen anzufangen, um Kosten zu sparen. Der durchschnittliche Jäger verbraucht im Jahr kaum mehr als 50–60 Patronen für Kontrollschüsse auf dem Schießstand und bei der Jagd. Bis sich die Kosten für Sprengstoffschein und Wiederladeausrüstung amortisiert haben, vergehen da leicht einige Jahrzehnte.

Man darf nicht vergessen, dass wiedergeladene Munition nicht kostenlos ist, sondern bestenfalls etwas günstiger als Fabrikpatronen. Hochwertige Jagdgeschosse sind nicht gerade preiswert, Treibladungspulver und Zündhütchen kommen hinzu und für jedes Kaliber muss ein passender Matrizensatz angeschafft werden.

Dazu kommt, dass zum Erarbeiten einer in der eigenen Waffe mit dem gewünschten Geschoss präzise schießenden Laborierung oft viele Fahrten zum Schießstand und eine entsprechende Zahl von Testschüssen notwendig sind. Wiederladen aus Kostengründen lohnt sich nur für Sportschützen mit ihrem hohen Munitionsverbrauch und der Möglichkeit, preisgünstige Scheibengeschosse zu verladen.

Wiederladende Jäger sind an Höchstleistung interessiert, nicht an billigen Patronen. Während es dem Sportschützen ausschließlich um Präzision geht, hat der Jäger auch noch andere Anforderungen an seine Patrone. Er will nicht nur treffen, sondern auch eine möglichst hohe Wirkung im Ziel erreichen. Die präziseste Patrone nützt ihm wenig, wenn sie nicht auch leistungsstark ist.

Hier liegt die Zielrichtung dieses Buches. Der Autor lädt seine Jagdmunition seit 30 Jahren selbst und hat einen Großteil der in diesem Buch aufgeführten Laborierungen in der Praxis ausprobiert. Bei den nicht selbst eingesetzten Patronen liegen Praxiserfahrungen von Jagdfreunden vor, denen an dieser Stelle schon einmal herzlich für ihre Mitwirkung gedankt wird.

Behandelt werden ausschließlich Jagdpatronen für die Jagd auf Schalenwild, wobei der Schwerpunkt auf leistungsstarken Hochwildpatronen liegt. Patronen für die Bejagung von Raubwild zu laden, ist keine große Kunst, hier kommt es lediglich auf gute Präzision an und auch unser Rehwild stellt den Wiederlader vor keine großen Anforderungen.

Rehwild hat ein sehr empfindliches Nervensystem und lässt sich mit jeder zugelassenen Laborierung erlegen. Hier spielt ausschließlich der präzise Treffer eine Rolle.

Eine andere Frage ist die Wildbretentwertung, die aber eigentlich keine Frage sein sollte, denn im Vordergrund einer waidgerechten Jagd sollte immer das schnelle Verenden des Wildes stehen und für Diskussionen über einige hundert Gramm mehr oder weniger Wildbret ist in unserer Zeit eigentlich kein Platz mehr.

Nach den heutigen Hygienevorschriften kann ein Stück, das erst nach längerer Nachsuche zur Strecke kommt, nicht mehr veräußert werden und stellt einen höheren Verlust dar, als durchweg etwas mehr Wildbretentwertung, dafür aber eine Patrone mit guter Wirkung.

Die Ladedaten fangen daher bei den .270er Kalibern an. Kleinere Kaliber sind für die Bejagung von Hochwild nur bedingt einsetzbar und hochwertige Spezialgeschosse mit aufwendigem Innenaufbau meist nur ab .270 Dia zu bekommen. Für die modernen „Kleinkaliber" sind genügend Ladedaten vorhanden. Auch so ist das Patronenkapitel schon umfangreich geworden, da zahlreiche alte Patronen und Spezialkaliber berücksichtigt wurden, für die sich sonst kaum Ladedaten finden.

„Wildbretschonende Rehwildlaborierungen" und „balgschonende Raubwildpatronen" sind in diesem Buch also nicht zu finden. Die von mir erarbeiteten Laborierungen sind alle an hoher Leistung und guter Präzision orientiert und ich verwende ausschließlich hochwertige Spezialgeschosse. Einfache Teilmantelgeschosse zu verwenden, macht wenig Sinn, wenn der Wiederlader bessere Munition herstellen will, als er sie kaufen kann. Eine Ausnahme ist vielleicht die Drückjagdpatrone, wo auch heute noch schwere Teilmantelrundkopfgeschosse ihre Berechtigung haben, obwohl es auch hier schon durchaus interessante Alternativen gibt.

Als Treibladungspulver werden ausschließlich Sorten verwandt, die es in Deutschland auch zu kaufen gibt und die möglichst gängig sind. Gerade das ist ein Problem, das ich in der Vergangenheit oft bei der Verwendung von ausländischer, meist amerikanischer, Wiederladeliteratur hatte. Da fand sich zwar eine Laborierung mit dem gewünschten Geschoss, die auch die angestrebte Mündungsgeschwindigkeit hatte, aber das dort angegebene Pulver war nicht zu bekommen. Für den deutschen Wiederlader ist ein Großteil der in den gängigen Wiederladebüchern zu findenden Ladeangaben daher wertlos. Pulver kann nicht auf dem Postweg verschickt werden und der Händler in erreichbarer Nähe hat oft nur einen oder zwei Hersteller im Programm.

Alle Laborierungen wurden vielfach geschossen und sind sicher. Die angegebene Mündungsgeschwindigkeit wurde aus Jagdwaffen und nicht aus Messläufen gemessen, wobei Waffenmodell und Lauflänge bei den Ladedaten jeweils angegeben ist.

Trotzdem lehnen Verfasser und Verlag jegliche Haftung, die sich aus der Verwendung der Ladedaten ergibt, ausdrücklich ab, da keine Kontrolle über die verwendeten Komponenten und die Arbeitsweise des Wiederladers möglich ist.

Der Leitspruch der Benchrestschützen lautet: „Nur eine präzise Waffe ist interessant.“ Für den Jäger reicht das nicht, er braucht neben Präzision auch noch die bestmögliche Zielwirkung, um dem Wild unnötige Leiden zu ersparen und dem Jäger den Jagderfolg zu sichern. Möge dieses Buch dazu beitragen.

Einleitung

Das Wiederladen von Munition ist eine schon lange ausgeübte Tätigkeit und geht bereits auf die Zeit seit Einführung der Metallpatronen zurück. Damals war es noch eine Notwendigkeit, denn die Munitionsversorgung war in den entlegenen Gebieten oft nicht gewährleistet, und wer damals vom Vorderlader auf den Hinterlader umstieg, wurde zwangsläufig auch zum Wiederlader.

Technische Probleme gab es bei den damaligen Ansprüchen bezüglich der Präzision von Büchsenpatronen kaum. Mit einfachen Werkzeugen, die die Hülse rekalibrierten, das alte Zündhütchen entfernten, ein neues setzten und schließlich das Geschoss festlegten, wurden die abgefeuerten Hülsen neu geladen. Oft wurden bereits abgewogene und in Papier verpackte Pulverladungen verwendet, die fertig gekauft werden konnten.

Als später die großen Munitionsfabriken entstanden und Fabrikpatronen in ausreichender Menge und flächendeckend zur Verfügung standen, wurde das Wiederladen weitgehend eingestellt.

Erst viel später, als den Sportschützen, die nach immer höheren Leistungen strebten, die fabrikmäßig geladene Munition nicht mehr präzise genug war, lebte die Kunst des Wiederladens wieder auf.

Als Wiege der Wiederlader ist wohl die USA anzusehen, wo schon recht früh damit begonnen wurde und wo mit dem Benchrest-Schießen eine Sportart entstand, die ohne handgeladene Munition undenkbar wäre. Eine kleine, aber mit der Zeit stetig wachsende Schar an Wiederladern entwickelte die Technik immer weiter und sorgte dafür, dass dieser Markt auch für die Industrie interessant wurde. Immer mehr und immer bessere Werkzeuge wurden entwickelt und angeboten.

Ende der 70er Jahre schwappte die „Wiederladewelle" auch nach Europa. Waren zunächst Ladepressen, Matrizen und andere Spezialwerkzeuge nur sehr schwer zu bekommen, so wurde die Situation langsam besser, als sich einige Importeure fanden, die Werkzeuge und Komponenten aus den USA importierten und hier anboten. Auch heute stammen fast alle Wiederladewerkzeuge und viele Ladekomponenten aus amerikanischer Produktion. Das hat nicht etwa seine Ursache darin, dass europäische Hersteller nicht in der Lage wären, Werkzeuge zum Wiederladen zu fertigen, oder es Qualitätsprobleme gäbe, sondern vielmehr damit, dass der US-Markt im Vergleich zum europäischen Markt geradezu riesig ist und sich dort rentable Stückzahlen fertigen und auch verkaufen lassen. In den Staaten gibt es eine Schar von Wiederladern, die in die Millionen geht, während es hierzulande gerade mal einige Tausend sind, die diesem Hobby frönen.

Das hat sicher auch mit den hier zunächst zu überwindenden gesetzlichen Hürden, wie den Besuch eines Lehrganges, dem Ablegen der Prüfung zur Erlangung des Sprengstofferlaubnisscheines und der Einrichtung und Abnahme eines Pulverlagers, zu tun.

In den USA kann jeder Erwachsene alle Komponenten einfach so erwerben und sich zu Hause daran setzen, seine Munition zu laden. Dazu sind dort die Komponenten erheblich preisgünstiger als hier und an jeder Ecke zu bekommen. In Deutschland ist manchmal eine halbe Tagesreise erforderlich, um einen lizenzierten Händler zu erreichen und eine Dose Pulver der gewünschten Sorte zu erwerben. Dazu kommt, dass auf vielen Schießständen Wiederlader, die ihre Patronen testen, nicht gern gesehen und misstrauisch beäugt werden.

Doch mittlerweile ist die Situation, zumindest was die Auswahl an Komponenten und Werkzeugen angeht, besser geworden. Lassen wir uns also den Spaß nicht verderben, denn wer seine Patronen sorgfältig und mit dem nötigen Know-how selbst herstellt, ist dem Schützen, der Fabrikmunition einsetzt, überlegen, denn er hat eine maßgeschneiderte Patrone für seine Waffe. Der Jäger, der mit sorgfältig abgestimmten Handladungen jagt, kann sicher sein, alles getan zu haben, um sein Wild waidgerecht zur Strecke zu bringen – zumindest was den munitionstechnischen Teil der Jagd betrifft.

Ladedaten für den Jagdeinsatz

Wie schon im Vorwort erwähnt, ist dieses Buch nicht als Lehrbuch zum Einstieg in die Wiederladerei gedacht. Dafür gibt es reichlich Literatur, wie das Wiederladebuch von Dynamit Nobel, das Buch der DEVA oder das Buch über Wiederladen von Roland Zeitler, die alle sehr gut geeignet sind, die nötigen Werkzeuge auszuwählen, eine Ladebank einzurichten und den Umgang mit Ladepresse, Waage und den Komponenten zu erlernen. Hier ist der erfahrene Wiederlader angesprochen, der weiß, wie er seine Matrizen einstellen muss, wie ein korrekt gesetztes Zündhütchen aussieht und der auch die Anzeichen von Überdruck am Patronenboden erkennt.

Die hier vorgestellten Laborierungen sind Jagdladungen reinsten Wassers und für die Jagd auf Schalenwild gedacht. Ziel ist es, eine Laborierung zu schaffen, die den gängigen Fabrikpatronen überlegen ist, oder aber Munition für Waffen herzustellen, deren Kaliber nicht mehr, oder nur noch in ein oder zwei Laborierungen, fabrikmäßig gefertigt wird.

Das ist speziell bei den alten englischen Großwildpatronen der Fall, die oft gar nicht mehr oder wenn, dann nur mit einem Geschossgewicht gefertigt werden. Wer eine solche Waffe wieder zum Leben erwecken will, muss sich zwangsläufig an die Ladepresse setzen.

Wir haben heute zum Glück eine solche Auswahl an Komponenten, dass es möglich ist, fast jede Patrone herzustellen – es ist eigentlich nur eine Frage des Aufwandes. Firmen wie Bell liefern Basishülsen, aus denen sich auch sehr seltene Hülsen umformen lassen und Custom-Bullet-Maker wie Wim Degol aus Belgien fertigen Jagdgeschosse genau nach Maß und in Kleinserien. Ladematrizen in Einzelanfertigung sind von Herstellern wie Triebel zu beziehen und alles andere, wie Treibladungspulver und Zündhütchen, ist kein Problem und kann von gängigen Patronen übernommen werden.

Im Kapitel mit den Ladedaten finden sich daher auch viele seltene alte Patronen oder aber auch einige interessante Wildcats und spezielle Patronen von Firmen wie Dakota oder A-Square, die ihre eigenen Patronen entwickelt haben und bei denen das Angebot an Fabrikmunition entsprechend dünn ist. In Deutschland Patronen von A-Square, Dakota, Lazzeroni oder einem der anderen Kleinhersteller zu bekommen, ist extrem schwierig und langwierig. Kaum ein Munitionsimporteur legt sich solche Exoten ins Lager, zumal zum Verkauf oftmals auch noch eine teure und aufwendige CIP-Prüfung notwendig wäre.

Doch auch wer mit ganz normalen Jagdkalibern wie etwa .300 Winchester Magnum oder .30-06 jagt, kann von speziellen Handladungen oft profitieren. Einmal wird die Präzision durch die Abstimmung auf die eigene Büchse verbessert, dann können Geschosse verladen werden, die in Fabrikpatronen nicht zu bekommen sind, und der Wiederlader hat es in der Hand, die Möglichkeiten der Patrone voll auszuschöpfen.

Damit ist jetzt nicht gemeint, die letzten Metersekunden herauszukitzeln, sondern etwa Patronen für kurze Läufe mit offensiv abbrennendem Pulver zu laborieren, die einen nur geringen Leistungsverlust haben und so den Fabrikpatronen in der Leistung aus kurzläufigen Büchsen deutlich überlegen sind.

Bevor es ans Laden geht, ist es aber notwendig, sich etwas mit der Büchse zu beschäftigen, aus der unsere Handladungen später verschossen werden sollen. Nur wenn hier die nötigen Voraussetzungen vorliegen, macht es überhaupt Sinn, sich die Mühe zu machen, handgeladene Patronen zu verwenden.

Waffentechnische Voraussetzungen

Wer mit einer Waffe schießen will, sollte zunächst einmal ganz sicher sein, dass sie das auch aushält – um es einmal ganz einfach auszudrücken. Besonders wenn Handladungen verwendet werden, sollte der Wiederlader sehr vorsichtig sein, denn bei einer Waffensprengung gilt die erste Frage immer der verwendeten Munition und Wiederlader haben hier schlechte Karten. Waffenhersteller lehnen jede Haftung ab, wenn wiedergeladene Patronen verschossen werden.

Man sollte sich bei der Beurteilung, ob eine Waffe sicher ist, nicht etwa auf das Vorhandensein von Beschusszeichen verlassen, denn das sagt nichts weiter aus, als dass die Waffe zum Zeitpunkt des Beschusses den Anforderungen entsprochen hat. Waffen unterliegen wie alle technischen Geräte der Abnutzung und der Alterung.

Bei neuen Waffen gibt es kaum Probleme. Sie sind aus modernen Materialien gefertigt und sehr sicher. Anders sieht das bei alten Modellen aus.

Eine Doppelbüchse in einem Nitro Express Kaliber, die um die Jahrhundertwende gebaut wurde, ist da schon ganz anders und wesentlich kritischer zu betrachten. Oftmals wurden hier Korditladungen und keine Nitropulverlaborierungen eingesetzt und die Büchsen haben ein bewegtes Leben hinter sich.

Bei alten Waffen sollte der technische Zustand genau überprüft werden, bevor dafür Patronen geladen werden.

Wer über den technischen Zustand seiner Waffe den geringsten Zweifel hat, sollte einen erfahrenen Büchsenmacher mit der Inspektion und Beurteilung beauftragen und wenn auch der nicht zu 100 % sicher ist, hilft nur ein Neubeschuss bei einem der staatlichen Beschussämter. Das mag jetzt so manchen stolzen Besitzer einer stilvollen Großwildbüchse schockieren, aber es ist weitaus besser, das gute Stück zerlegt sich beim Beschussamt als in den eigenen Händen. Wer hier schon Bedenken hat, sollte die Waffe als Sammelstück betrachten und den Gedanken, damit zu schießen, schleunigst wieder vergessen.

Die Präzision

Ob die Büchse die Belastung des Schusses aushält, ist eine Sache, die wir hoffentlich vor den Laborierungsarbeiten geklärt haben – ob sie auch präzise schießt, ist eine ganz andere.

Wenn schon ein Dutzend Sorten Fabrikpatronen mit unterschiedlichen Geschossgewichten keine brauchbare Präzision erbringt, ist es sehr unwahrscheinlich, dass sich das mit handgeladener Munition gravierend ändert. Sicher gibt es solche Fälle, aber sie sind sehr selten. Auf jeden Fall ist es bedeutend besser, zunächst einmal die Waffe zu überprüfen, denn meist liegt der Fehler dort oder aber an der Zielfernrohrmontage oder der Zieloptik.

Einige Prüfungen können wir selbst vornehmen und es empfiehlt sich, zunächst hier Ursachenforschung zu betreiben, bevor mit den Ladearbeiten begonnen wird.

Ein häufiges Problem bei preiswerten Jagdbüchsen ist, dass der Lauf nicht mit dem Patronenlager fluchtet. Das Geschoss tritt dann verkantet in die Züge ein. Eine ordentliche Präzision ist hier kaum zu erwarten, daran ändern auch nach allen Regeln der Kunst handgeladene Patronen nichts. Feststellen lässt sich das ganz einfach, indem ein Geschoss so lang gesetzt wird (Hülse ohne Treibladungsmittel verwenden), dass es beim Schließen der Waffe bereits in den Lauf gedrückt wird. Das Geschoss wird zuvor über einer Kerzenflamme eingerußt. Nach dem Öffnen und Entnehmen der Patrone, zeichnen sich die Felder des Laufes als helle Rechtecke auf dem Geschoss ab. Diese Markierungen müssen alle den gleichen Abstand zum Hülsenmund haben, sonst fluchtet das Patronenlager nicht. Bei einer neuen Büchse wäre das sicher ein Grund, sie dem Hersteller zurückzugeben, denn das ist ein echter Fertigungsfehler und sollte der Garantie unterliegen. Bei einer alten Waffe wäre ein Laufwechsel fällig. Ist der Lauf lang genug, kann er auch gekürzt und ein neues Patronenlager geschnitten werden. Bei einer Serienwaffe ist ein neuer Lauf aber in der Regel die billigere Lösung.

Ein ebenfalls häufig anzutreffendes Problem bei Repetierbüchsen ist, dass die Anlageflächen der Verschlusswarzen nur einseitig tragen. Nimmt nur eine Warze die vollen Rückstoßkräfte auf, verbiegt sich das System kurzzeitig und diese Schwingungen werden auf den Lauf übertragen. Auch hier kann man mit Ruß arbeiten, Tuschierfarbe geht natürlich auch, ist aber in vielen Haushalten nicht so eben verfügbar. Die Warzen werden eingefärbt und der Verschluss geschlossen, wobei sich eine abgefeuerte Hülse im Patronenlager befinden muss. Die tragenden Flächen der Verschlusswarzen sind nach dem Öffnen des Verschlusses blank. Verschlusswarzen können von einem Büchsenmacher oder dem Hersteller nachgearbeitet werden, wenn die Toleranzen nicht allzu groß sind.

Es besteht auch die Möglichkeit, dass der Winkel zwischen Patronenlager und Stoßboden nicht stimmt. Rückschlüsse lassen sich hier aus der abgefeuerten Hülse ziehen. Stark abgeflachte Zündhütchen oder gar Deformationen im hinteren Hülsenteil weisen eigentlich auf zu hohe Gasdrücke hin. Jetzt die Schuld auf die Patrone zu schieben, ist allerdings nicht unbedingt immer zutreffend. Es kann auch daran liegen, dass der Übergang des Patronenlagers zum Lauf zu kurz ist. Werden Laborierungen mit schweren Geschossen benutzt, die entsprechend lang sind, liegen diese bereits an den Zügen an und der Ausziehwiderstand aus der Hülse und der Einpresswiderstand in die Züge fallen zusammen. Das führt zu Gasdrucksteigerungen. Einen zu kurzen Übergang erkennt man daran, dass der Verschluss sich bei Patronen mit leichten, kurzen Geschossen normal öffnen lässt, aber bei Munition mit schweren, langen Geschossen sehr schwergängig ist. Beim Testschießen sollten daher immer Patronen mit schwerem und leichtem Geschoss probiert werden.

Ein anderer gasdruckerhöhender Fehler liegt an einem zu kurzen Raum für den Hülsenhals. Dann wird der Hülsenhals an seinem Ende gestaucht und der Ausziehwiderstand des Geschosses steigt stark an. Dieser Fehler lässt sich einwandfrei nur mit einem Patronenlagerabguss feststellen.

Ein häufiger Fehler bei Repetierern ist ein zu großer Verschlussabstand. Unter Verschlussabstand versteht man den Spielraum der Patrone in Längsrichtung bei geschlossenem Verschluss. Normalerweise liegt er bei 0,1 bis 0,15 mm. Ist der Verschlussabstand zu groß, dehnt sich die Hülse beim Schuss zu stark in Längsrichtung und kann sogar reißen. Bei zu großem Verschlussabstand, ist an den abgefeuerten Hülsen im unteren Drittel meist ein heller Dehnungsring zu erkennen. Wird dies festgestellt, sollte ein Büchsenmacher den Verschlussabstand kontrollieren.

Der Lauf muss frei schwingen können. Ein Pappstück muss sich bis zum System frei durchziehen lassen.

Ursache für die schlechte Schussleistung einer Repetierbüchse kann neben den bereits beschriebenen Fehlern aber auch eine fehlerhafte System- oder Laufbettung sein. Das System darf nicht verspannt sein, sonst ist keine konstante Präzision zu erwarten. Das wird überprüft, indem eine der beiden Systemhalteschrauben gelöst wird. Wird nur eine Schraube gelöst, darf sich das System nicht aus dem Schaftbett heben. Tritt dies auf, liegt das System nicht ganz eben im Schaft und die Bettung muss nachgebessert werden. Der Lauf einer Repetierbüchse sollte frei schwingen können und nirgends Kontakt zum Schaftholz haben. Ein Karton von der Dicke einer Postkarte muss sich von der Mündung bis zum Patronenlager zwischen Schaft und Lauf durchziehen lassen. Hakt es, sollte das Laufbett nachgestochen werden.

Ist der Lauf in einwandfreiem Zustand, der Verschluss fest und die Anschussvoraussetzungen so, dass Schützenfehler auszuschließen sind, liegt es entweder an der Munition, der Zielfernrohrmontage oder dem Zielfernrohr selbst.

Häufigster Fehler ist eine defekte Zielfernrohrmontage. Kipplaufwaffen – und besonders ältere Modelle – sind sehr oft mit der Suhler Einhakmontage ausgestattet und diese birgt besonders viele Fehlerquellen. Die kleinen Füße verbiegen schnell bei unsachgemäßer Handhabung, und wenn die Montage zu viel Spannung hat, sind konstante Schussbilder kaum zu erwarten. Wird der Schieber zurückgezogen und der Hinterfuß springt vehement hoch, ist das ein Zeichen, dass die Montage stark unter Spannung steht. Bei starkem Gebrauch und oftmaligem Aufsetzen und Abnehmen des Zielfernrohres ist die Monta-

Zielfernrohrmontagen sind eine häufige Fehlerquelle für schlechte Schussleistung.

ge auch so weit abgenutzt, dass sie regelrecht locker ist. Wird kräftig am Glas gerüttelt, ist das oft schon spürbar. Einhakmontagen sind aufwendig und eine Reparatur oft teuer.

Bei der Schießprüfung sollte auf jeden Fall geprüft werden, ob sich die Treffpunktlage nach Abnehmen und Aufsetzen des Glases ändert. Liegt das Problem am Zielfernrohr selbst, ist das für den Laien schwierig zu erkennen. Von außen ist nicht viel zu sehen und zerlegen kann man ein Zielfernrohr nur in einer gut ausgestatteten Werkstatt. Ist die Montage einwandfrei und zeigt die Waffe über die offene Visierung eine gute Präzision, muss das Glas zur Überprüfung an den Hersteller geschickt werden.

Wie präzise muss eine Jagdbüchse sein?

Eine Frage, über die schon viele Stammtischrunden diskutiert haben. Das hängt zunächst einmal von den Möglichkeiten der Waffe selbst ab und den jagdlichen Notwendigkeiten. Eine Doppelbüchse in einem schweren Großwildkaliber wird auf Kurzdistanz eingesetzt und ist durch die verlöteten Läufe von vornherein gehandicapt. Hier ist die erreichbare Präzision auf 100 Meter völlig uninteressant. Schießt eine solche Büchse auf 40 Meter drei Schusspaare in einen Bierdeckel, ist das als ausreichend präzise zu betrachten. Wichtig ist hier viel eher, dass die beiden Läufe gut zusammen schießen und dass sich Teilmantel- und Vollmantelpatronen mit gleicher Treffpunktlage verschießen lassen. Einen Zentimeter mehr oder weniger beim Gesamtstreukreis durch Handladungen herausholen zu wollen, bringt jagdlich rein gar nichts.

Eine gute Waffe bringt mit präzise geladenen Patronen auch auf 400 Meter noch eine jagdlich brauchbare Schussleistung.

Anders sieht das aus, wenn Patronen für eine Büchse geladen werden, die bei der Jagd auf Bergwild wie Gams, Schafe oder Steinböcke eingesetzt wird. Hier ist eine möglichst hohe Präzision gefordert, um auch auf weite Distanzen noch einen waidgerechten Schuss abgeben zu können.

Gute Jagdbüchsen schießen auf 100 m mit handgeladenen und genau auf die Waffe abgestimmten Patronen Streukreise von 1–1,5 cm bei fünf Schüssen. Natürlich unter Schießstandbedingungen vom Anschusstisch und einen erfahrenen Schützen vorausgesetzt.

Bei Waffen für weite Distanzen ist aber noch eine Menge mehr zu beachten, denn dass eine Büchse auf 100 Meter präzise schießt, heißt nicht automatisch, dass sie auch auf 300 Meter eine jagdlich brauchbare Präzision erbringt. Hier sind mehrere Faktoren ausschlaggebend, die mit dem verwendeten Geschossgewicht, der Geschossform und der Außenballistik zusammenhängen.

Auf jeden Fall muss ein Jäger, der plant, weite Schüsse auf Wild abzugeben, seine Büchse und Munition auch auf weite Distanzen testen. Rein theoretische Berechnungen der Flugbahn gehen meistens schief und erweisen sich nach Überprüfung in der Praxis als mehr oder weniger fehlerhaft. Munition für weite Schüsse muss auch auf dem 300-Meter-Stand getestet werden – nur dann sind Weitschüsse auf Wild zu verantworten.

Ballistik

Um optimale Munition zu laborieren, ist es wichtig, die Vorgänge zu kennen, die sich vom Auftreffen des Schlagbolzens auf das Zündhütchen bis zum Eindringen des Geschosses in das Zielmedium abspielen.

Gerade der Wiederlader hat die Möglichkeit, durch die Auswahl der Komponenten und die richtige Abstimmung der Munition, auf die Büchse hier erheblichen Einfluss zu nehmen. Kenntnisse der Ballistik helfen, auch Probleme bei der Schussleistung oder der Geschosswirkung zu erkennen und zu beheben.

Die Ballistik ist ein umfangreiches Fachgebiet und unterteilt sich in vier große Bereiche:

- Die Innenballistik befasst sich mit allen Vorgängen, die sich während der Schussentwicklung in der Waffe abspielen.
- Die Abgangsballistik, auch Mündungsballistik genannt, beschreibt die Beeinflussungen, denen das Geschoss beim Austritt aus der Laufmündung durch Pulvergase oder der Waffe selbst unterliegt.
- Die Außenballistik beschreibt die Flugbahn des Geschosses von der Laufmündung zum Ziel und alle Einflüsse, die während des Geschossfluges auftreten können.
- Die Zielballistik, auch Endballistik genannt, beschäftigt sich mit der Wirkung des Geschosses im Ziel.

Der Wiederlader muss sich mit allen vier Bereichen befassen, denn die Innenballistik ist bei der Wahl der Komponenten von großem Interesse, die Mündungsballistik hat erheblichen Einfluss auf die Präzision, die Außenballistik bestimmt den Weg des Geschosses und die Zielballistik ist für die Geschosswirkung verantwortlich.

Innenballistik

Die Innenballistik befasst sich mit der Schussentwicklung, also mit den Vorgängen zwischen dem Auftreffen des Schlagbolzens auf das Zündhütchen bis zum Austritt des Geschosses aus der Laufmündung. Um eine sichere und vor allem von Schuss zu Schuss gleichbleibende Schussentwicklung sicherzustellen, ist eine richtige Abstimmung der Munitionskomponenten erforderlich. Bei der Entwicklung einer Laborierung muss der zulässige Gebrauchsgasdruck beachtet werden, sonst wird es gefährlich. Bei den in diesem Buch angegebenen Ladedaten ist das natürlich geschehen, aber trotzdem muss der Wiederlader auf Anzeichen einer Druckerhöhung achten, besonders, wenn eine der Komponenten, also Pulvertyp, Zündhütchen, Geschoss oder Hülsenfabrikat, ausgetauscht wird. Hier kann jede Änderung gegenüber den im Buch angegebenen Komponenten den Gasdruck beeinflussen. Die Abbrandcharakteristik des Treibladungsmittels und die Menge haben neben der Geschossmasse den größten Einfluss auf die Druckentwicklung.

Nicht zu vergessen ist, dass es sich bei den in diesem Buch angegebenen Laborierungen um jagdliche Laborierungen handelt, bei denen der zulässige Gasdruck oft fast voll ausgenutzt wurde. Schon der Austausch einer Ladekomponente, etwa der Hülse, kann den Gasdruck um einige hundert Bar nach oben treiben. Es empfiehlt sich also unbedingt, die ersten Patronen mit leicht reduzierter Pulverladung zu laden und auf Anzeichen erhöhten Drucks zu achten. Der erfahrene Wiederlader weiß, wie das aussieht – wer sich unsicher ist, sollte sich eines der einschlägigen Fachbücher zulegen.

Der sicherste Weg ist eine Gasdruckmessung bei einem Beschussamt oder der DEVA. Dann hat man den gemessenen Gasdruck seiner Laborierung schwarz auf weiß in der Hand und kann beruhigt zum Schießstand fahren. Die Abbrandcharakteristik des Treibladungspulvers ist von Pulverlos zu Pulverlos leicht unterschiedlich und dadurch kann eine leichte Anpassung an den Ladevorschlägen notwendig sein.

Mündungsballistik

Die Mündungsballistik hat Einfluss auf die Präzision und auch den Rückstoß der Waffe und ist deshalb interessant. Wenn das Geschoss die Laufmündung verlässt, befinden sich hinter dem Geschossboden unter hohem Druck stehende Pulvergase. Sobald das Geschoss die Mündung verlässt, strömen die Pulvergase, die mehr als 400 m/s schneller sind als das Geschoss, am Geschoss vorbei und es kommt zu Strömungserscheinungen, die den Geschossflug beeinflussen. Da die das Geschoss umfließenden Strömungen nicht symmetrisch sind, kommt es neben einer geringfügigen Nachbeschleunigung, durch die auf den Geschossboden wirkenden Gase, auch zu Querkräften, die das Geschoss zum Pendeln bringen. Diese auf das Geschoss wirkenden Pulvergase beeinflussen die Präzision erheblich.

Es ist erwiesen, dass ein Großteil der später auf der Scheibe zu beobachtenden Schussstreuung bereits an der Mündung entsteht. Wichtig ist also eine gleichmäßige Beschaffung der Mündung, damit die Pulvergase nicht einseitig auf das Geschoss wirken. Schon kleinste Macken an der Innenseite der Mündungskante können einen großen Einfluss haben. Eine hinterdrehte Mündung ist bei Jagdwaffen sinnvoll, da die empfindliche Mündung dadurch gut geschützt etwas zurückversetzt liegt. Um die Mündung nicht zu beschädigen, ist auch ein entsprechender Aufwand beim Waffenreinigen notwendig. Die Bürste muss die Mündung immer vollständig verlassen haben, bevor sie zurückgezogen wird.

Eine hinterdrehte Mündung ist unempfindlich gegenüber Beschädigungen.

Der Rückstoß

Da der Geschossimpuls den größten Einfluss am Rückstoßimpuls hat, lässt sich der Rückstoß mit einem leichteren Geschoss verringern. Bei konstanter Mündungsenergie verändert sich der spürbare Geschossimpuls proportional zur Wurzel aus dem Geschoss-Masse-Verhältnis. Patronen mit schnellem, leichtem Geschoss schießen sich dadurch angenehmer, obwohl ihre Mündungsenergie nicht geringer ist als bei einem schweren, aber langsameren Geschoss. Außenballistisch – und oft auch zielballistisch – sind schnelle, leichte Geschosse aber wenig sinnvoll, doch dazu kommen wir später noch.

Eine Möglichkeit, den Rückstoß zu verringern, ist die Vergrößerung der Waffenmasse. Je schwerer die Büchse ist, umso angenehmer schießt sie sich auch. Soll die Waffenmasse erhöht werden, könnte dies zwar einfach durch Bleieinlagen im Schaft geschehen, doch es gibt bessere Möglichkeiten in Form von speziellen Rückschlagminderer, die hinten in den Schaft eingesetzt werden. Sie bestehen aus einem mit Wolframgranulat gefüllten Rohr und wirken nicht nur durch ihr Gewicht von 300–400 Gramm, sondern auch durch das Beharrungsvermögen des Wolframs, das sich beim Schuss und dem damit verbundenen Rücklauf der Büchse wesentlich weniger und langsamer bewegt als die Waffe selbst und sich somit quasi gegen die Waffe stemmt. Der Rückschlag ist viel weicher und angenehmer. Der große Vorteil ist neben der von außen nicht sichtbaren Montage, dass der kleine Container jederzeit wieder entfernt werden kann, wenn etwa einmal eine Jagd ansteht, wo das Waffengewicht eine große Rolle spielt und der Schütze lieber etwas mehr Rückstoß in Kauf nimmt.

Noch besser wirken aber Mündungsbremsen, die vorn an der Laufmündung befestigt werden. Um eine „heiße Patrone“ ohne „Risiken und Nebenwirkungen“ zu verschießen, ist eine solche Vorrichtung sehr sinnvoll.

Je leistungsfähiger die Patrone ist, umso stärker fällt auch der Rückstoß aus. Das ist ein ballistischer Grundsatz, der nicht zu umgehen ist.

Eine Mündungsbremse funktioniert, um es einfach auszudrücken, nach dem Prinzip der Schubumkehr. Mit gleicher Technik bremst auch ein Düsenflugzeug auf der Rollbahn ab. Der Gasstrahl, der in der Luft die Maschine durch den Ausstoß nach hinten antreibt, wird auf dem Rollfeld nach vorn gerichtet und wirkt jetzt

Bei rückstoßstarken Kalibern schafft eine Mündungsbremse Abhilfe.

entgegengesetzt. Verdeutlichen kann man sich das auch anhand eines Wasserschlauches. Durch den Druck des ausströmenden Wassers wird der Schlauch nach hinten gedrückt.

So funktioniert auch eine Mündungsbremse. Der vor dem Lauf befestigte Aufsatz leitet die Pulvergase um – und zwar in Richtung des Schützen. Dadurch wird die Waffe wie ein Flugzeug durch seinen Strahlantrieb nach vorn gezogen. Diese Kräfte wirken jetzt dem Rückstoß, der die Waffe ja nach hinten in Richtung Schütze treibt, entgegen. Durch diese gegensätzlichen Kräfte wird der Rückstoß und auch der Hochschlag der Waffe reduziert.

Eine Mündungsbremse hat dazu schräg nach hinten gerichtete Bohrungen und entsprechende Prallflächen im Innern, die die Pulvergase entsprechend umleiten. Das Ganze ist allerdings wesentlich komplizierter als es sich anhört, denn Bohrungsdurchmesser, Prallflächen und Winkel der Bohrungen müssen genau aufeinander abgestimmt sein, damit die Sache funktioniert. Natürlich ist auch für jeden Kaliberdurchmesser eine speziell berechnete Mündungsbremse notwendig, damit der optimale Effekt erzielt wird. Eine optimal abgestimmte Mündungsbremse kann den Rückschlag erheblich reduzieren und eine .338 Lapua Magnum schießt sich wie eine .30-06.

Durch die Mündungsbremse wird allerdings der Schussknall gesteigert. Weniger ist es die tatsächliche Zunahme des Knalls, die dem Schützen unangenehm bewusst wird, sondern die Umlenkung in seine Richtung. Durch die Tatsache, dass ein Teil der Gase nach schräg hinten gerichtet wird, bekommt der Schütze auch den Schussknall stärker mit. Im praktischen Jagdbetrieb ist das nicht weiter schlimm, aber auf dem Schießstand leiden besonders die Nachbarschützen darunter, die voll in Richtung der umgeleiteten Gase sitzen.

Es ist auch nicht ratsam, mit montierter Mündungsbremse liegend, auf staubigem oder sandigem Boden zu schießen, denn die auch nach unten geleiteten Pulvergase wirbeln jede Menge Dreck auf.

Moderne Mündungsbremsen arbeiten sehr effektiv und reduzieren Rück- und Hochschlag starker Büchsenpatronen merklich. Je stärker die Patrone ist, umso stärker fällt auch die Reduzierung des Rückstoßes aus, denn die Effektivität der Mündungsbremse steigt mit der Menge der umgeleiteten Gase, und starke Magnumpatronen produzieren nun mal erheblich mehr Pulvergase, als Standardkaliber. Wer Probleme mit dem Rückstoß hat, kann hier Erleichterung finden.

Dass das gelochte Stahlstück vorn am Lauf nicht gerade zur Verschönerung der Büchse beiträgt, muss hier in Kauf genommen werden. Wichtig ist eine penible Montage, damit die Präzision der Waffe nicht beeinträchtigt wird. Bei starken Jagdkalibern sind Mündungsbremsen sehr sinnvoll.

Die Flugbahn des Geschosses

Wenn das Geschoss die Waffenmündung verlässt, bewegt es sich in einer Kurve, die den Schwerpunkt des Geschosses beschreibt, durch die Luft, bis es irgendwann den Boden berührt oder vorher auf einen Gegenstand aufschlägt. Dies sollte unser Ziel sein. Auf seinem Weg zum Ziel ist das Geschoss aber zahlreichen Einflüssen unterworfen, die es von seiner vorausberechneten Bahn abbringen können. Nicht nur die Höhenlage verändert sich während des Geschossfluges, sondern es treten auch Abweichungen zur Seite hin auf. Die Gestalt der Flugbahn wird neben dem Abgangswinkel des Geschosses, also der Stellung von Laufachse zu Fernrohrachse durch folgende Faktoren bestimmt:

1. Die Erdschwere
2. Den Luftwiderstand
3. Die Fluggeschwindigkeit des Geschosses
4. Die Geschossmasse
5. Die Drehgeschwindigkeit des Geschosses

Die Erdschwere

Die Erdschwere bewirkt den eigentlichen Fall des Geschosses. Im luftleeren Raum würde sich das Geschoss dauernd in Richtung der Laufseelenachse weiterbewegen. Unter dem Einfluss der Erdschwere fällt beim freien Fall ein spezifischer Körper – und dazu gehört ja auch ein Geschoss – in der ersten Sekunde seiner Flugzeit um etwa fünf Meter. Beim waagerechten Schuss liegt der Treffpunkt eines Büchsengeschosses also nach der ersten Sekunde der Flugzeit um etwa fünf Meter tiefer. Daraus resultiert, dass die Flugbahn umso gestreckter ausfällt, je größer der Weg ist, den das Geschoss innerhalb seiner Flugzeit zurücklegt, also umso größer seine Fluggeschwindigkeit ist.

Der Luftwiderstand

Das Geschoss gibt auf seinem Weg durch das Medium Luft ständig Energie ab, indem es Luftteilchen verdichtet und Reibungs- und Saugwiderstände hervorruft. Die während des Fluges abgegebene Energie wird in Bewegungsenergie der durchdrungenen Luft und in Wärme umgewandelt. Unsere Luft ist ein Gasgemisch, das hauptsächlich aus Stickstoff und Sauerstoff besteht.

Luft ist aber nicht überall gleich und das ist ein wichtiger Faktor bei außenballistischen Berechnungen. Die wichtigsten Kriterien der Luftbeurteilung sind der Luftdruck, die Temperatur und die relative Luftfeuchtigkeit. Der Luftdruck wird durch das Eigengewicht der Lufthülle erzeugt, nimmt also mit zunehmender Höhe ab. Dabei spielt auch der Temperaturverlauf eine Rolle. Luftdruck und Temperatur sind aber auch vom Wetter abhängig. Diese Fakten machen es natürlich schwierig, genaue Schusstafeln zu erstellen.

Um hier eine Lösung zu finden, wurde die sogenannte „Normalatmosphäre“ definiert, auf der alle Schusstafeln beruhen. Druck und Temperaturverlauf sind hier genau festgelegt. Urheber ist die ICAO (International Civil Aviation Organisation). Die ICAO-Atmosphäre ist die weltweit am stärksten verbreitete. Als Bezugshöhe für die ICAO-Atmosphäre wurde die Meereshöhe festgelegt. Der Luftdruck beträgt 1013.25 mb und die Temperatur 288.15 K oder 15.0 Grad Celsius.

Wie genau die Flugbahn eines Geschosses vom Schützen vorher berechnet werden kann, hängt also auch davon ab, wie hoch die Abweichungen der wirklichen Verhältnisse von der ICAO-Atmosphäre sind. Die Abweichungen werden umso größer sein, je höher der wirkliche Luftdruck vom Normalluftdruck abweicht und inwieweit sich der effektive Temperaturverlauf vom angenommenen Temperaturprofil unterscheidet. Die größten Unterschiede ergeben sich im Winter bei Inversionswetterlagen oder an heißen Sommertagen, wenn die Bodentemperaturen durch die starke Sonneneinstrahlung viel höher sind. Es ist also unbedingt nötig, eine Waffe auch dort einzuschießen, wo sie benutzt werden soll. Besonders bei Jagdreisen ist dieser Aspekt sehr wichtig.

Die Fluggeschwindigkeit

Die Geschwindigkeit des Geschosses ist maßgeblich für die Gestrecktheit der Flugbahn. Durch die laufenden Veränderungen ist dies aber keine gleichmäßige Größe, sondern gilt jeweils nur für ein kurzes Bahnstück. Unter dem Einfluss des Luftwiderstandes nimmt die Fluggeschwindigkeit mit wachsender Entfernung ständig ab. Infolgedessen wird auch die Flugbahn nach einem anfänglich gestreckten Teil mit abnehmender Geschwindigkeit immer gekrümmter.

Um eine möglichst flache Flugbahnkurve zu erhalten, ist also nicht nur eine möglichst hohe Anfangsgeschwindigkeit notwendig, sondern es müssen auch alle Maßnahmen getroffen werden, um diese Geschwindigkeit möglichst lange zu erhalten. Dies geschieht durch eine günstige Geschossform mit glatter Außenfläche und einer hohen Querschnittsbelastung. Davon aber mehr im Kapitel über die Geschosse.

Der Drall muss zum Geschoss passen. In jedem Kaliberdurchmesser gibt es leichte und schwere Geschosse.

Die Geschossmasse

Der Luftwiderstand, der die Ursache für die Verringerung der Fluggeschwindigkeit des Geschosses ist, hängt überwiegend von der Querschnittsfläche des Geschosses ab. Werden zwei Geschosse mit gleichem Querschnitt und damit gleichem Luftwiderstand mit gleicher Geschwindigkeit verschossen, ist der Geschwindigkeitsverlust des leichten Geschosses erheblich höher. Für weite Entfernungen sind somit schwere Geschosse wesentlich besser geeignet, da sie die bessere Querschnittsbelastung aufweisen.

Um die Querschnittsbelastung zu errechnen, wird das Geschossgewicht durch den Geschossquerschnitt geteilt. Je höher das auf den Quadratzentimeter entfallende Geschossgewicht in Gramm ist, umso geringer ist die Verzögerung des Geschosses durch den Luftwiderstand. Um eine hohe Querschnittsbelastung zu erzielen, gibt es verschiedene Möglichkeiten:

1. Das Geschossgewicht wird bei gleichem Geschossdurchmesser vergrößert.
2. Bei gleicher Form wird ein Geschosskern aus einem spezifisch schwereren Werkstoff, wie etwa Wolfram, verwendet.
3. Das Kaliber wird bei annähernd gleicher Geschossform vergrößert. Da das Gewicht schneller steigt als der Querschnitt, wächst proportional auch die Querschnittsbelastung.

Daraus geht hervor, dass bei größeren Kalibern auch eine größere Querschnittsbelastung notwendig ist und dass die Fluggeschwindigkeit dieser Geschosse damit geringer und die Rasanz schlechter wird.

Die Drehgeschwindigkeit des Geschosses

Durch die Züge des Gewehrlaufes wird das Geschoss in Drehungen um seine Längsachse versetzt. Dadurch erfolgt eine sogenannte Drallstabilisierung, die das Geschoss durch Kreiselwirkung gegen Überschlagen stabilisiert. Nur so ist ein präzises Schießen möglich.

Für jedes Geschoss gibt es eine bestimmte Drehgeschwindigkeit, die am besten zur Anfangsgeschwindigkeit und Geschossform passt. Je länger ein Geschoss im Verhältnis zu seinem Durchmesser ist, umso eher neigt es zum Überschlagen. Daraus folgt, dass auch seine Drehgeschwindigkeit umso größer sein muss.

Lange Geschosse brauchen also einen kurzen Drall. Die Dralllänge wird als die Länge, die das Geschoss pro Umdrehung im Lauf zurücklegt, angegeben.

Die Drehgeschwindigkeit lässt sich aber nicht beliebig steigern, denn sonst kommt es zu einer Überstabilisierung. Die Geschosslänge sollte etwa fünf Kaliberlängen nicht übersteigen. Aus diesen ballistischen Grundsätzen resultiert auch, dass aus einer Waffe kaum kurze und lange Geschosse mit gleicher Präzision verschossen werden können. Einen optimalen Drall gibt es nur für eine Gewichtsklasse. Soll die höchste Präzision aus der Büchse herausgeholt werden, muss also der Drall bekannt sein.

Die Drallstabilisierung des Geschosses ist aber auch für die seitlichen Abweichungen aus der Flugbahn verantwortlich. Durch die Kreiselbewegungen und dem Einfluss der Schwerkraft führt das Geschoss Pendelbewegungen aus, die eine seitliche Abweichung aus der Schussebene hinaus zur Folge haben.

Kreisel haben die Eigenschaft, dass sie bei angreifenden Kräften wie dem Luftwiderstand nicht in Kraftrichtung ausweichen, sondern senkrecht dazu. Die Luftteilchen werden an der einen Seite mitgerissen und erhalten so eine höhere Geschwindigkeit, während sie auf der anderen Seite abgebremst werden, da das Geschoss ja hier in Gegenrichtung dreht. Durch die höhere Strömungsgeschwindigkeit ist der Druck so einseitig geringer und es kommt zur Abweichung nach dieser Seite.

Rechtsdrehende Geschosse weichen stets nach links und linksdrehende nach rechts ab. Die Seitenabweichung wächst mit der Entfernung und spielt hauptsächlich bei Weitschüssen eine Rolle.

Der Formwert von Jagdgeschossen

Der Formwert eines Geschosses ist ein ballistischer Zahlenwert, der die Eignung eines Geschosses zur Überwindung des Luftwiderstandes kennzeichnet. Genau genommen ist der Formwert für ein Geschoss keine konstante Größe, sondern verändert sich mit der jeweiligen Geschossgeschwindigkeit. Für jede Geschwindigkeit gibt es eine jeweils optimale Geschossform. Da sich die Geschwindigkeit während des Geschossfluges aber laufend ändert, ist eine gute Geschossform nur ein Kompromiss, der am besten zu dem jeweiligen Geschwindigkeitsbereich passt.

Der Formwert des Geschosses hat großen Einfluss auf die Flugbahn.

Der Formwert wird berechnet unter Zusammenfassung aller dafür ausschlaggebender Faktoren. Eine solche Berechnung ist zwar möglich, wird heute aber durch praktische Versuche ersetzt, indem die Fluggeschwindigkeit des Geschosses auf verschiedene Entfernungen gemessen wird. Diese Methode ist wesentlich genauer.

Der Formfaktor eines Geschosses ist ohne Weiteres vom Hersteller zu erfahren und wird vielfach in den Munitionskatalogen bereits angegeben. Ist der Formfaktor bekannt, kann daraus ohne weiteres Flugbahn, Fluggeschwindigkeit und Auftreffenergie auf jede beliebige Entfernung berechnet werden.

Das geschieht komfortabel und einfach mit entsprechenden Computerprogrammen, die auf jeden, den Anforderungen entsprechenden Heim-PC's laufen. Solche Programme werden von Geschossherstellern wie Sierra oder Barnes vertrieben oder auch von privaten PC-Spezialisten wie etwa Brömel. Auch auf den Internetseiten vieler Geschosshersteller werden ballistische Rechenprogramme angeboten und der Anwender kann dort online seine Daten eingeben und die Flugbahn seiner Laborierung berechnen, ohne selbst das Programm auf dem Rechner zu haben. Dieser Service ist in der Regel kostenlos.

Der Formfaktor eines Geschosses hat aber nur außenballistische Bedeutung. Über die Wirkung auf Wild sagt er nichts aus.

Die Ballistik ist eine schwierige Thematik, denn an moderne Patronen werden Anforderungen gestellt, die sich teilweise widersprechen. Das zeigt uns schon ein Blick in ballistische Tabellen von Munitionsherstellern.

Schon auf Normalentfernungen verändert sich die Treffpunktlage teilweise erheblich bei verschiedenen Geschossen. Dazu kommen noch die Umweltbedingungen.

Patronen mit gestreckter Flugbahn sind für den Jäger unproblematischer, da hier der Einfluss von Fehlern beim Entfernungsschätzen wesentlich geringer ist.

Eine gestreckte Flugbahn kann nur erreicht werden, wenn dem Geschoss eine hohe Anfangsgeschwindigkeit verliehen wird. Dies geht aber nur bis zu einer gewissen Grenze. Zur Erhaltung der Geschwindigkeit werden Geschosse mit günstigem Formwert und großer Querschnittsbelastung benötigt. Diese beiden Anforderungen sind aber nicht im vollen Umfang miteinander vereinbar. Eine günstige Geschossform verlangt eine schlanke Geschossspitze und eine Verjüngung des Heckteils – das geht aber auf Kosten der Querschnittsbelastung, denn die Geschosslänge darf etwa fünf Kaliberdurchmesser nicht überschreiten. Übliche Jagdgeschosse haben heute eine Querschnittsbelastung von etwa 20–30 g je Quadratzentimeter und das ist ein guter Kompromiss.

Bei sehr hohen Geschwindigkeiten ist ein guter Formwert vorteilhafter als eine große Querschnittsbelastung.

Bei Jagdgeschossen darf aber auch die Zielwirkung nicht außer Acht gelassen werden und die läuft einer außenballistisch günstigen Geschossform oft sehr entgegen. Daher haben Jagdgeschosse in der Regel eine Form, die ein Kompromiss zwischen außen- und zielballistischen Gesichtspunkten ist.

Schwere Geschosse fliegen in der Regel bei gleichem Kaliber langsamer als leichte und beschreiben daher auf kurze Schussentfernung, wo der Luftwiderstand noch nicht so zum Tragen kommt, eine stärker gekrümmte Flugbahn.

Bei leichten und schnellen Geschossen ist dies umgekehrt. Sie haben anfangs eine sehr flache Flugbahn, die mit zunehmender Abbremsung durch den Luftwiderstand auf größere Entfernungen immer gekrümmter wird. Grundsätzlich sind also leichte, schnelle Geschosse besser für kurze Schussentfernungen geeignet, schwere, anfangs langsamere Projektile aber auf lange Distanzen günstiger, da sie durch die größere Querschnittsbelastung über die ganze Distanz gesehen weniger abgebremst werden.

Diese Betrachtungen zeigen, dass der Wiederlader eine optimale Patrone immer nur für einen ganz genau spezifizierten Einsatzbereich laborieren kann. Hier hat er jedoch eine Menge Möglichkeiten, und wer genau weiß, auf welche Distanz er schießt und welchen Zielwiderstand er zu erwarten hat, kann eine dafür optimal wirkende Laborierung kreieren.

Bei universellen Ansprüchen, wie sie der Jäger in den meisten Fällen hat, müssen zwangsläufig Abstriche gemacht werden. Hier helfen aber gute ballistische Kenntnisse und das Wissen um die Wirkungsweise der verschiedenen Geschosskonstruktionen. Es gilt, die richtige Balance zu finden. Zu den Geschossen kommen wir im nächsten Kapitel. Dort werden wir uns auch näher mit der Zielballistik befassen.

Geschosse

Seit der Erfindung der Feuerwaffen und dem Einsatz von Schusswaffen zu Jagdzwecken ist die Entwicklung der Geschosse nicht stehen geblieben. Waren es am Anfang noch richtige runde Kugeln aus Blei, die in Stoff- oder Lederläppchen gewickelt, den sogenannten Pflastern, aus Vorderladern verschossen wurden, entwickelte sich der Aufbau mit der Zeit immer komplizierter. Schnell erkannte man den ballistischen Vorteil der Langgeschosse. Immer noch aus Blei, konnten sie mit Fettrillen zur Laufschmierung versehen werden und erlaubten ein wesentlich höheres Geschossgewicht als die Rundkugel. Die Formen wurden laufend verändert, um die Präzision zu verbessern.

Mit der Einführung der Metallpatronen und der Erfindung des Nitropulvers begann eine neues Zeitalter der Geschossentwicklung.

Besaßen die ersten mit Schwarzpulver geladenen Patronen noch ein Langgeschoss aus Blei, musste man mit der Einführung des Nitropulvers umdenken. Das neue Pulver ließ wesentlich höhere Geschossgeschwindigkeiten zu und Bleigeschosse waren hier überfordert. Sie übersprangen die Züge, waren wenig präzise und nach wenigen Schüssen war der Lauf verbleit.

Durch die Umhüllung der Geschosse mit Stoff oder Papier wurde versucht, das weiche Blei zu schützen, doch dies war nur bis zu einer gewissen Geschossgeschwindigkeit erfolgreich. Durch die Möglichkeit, höhere Geschwindigkeiten zu erreichen, wurden die Geschosskaliber aber immer kleiner und es begann die Suche nach Alternativen.

Folgerichtig wurden die weichen Bleigeschosse mit härterem Material ummantelt. Anfangs benutzte man dünnes Stahlblech, sogenanntes Flusseisen, das sich auch heute noch bei manchen Konstruktionen wie dem Brenneke TIG und TUG findet, dann ging man zu Messinglegierungen über. Heute sind fast ausschließlich Geschosse mit einem Mantel aus einer Messinglegierung, dem sogenannten Tombak, zu finden.

Geschosse, die einen harten Außenmantel besitzen, können mit wesentlich höheren Geschwindigkeiten verfeuert werden.

Führend in der Geschossentwicklung war natürlich das Militär. Die militärischen Mantelgeschosse besaßen aber eine geschlossene Spitze und waren für die Jagd wenig brauchbar. Sie durchschlugen das Ziel meist ohne große Zerstörungen und verursachten entsprechende Fluchtstrecken.

So begann bald die Entwicklung spezieller Jagdgeschosse, die so konstruiert wurden, dass sie sich beim Auftreffen auf das Ziel verformten und viel Energie an den Wildkörper abgaben. Dazu wurde die Geschossspitze offen gelassen, sodass der weiche Bleikern frei lag.

Diese einfachen Teilmantelgeschosse sind auch heute noch gebräuchlich und zum Beispiel bei langsam fliegenden Geschossen, wie etwa die der meisten Großwildpatronen, auch völlig ausreichend.

Der Trend ging aber zu immer schnelleren und kleineren Kalibern und hier waren die einfachen Teilmantelgeschosse bald völlig überfordert. Bei der hohen Zielgeschwindigkeit moderner Patronen war die Tiefenwirkung viel zu gering. Die Geschosse zerlegten sich beim Auftreffen auf den Wildkörper in kleine Stücke und erreichten die lebenswichtigen Organe erst gar nicht mehr.

Mit dem Zeitalter der Hochgeschwindigkeitsmunition begann so auch eine intensive Entwicklung von Spezialgeschossen für die Jagd. Jede Firma brachte bald eigene Konstruktionen heraus, die laufend verändert und ergänzt wurden. Jedes Jahr tauchten neue Geschosse auf und versprachen dem Jäger optimale Wirkung.

Die letzte Entwicklungsstufe sind die sogenannten „Massivgeschosse", die nicht mehr den üblichen Mantel/Kern-Aufbau haben, sondern aus einem Material bestehen. Durch den homogenen Aufbau soll die Gefahr einer Trennung von Mantel und Kern im Ziel verhindert werden.

Als „Solid", also praktisch ein Vollgeschoss, werden diese Geschosse bei der Jagd auf Großwild mit bestem Erfolg eingesetzt und verdrängen nach und nach die Vollmantelgeschosse. Ihre Richtungsstabilität im Wildkörper ist wesentlich besser und auch, wenn sie mal quer ankommen sollten, was passieren kann, wenn das Geschoss vor dem Ziel ein Hindernis streift, verformen sie sich nicht. Vollmantelgeschosse können dagegen aufplatzen, da der Mantel meist nur an der Spitze verstärkt ist und an den Seiten relativ dünnwandig ist.

Solids sind homogene Geschosse ohne die bisher übliche Kern/Mantel-Bauweise.

Werden Massivgeschosse mit einer Hohlspitze versehen oder wird ein kleiner Bleikern eingelassen, wirken sie als Deformationsgeschosse. Viele Firmen wie Hirtenberger, Barnes, MEN, RWS, Winchester oder Federal haben solche Konstruktionen auf den Markt gebracht. Durch die Fertigung auf Drehautomaten lassen sie sich günstig herstellen und es lohnen sich auch kleinere Serien, sodass es mittlerweile für viele ausgefallene Kaliber solche modernen Geschosse gibt. Die Diskussion um den Schadstoff Blei in Jagdgeschossen hat diese Entwicklung noch forciert.

Die bleifreien Geschosse sind stark auf dem Vormarsch. Fast jeder Geschosshersteller hat eine eigene Konstruktion im Programm.

Die Verfechter traditioneller Teilmantelgeschosse verbessern ihre Konstruktionen natürlich ebenfalls

Barnes Tipped Tripple Shock, ein bleifreies Geschoss mit gutem Formwert.

laufend. Vielfach wird heute der Bleikern auf chemischem oder „heißem" Wege mit dem Geschossmantel verbunden, um ein Herauslösen des Kerns zu verhindern und ein möglichst hohes Restgewicht zu erzielen. Diese „Bonded Core"-Geschosse verlieren kaum an Masse und haben eine sehr gute Tiefenwirkung.

Ein wirkliches Universalgeschoss für jede Entfernung und alle Wildarten gibt es aber immer noch nicht und wird es wohl auch nie geben. Dazu sind die Anforderungen viel zu verschieden. Je nach Patrone und Einsatzzweck gibt es aber einige Geschosse, die besonders gut geeignet sind.

Der Wiederlader hat die Möglichkeit, genau diese Konstruktionen zu wählen und hat damit oft einen Vorteil gegenüber Fabrikmunition, wenn es die betreffende Kaliber/Geschoss-Kombination so nicht zu kaufen gibt.

Bei den Ladedaten wurden die Geschosse nach den patronenspezifischen Gesichtspunkten ausgewählt und versucht, optimale Lösungen für verschiedene jagdliche Einsatzsituationen zu finden.

Die Geschosswirkung

Um für die jeweilige Jagd- und Wildart eine optimale Laborierung auswählen zu können, sind zumindest Grundkenntnisse der Zielballistik notwendig. Ein rechnerischer Maßstab für die Bemessung der Zielwirkung ist die Auftreffwucht des Geschosses im Ziel – seine Auftreffenergie.

Sie errechnet sich aus der Geschossmasse und der Fluggeschwindigkeit.

Moderne Jagdgeschosse. Von links: RWS KS, RWS Doppelkern, Brenneke TOG, Nosler Partition, Hornady SST, Swift Scirocco, Nosler Accubond, HDB und Barnes TSX.

Die so ermittelte Auftreffenergie ist jedoch in der Praxis ein völlig unzureichender Faktor und darf auf keinen Fall als alleiniger Maßstab zur Beurteilung der Eignung einer Patrone zur Bejagung einer Wildart herangezogen werden.

Rein rechnerisch kann ein kleines, leichtes, außenballistisch günstig geformtes Hochgeschwindigkeitsgeschoss die gleiche Auftreffenergie erzeugen wie ein großkalibriges, schweres, zielballistisch günstig geformtes, aber entsprechend langsames Geschoss einer Großwildpatrone. Die rechnerische Auftreffenergie kann also nur als Vergleich zumindest ähnlicher Kaliber oder verschiedener Laborierungen eines Kalibers dienen.

Eine optimale Zielwirkung wäre erreicht, wenn das beschossene Stück im Augenblick des Schusses blitzartig verenden würde. So ein Effekt tritt aber nur sehr selten ein – etwa bei Gehirn- oder Rückenmarkschüssen.

Die Schusswirkung ist in der Regel rein mechanischer Natur und erstreckt sich auf die Beeinträchtigung der lebenswichtigen Organe.

Beim Eindringen in den Körper schädigt das Geschoss nicht nur Gewebe, sondern reizt auch Nervenenden. Dadurch werden sekundäre Reaktionen wie Lähmungen hervorgerufen, die auch zur Handlungsunfähigkeit des getroffenen Stückes führen können. Nur sehr kleine Stellen am Wildkörper führen jedoch bei Treffern zum sofortigen Aussetzen der Körperfunktionen, was die relative Seltenheit von Schussverletzungen mit unmittelbarer Todesfolge erklärt. Wird kein lebenswichtiges Organ direkt getroffen und nachhaltig beeinträchtigt, ist die Todesfolge bei Schussverletzungen stets die Unterbrechung der Sauerstoffzufuhr zum Gehirn. Dies ist der Fall, wenn nach Zusammenbruch des Blutkreislaufes die Herztätigkeit aufhört. Hier entscheiden neben dem Treffersitz dann auch die Blutmenge und der Blutdruck. Ist die Blutung nicht sehr stark, kann es zu sehr großen Fluchtstrecken kommen, wenn nicht gleichzeitig auch Schädigungen an den Fortbewegungsorganen vorliegen.

Ein Ausschuss, der reichlich schweißt, ist also von Vorteil.

Bei der Auswahl eines Jagdgeschosses ist es also wichtig, den Zielwiderstand zu kennen, etwa das Gewicht des Stückes und auch möglichst genau die Geschwindigkeit, mit

Geschossreste aus Wildkörpern. Links zwei herkömmliche Geschosse, die erheblich an Masse verloren haben, während die anderen Konstruktionen wesentlich höhere Restgewichte aufweisen.

der das Geschoss das Ziel trifft. Sind diese Daten bekannt, lässt sich ein Geschoss wählen, das hier die optimale Wirkung erzielt.

Bei den meisten Jagdsituationen ist das aber nicht vorhersehbar und wir müssen versuchen, einen möglichst guten Kompromiss zu finden. Manchmal ist die Schussentfernung und das Gewicht des Wildes aber recht genau bekannt oder es bestehen gute Chancen, diese einzuschätzen. Das ist etwa bei der Großwildjagd der Fall, denn wer auf einen Elefanten jagt, weiß recht sicher, dass er kaum mehr als 50 Meter Schussentfernung hat und das Gewicht der Beute lässt sich auch ziemlich genau einschätzen. Welchen Zielwiderstand ein Elefantenschädel bietet, ist genau bekannt. Hier ist die Geschosswahl nicht schwer, ein nicht deformierendes Vollmantelgeschoss oder Solid mit möglichst großer Tiefenwirkung und guter Richtungsstabilität ist gefragt.

Auch bei der Drückjagd ist mit kurzen Distanzen zu rechnen und der Zielwiderstand wird bei den Saujagden bei 30–80 Kilogramm anzusetzen sein. Die 100-Kilo-Keiler sind heute wohl schon sehr selten und das Geschoss darauf abzustimmen, lohnt wohl kaum. Außenballistisch günstige Geschossformen können bei Drückjagdpatronen getrost vernachlässigt werden. Hier wird man den Schwerpunkt eher auf eine möglichst hohe Unempfindlichkeit gegenüber Flugbahnhindernissen legen und auch ein Geschoss wählen, das möglichst Ausschuss erbringt, um eine gut sichtbare Schweißfährte zu bekommen, denn das Drückjagdsauen nur selten im Feuer bleiben, dürfte bekannt sein.

Auch der Bergjäger hat es einfach, denn er weiß in der Regel, welche Wildart er bejagt – Gams, Steinbock oder eines der Wildschafe – und kennt daher auch den Zielwiderstand recht genau. Bei der Schussentfernung wird man sich eher an der oberen Grenze orientieren und ein Geschoss wählen, das eine gute Außenballistik verspricht und vom Aufbau her auch bei der auf größere Distanzen bereits stark gesunkenen Zielgeschwindigkeit noch sicher anspricht. Das hängt natürlich von der Patrone ab und es ist ein Unterschied, ob ein Geschoss für eine 7x57 oder der 7 mm Super Express vom Hofe gesucht wird. Die langsame 7x57 braucht ein bedeutend weicher aufgebautes Geschoss, das auch bei sehr langsamer Geschwindigkeit noch deformiert, während ein solches Geschoss für die rasante 7x66 viel zu weich wäre und keine ausreichende Tiefenwirkung mehr hätte.

Zwei Woodleigh Vollmantelgeschosse .404 Jeffery, geborgen aus einem Elefantenschädel. Die stabilen Geschosse sind lediglich vorn abgeplattet.

Bei den Ladedaten wurde das berücksichtigt und Geschosse gewählt, die der Leistungsfähigkeit des jeweiligen Kalibers entsprechen. Bei der Geschosstabelle, die am Anfang jedes Kaliberbereiches steht, ist zudem angegeben, wozu dieses Geschoss geeignet ist.

Wer sich intensiv mit Jagdgeschossen befassen will, findet in meinem Buch „Lexikon der Jagdgeschosse“ mehr als 90 Jagdgeschosse eingehend in Aufbau und Wirkungsweise beschrieben.

Präzisionspatronen

Es wird davon ausgegangen, dass der Leser mit dem Umgang der Ladepresse und den Ladewerkzeugen vertraut ist. Auf die Grundzüge des Wiederladens wird daher nicht mehr näher eingegangen. Wer hier noch Anleitung braucht, der wird sie in den klassischen Wiederladebüchern, etwa von Dynamit Nobel oder der DEVA, finden. Dort wird das Handwerk des Wiederladens Schritt für Schritt und bestens bebildert erklärt.

In diesem Kapitel geht es um die Feinheiten des Wiederladens – dem Herstellen von wirklich präzisen Büchsenpatronen, wobei die erzielbare Genauigkeit natürlich von der Waffe und auch vom verwendeten Geschoss abhängt. Im Gegensatz zum Sportschützen hat der Jäger ganz andere Anforderungen an seine Patrone und wählt seine Waffe auch mehr nach jagdpraktischen Gesichtspunkten als nach Höchstpräzision aus.

Trotzdem sollte der Wiederlader die ihm gegebenen Möglichkeiten nutzen und möglichst präzise Patronen herstellen. Er kann seine Munition genau auf seine Büchse abstimmen und ist daher einem Jäger, der Fabrikpatronen verschießt, weit voraus.

Um aus seiner Waffen/Munitionskombination das Maximum herauszuholen, ist natürlich schon etwas Aufwand erforderlich und hier müssen die Voraussetzungen stimmen, um sich diese Arbeit zu machen. Wer etwa Patronen für seine alte 500er Doppelbüchse lädt, um damit über Kimme und Korn ein Hippo oder einen Elefanten zu erlegen, wird mit kleinen Streukreisen wenig am Hut haben. Er braucht Patronen, die aus seiner Waffe aus beiden Läufen zusammenschießen und die nötige Leistung erbringen. Ganz anders dagegen der Gams- oder Schafjäger, der mit seiner rasanten 300er Magnum auf große Distanz schießen will und eine Patrone braucht, die nicht nur die nötige Energie im Ziel abliefert, sondern auf 300 Meter auch einen 6-Zentimeter-Streukreis schießt. Um das zu erreichen, reicht es nicht, einfach ein paar Hülsen zusammenzusuchen und die im Buch angegebenen Komponenten zu verladen. Hier ist schon etwas mehr Aufwand nötig.

Auswahl der Hülsen

Ohne vernünftiges Hülsenmaterial lassen sich keine präzisen Patronen laden. Sie sind die Grundvoraussetzung für Präzisionspatronen. Grundsätzlich sind nur Hülsen eines Herstellers und aus einem Hülsenlos als Ausgangsbasis brauchbar. Aus einem Mix verschiedener Fabrikate lassen sich keine präzisen Patronen laden. Das Erarbeiten einer präzisen Laborierung ist eine Menge Arbeit und darum ist es sinnvoll, mit einer entsprechenden Anzahl von Hülsen zu beginnen. Unsere präzise schießende Kombination von Hülse, Pulvercharge, Zündhütchen und Gesamtlänge der Patrone funktioniert nur, wenn stets gleiche Bedingungen herrschen. Wird nach einiger Zeit auf ein anderes Hülsenfabrikat gewechselt oder nur ein anderes Los des gleichen Herstellers benutzt, ist es sehr wahrscheinlich, dass darunter die Präzision leidet und die Arbeit beginnt von vorn. Möglich, dass wir diese Hülse mit etwas mehr oder weniger Pulver, einem anderen Zündhütchen oder veränderter Setztiefe zum Schießen bringen, aber eine Menge Arbeit ist es trotzdem. Das lässt sich vermeiden, wenn von vornherein genügend gleiche Hülsen vorhanden sind.

100 Stück sind für eine Jagdwaffe eine gute Ausgangsbasis. Dann stehen immer 50 Stück zur Verfügung, während die nächste 50er Charge geladen werden kann.

Je nach Kaliber und Ladung hat eine Hülse eine erstaunliche Lebensdauer. Bei moderater Ladung lässt sich ein mittleres Jagdkaliber durchaus 50–60 Mal wiederladen und selbst Magnumpatronen kommen auf 15–20 Mal.

Um 100 annähernd gleiche Hülsen zu bekommen, brauchen wir aber eine wesentlich größere Anzahl als Ausgangsbasis, denn auch bei Hülsen eines Loses gibt es Toleranzen. Um 100 Hülsen zu bekommen, sind je nach Qualität des Loses 150–200 Hülsen notwendig.

Wiegen und messen

Zunächst werden alle Hülsen auf Länge vermessen und alles was ± 0,2 mm vom Mittelwert abweicht wird aussortiert. Dann werden die Hülsen gewogen. Wird Höchstpräzision angestrebt, sind ± 1 Grains vom Mittelwert als Toleranz anzusehen, bei normalen Jagdkalibern darf es durchaus etwas mehr sein und mit 1,5–1,7 Grains kann man gut leben. Sehr wichtig ist die Hülsenhalsstärke. Hier ist Gleichmäßigkeit der Schlüssel zur Präzision. Um den Hülsenhals zu messen, ist ein spezielles Messgerät notwendig. Die Messuhr sollte eine Genauigkeit von 0,001 mm haben. Vor dem Messen ist es jedoch notwendig, die Hülse zu kalibrieren, sofern es sich nicht um Neuhülsen handelt. Danach wird der Hülsenhals rundum an vier Punkten gemessen. Die Abweichungen sollten nicht über 0,07 mm liegen.

Jetzt haben wir den Grundstock für unseren Hülsenvorrat geschaffen und können an die Bearbeitung gehen.

Abdrehen, entgraten und reinigen

Die Hülsen werden alle auf die gleiche Länge abgedreht und der Hülsenhals entgratet. Ganz penible Wiederlader bringen auch gleich bei allen Hülsen die Zündglocke auf die gleiche Tiefe. Bei Jagdpatronen spare ich mir das. Wichtig ist, die Hülsen gut zu reinigen.

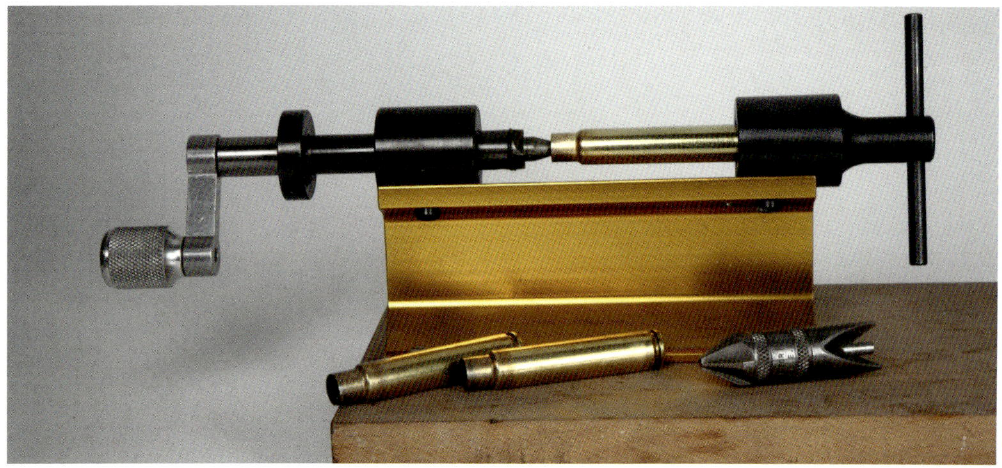

Die Hülsen sollten alle auf gleiche Länge abgedreht werden.

Entweder in Trommelpolierern, die mit einem Reinigungsgranulat wie Nussschalen oder Maismehl arbeiten, oder in einem Ultraschallreiniger. Ultraschall ist gründlicher, was in Laborversuchen bestätigt wurde, ergibt aber nicht so spiegelnd glänzende Hülsen, wie sie aus dem Tumbler kommen. Bei Hülsen, die mechanisch mit Poliermitteln gereinigt werden, muss genau darauf geachtet werden, dass keine Körnchen des Poliermittels in den Hülsen, besonders im Zündkanal oder der Zündglocke zurückbleiben. Hier ist der Ultraschallreiniger im Vorteil. Die Hülsen sollten aber vollständig trocken sein, bevor die Zündhütchen gesetzt und die Patronen geladen werden.

Feuerformen

Beim Feuerformen werden die Hülsen auf das Maß des eigenen Patronenlagers gebracht. Dieser Vorgang ist sehr wichtig. Eine neue oder voll kalibrierte Hülse ist wesentlich kleiner als das Patronenlager und „schwimmt" geradezu im Lager. Ein optimaler Eintritt des Geschosses in die Laufseele ist so niemals möglich. Nur wenn die Hülse nahezu spielfrei im Patronenlager sitzt, wird das Geschoss ohne zu verkanten in den Lauf eintreten. Das ist die Hauptursache, warum wiedergeladene Patronen – wenn denn der Wiederlader alles richtig macht – präziser schießen als Fabrikpatronen. Als Feuerformladung dient eine leichte Ladung mit einem preiswerten Geschoss. Wir wollen ja nur, dass die Hülse die Form des Patronenlagers annimmt. Nach dem Feuerformen wird nochmals die Länge der Hülse kontrolliert und gegebenenfalls eine zu lange Hülse gekürzt. Nach dem Feuerformen dürfen wir natürlich die Hülse nicht mehr voll kalibrieren, denn damit würden wir ja wieder eine im Patronenlager „schwimmende" Hülse bekommen. Die Hülse wird nur so weit kalibriert, bis sich der Verschluss gerade schließen lässt. Wenn auf dem letzten Zentimeter etwas Widerstand spürbar ist, haben wir eine optimal im Lager sitzende Hülse. Bei einer Jagdbüchse ist die reibungslose Funktion natürlich das Wichtigste und man darf es nicht übertreiben – der Verschluss sollte sich schon mühelos schließen lassen, damit ein schnelles, reibungsloses Repetieren möglich ist.

Ermitteln der Geschosssetztiefe

Dazu benötigen wir eine leere Hülse und das Geschoss, das später verschossen werden soll. Die Setztiefe muss für jedes Geschoss ermittelt werden. Das Geschoss wird jetzt so lang gesetzt, dass sich der Kammerstengel nicht ganz nach unten bewegen lässt. Wird dann die Kammer mit Druck geschlossen, schiebt sich das Geschoss weiter in die Hülse. Jetzt haben wir die Kompressionslänge, die aber keinesfalls als endgültige Setztiefe dienen kann. Je nach Kaliber müssen wir das Geschoss 0,1–0,5 mm tiefer setzen, damit der Auszugswiderstand aus der Hülse und der Einpresswiderstand in die Züge zeitlich versetzt erfolgt. Treffen beide Widerstände zusammen, kommt es zu einer gefährlichen Erhöhung des Gasdruckes. Das „in die Züge" setzen ist bei Sportschützen sehr beliebt, weil es außerordentlich präzise ist, doch die verwenden reduzierte Sportladungen. Bei einer starken Jagdlaborierung können wir uns das nicht erlauben. Einfacher und bequemer geht das Ermitteln der Geschosssetztiefe mit der OAL-Lehre von Hornady. Diese Schieblehren sind sowohl als gerade Ausführung für Einzellader oder Repetierbüchsen

Mit der OAL Gauge von Hornady lässt sich die optimale Gesamtlänge der Patronen mit dem verwendeten Geschoss sehr einfach und komfortabel ermitteln.

als auch für Selbstladebüchsen in gebogener Ausführung erhältlich. Die spezielle Hülse mit Gewindebohrung wird auf die Lehre geschraubt, das gewünschte Geschoss in die Hülse gesteckt und nach dem Einführen in das Patronenlager mit der Schubstange bis zu den Zügen vorgeschoben.

Kontrolle der Geschosse

Das Geschoss hat ebenfalls einen hohen Anteil an der Präzision der Patrone. Es ist ratsam, die Geschosse zunächst auf Sicht zu prüfen. Kleine Macken an der Spitze sind nicht ganz so schlimm, Beschädigungen am Geschossboden haben dagegen verheerende Folgen für die Präzision. Dann werden die Geschosse genau wie die Hülsen gewogen und alle mit zu großen Toleranzen aussortiert. Hier muss man aber nicht so penibel sein, ein paar Zehntel Grains Unterschied machen nicht viel aus, nur was wirklich grob abweicht, fliegt raus.

Abwiegen der Pulverladung

Hier treiben die meisten Wiederlader einen großen Aufwand, denn eine exakt gleiche Pulverladung bei allen Patronen gilt als Voraussetzung für kleinste Streukreise. Das stimmt nicht ganz. Schaut man sich auf internationalen Benchrest-Wettkämpfen um, so sieht man viele Schützen, die ihre Patronen direkt auf dem Stand laden, weil der Hülsenvorrat an genau identischen Hülsen nicht groß genug ist. Viele dieser Schützen benutzen dabei volumetrische Pulverfüllgeräte und noch nicht einmal eine Waage, außer zur gelegentlichen Kontrolle. Abweichungen im Bereich von 0,2–0,3 Grains machen sich nicht bemerkbar.

Wer es nicht glaubt, kann ja mal 5 Patronen mit auf das Zehntel Grain gleicher Ladung und 5 Patronen mit gewollten Differenzen von 0,2 Grains laden und dann die damit erzielten Streukreise vergleichen. Pulverkörner zu teilen, um ja genaue Pulverchargen zu bekommen, bringt nichts. Eine ordentliche Digitalwaage einzusetzen, reicht völlig aus und automatische Pulverfüllsysteme wie etwa der Auto Charge Power Dispenser von Hornady oder die Chargemaster Combo von RCBS machen diesen Job genauso gut und deutlich schneller. In der Zeit, wo der Wiederlader das Geschoss setzt, hat das Pulverfüllgerät bereits die vorher eingestellte Pulvermenge in die Schale der Digitalwaage geschüttet und mit einem Blick kann kontrolliert werden, ob die exakte Menge geworfen wurde.

Moderne automatische Pulverfüllgeräte liefern für Jagdmunition mehr als ausreichende Genauigkeit und vereinfachen das Wiederladen von größeren Mengen erheblich.

Setzen der Geschosse

Die Geschosse müssen so zentrisch wie möglich in die Hülse gesetzt werden. Präzisionsschützen kontrollieren das an der fertigen Patrone mit einem Messgerät, das den Rundlauf misst. Bei Jagdpatronen nicht unbedingt nötig, doch dem Geschosssetzen muss trotzdem eine hohe Aufmerksamkeit geschenkt werden. Matrizen, die mit Zentrierbuchsen arbeiten, sind den Normalmodellen deutlich überlegen. Hier wird die Hülse ausgerichtet, bevor der eigentliche Setzvorgang beginnt. Grundvoraussetzung ist eine stabile Wiederladepresse, die über eine möglichst spielfreie Führung verfügt und einen möglichst minimalen Versatz vom Matrizengewinde zum Pressenstempel aufweist. Für Jagdmunition sollte nicht gerade eines der kleinen, schwachen Anfängermodelle gewählt werden. Der Rolls-Royce der Wiederladepressen kommt nicht aus den USA, wo sonst fast das gesamte Wiederladewerkzeug produziert wird, sondern aus Deutschland von der Firma

Die Geschosse müssen verkantungsfrei gesetzt werden.

Die von C. Turban entwickelte Präzipress ist durch ihre Linearführtechnik den US-Modellen überlegen.

Turban CNC-Zerspanungstechnik. Die von Christian Turban entwickelte Präzipress verwendet eine Linearführungstechnik, bei der die Setzstange nicht nur im unteren Teil des Rahmens geführt wird. Der Pressenrahmen ist auch kein einteiliges Gussteil, sondern wird aus zwei Führungssäulen und Kopf- und Grundplatte gebildet. Die hartverchromten Führungssäulen sind mit zusätzlichen Zentrierschlitten ausgestattet, die die Hubsäule auf ihrem gesamten Weg zentrieren. Damit lässt sich eine Präzision beim Geschosssetzen erreichen, die sonst nur mit Handsetzmatrizen, etwa von Wilson, erzielt wird.

Endkontrolle

Nach dem Laden erfolgt eine Sichtkontrolle. Besonders der Hülsenhals ist wichtig, denn hier können Risse entstehen. Um keine bösen Überraschungen auf der Jagd zu erleben, ist es ratsam zu probieren, ob sich alle Patronen reibungslos laden lassen. Diese kleine Mühe kann sich bezahlt machen, denn wenn im entscheidenden Augenblick sich die Kammer nicht schließen lässt, kann das zumindest ärgerlich, bei manchen Wildarten aber auch tödlich sein. Um die Patronen zu prüfen, sollte besser zur Sicherheit der Schlagbolzen herausgenommen werden, sonst macht man das lieber beim nächsten Besuch auf dem Schießstand.

Sportschützen betreiben natürlich einen noch weitaus höheren Aufwand. Da werden die Hülsen mit Wasser gefüllt und dann das Wasser gewogen, um das genaue Innenvolumen zu ermitteln, die Hülsenböden werden plan gedreht und der Rundlauf der Hülse gemessen. Abgesehen davon, dass dann von 200 Hülsen oft nur 10 % übrig bleiben, lohnt sich das für eine Jagdbüchse nicht. Wer seine Patronen so wie beschrieben lädt, wird Patronen mit mehr als ausreichender Präzision erhalten. Wichtig ist, sich Zeit zu nehmen und Schritt für Schritt Komponenten auszutauschen oder die Pulverladung in ganz kleinen Schritten zu verändern. Ist eine präzise Laborierung ermittelt, sollte von den verschiedenen Komponenten ein genügend großer Vorrat angeschafft werden.

Geringe Standardabweichung und ausreichende Geschwindigkeit

Die Mündungsgeschwindigkeit von Jagdmunition sollte unbedingt aus der eigenen Büchse gemessen werden. Einmal lassen sich aus den Schwankungen der Mündungsgeschwindigkeit, der sogenannten Standardabweichung, Rückschlüsse auf die Qualität der eigenen Laborierung schließen, denn nur Patronen, deren V_0 nur geringe Differenzen aufweist, werden auch enge Schussbilder liefern, und für den Schuss auf Wild ist auch eine gute Tötungswirkung erforderlich, die nur dann eintritt, wenn die Auftreffgeschwindigkeit zur Geschosskonstruktion passt. Es hat ebenso wenig Sinn, hart aufgebaute Premiumgeschosse mit zu geringer Geschossgeschwindigkeit zu verschießen, wie weiche Standardgeschosse zu schnell auf die Reise zu schicken. Die Wirkung wird in beiden Fällen unbefriedigend sein. Ein Messgerät für die Geschossgeschwindigkeit sollte heute jeder Wiederlader besitzen. Auch einfache Modelle liefern brauchbare Ergebnisse.

Kaliber und Ladedaten

In den nachfolgenden Kapiteln werden die einzelnen Jagdpatronen mit ihrer Entwicklungsgeschichte vorgestellt und dargelegt, wofür sich diese Patronen besonders eignen. Die angegebenen Ladedaten sind alle in der Praxis erprobt worden und haben sich aus den verwendeten Waffen als sicher und präzise erwiesen. Zur Anpassung an die eigene Büchse können kleine Änderungen erforderlich sein, die sich auf die Setztiefe des Geschosses beziehen oder aus dem verwendeten Pulverlos resultieren.

Bei der Erarbeitung der Ladedaten wurde nicht ausschließlich auf Höchstpräzision Wert gelegt.

Im Gegensatz zum Sportschützen, der lediglich ein Loch in eine Papierscheibe stanzt, verlangt der Jäger noch mehr von seinen Patronen, denn Höchstpräzision bringt gar nichts, wenn das Geschoss keine ausreichende Tötungswirkung entfaltet.

Hier unterscheidet sich Jagdmunition von Scheibenpatronen. Der Wiederlader von Jagdmunition hat es also deutlich schwerer als der Sportschütze, denn seine Patronen müssen auch über ein Mindestmaß an Mündungsgeschwindigkeit verfügen, damit sie jagdlich einsetzbar sind.

Dass „heiße Ladungen" nicht immer die präzisesten sind, weiß jeder erfahrene Wiederlader. Hier muss jetzt der richtige Kompromiss von Leistung zu Präzision gefunden werden. Der hängt natürlich wieder von der Wild- und Jagdart ab.

Auf alle Fälle muss der Wiederlader von Jagdpatronen über einen Lichtschrankenchronographen zum Messen der Mündungsgeschwindigkeit verfügen, denn nur so kann die Leistung der Patrone beurteilt werden. Diese Geräte sind zum Glück heute schon sehr preiswert zu bekommen. Ohne messen der V_0 geht es nicht. Selbst wenn die in diesem Buch angegebenen Laborierungen genau nachgebaut werden, heißt das nicht, dass die Leistung aus der eigenen Büchse identisch ist. Einmal verwendet der Leser andere Lose bei den Treibladungsmitteln, die schon eine etwas andere Abbrandcharakteristik haben können, die sich auf die Leistung auswirkt, und dann spielt die Beschaffenheit des Laufes eine große Rolle bei der Umsetzung der Patronenleistung. Selbst bei gleicher Lauflänge können sich aus zwei Waffen, aus denen identische Patronen verschossen werden Unterschiede bei der Mündungsgeschwindigkeit von 40–50 m/s ergeben. Eine V_0-Messung aus der eigenen Büchse ist also immer notwendig, um die Leistungsfähigkeit seiner Waffen/Patronenkombination beurteilen zu können.

Am Anfang der einzelnen Kapitel, die sich am Kaliber, also dem echten Geschossdurchmesser orientieren, steht eine Auflistung der erhältlichen Geschosse. Bei den kleineren Kalibern wurden die einfachen Teilmantelgeschosse oft nicht berücksichtigt, da sie für Hochleistungs-Jagdmunition wenig interessant sind. Hier hat der Leser die Möglichkeit zu sehen, welche Geschosskonstruktionen für sein Kaliber verfügbar sind. Die bei den einzelnen Patronen dann verwendeten Geschosse sind eine Auswahl, die unter den Gesichtspunkten einer für diese Patrone optimalen Laborierung für die verschiedenen Einsatzzwecke getroffen wurde.

Dia .277

Der Geschossdurchmesser .277 wird nicht gerade bei vielen Patronen verwendet und die kommen alle aus den USA. Grund ist der sehr geringe Abstand zu den populären 7-mm-Kalibern, die .284er Geschosse verwenden. Ursprungspatrone war die .270 Winchester, dann folgte Roy Weatherby mit seiner .270 Weatherby Magnum und die .270 WSM ist die neueste Patrone in diesem Geschossdurchmesser. Der großen Beliebtheit der .270 Winchester in den USA ist es zu verdanken, dass es trotzdem eine reiche Auswahl an Geschossen gibt.

Von links: .270 Weatherby Magnum, .270 WSM, .270 Winchester

Geschosspalette:

Hersteller	Geschosstyp	Geschoss-gewicht g/Grains	Eignung	Patronen-empfehlung
Barnes	TTSX	6,2/95	Hochwild	alle .270er Kaliber
Barnes	TSX	7,2/110	Hochwild	alle .270er Kaliber
Barnes	TTSX	7,2/110	Hochwild	alle .270er Kaliber
Barnes	MRX	8,4/130	Starkes Hochwild	alle .270er Kaliber
Barnes	TSX	8,4/130	Hochwild	alle .270er Kaliber
Barnes	TTSX	8,4/130	Hochwild	alle .270er Kaliber
Barnes	TSX	9,1/140	Starkes Hochwild	alle .270er Kaliber
Barnes	MRX	9,7/150	Starkes Hochwild	alle .270er Kaliber
Barnes	TSX	9,7/150	Starkes Hochwild	alle .270er Kaliber
Berger	VLD-Hunting	8,4/130	Hochwild	alle .270er Kaliber
Berger	VLD-Hunting	9,1/140	Hochwild	alle .270er Kaliber
Berger	VLD-Hunting	9,7/150	Hochwild	alle .270er Kaliber
Degol	Starkmantel HP	9,1/140	Hochwild	alle .270er Kaliber
Degol	Starkmantel HP	9,7/150	Starkes Hochwild	alle .270er Kaliber
Degol	Starkmantel HP	10,4/160	Starkes Hochwild	alle .270er Kaliber
Federal	Trophy Bonded	8,4/130	Starkes Hochwild	alle .270er Kaliber
Federal	Trophy Bonded	9,7/150	Starkes Hochwild	alle .270er Kaliber
Hornady	V-Max	7,2/110	Raubwild/Rehwild	alle .270er Kaliber
Hornady	Interbond	8,4/130	Hochwild	alle .270er Kaliber
Hornady	InterLock	8,4/130	Hochwild	alle .270er Kaliber
Hornady	SST	8,4/130	Hochwild	alle .270er Kaliber
Hornady	GMX	8,4/130	Starkes Hochwild	alle .270er Kaliber
Hornady	InterLock	9,1/140	Hochwild	alle .270er Kaliber
Hornady	SST	9,1/140	Hochwild	alle .270er Kaliber
Hornady	InterLock	9,7/150	Hochwild	alle .270er Kaliber
Hornady	SST	9,7/150	Starkes Hochwild	alle .270er Kaliber
Hornady	Interbond	9,7/150	Starkes Hochwild	alle .270er Kaliber
Impala	Impala	6,5/100	Hochwild	alle .270er Kaliber
Norma	Oryx	9,7/150	Starkes Hochwild	alle .270er Kaliber
Norma	Vulkan	10,1/156	Starkes Hochwild	alle .270er Kaliber
Norma	Oryx	10,7/165	Starkes Hochwild	alle .270er Kaliber
Nosler	Accubond	7,2/110	Hochwild	alle .270er Kaliber
Nosler	Accubond	8,4/130	Starkes Hochwild	alle .270er Kaliber
Nosler	Ballistik Silvertip	8,4/130	Hochwild	alle .270er Kaliber
Nosler	Ballistik Tip	8,4/130	Hochwild	alle .270er Kaliber
Nosler	E-Tip	8,4/130	Starkes Hochwild	alle .270er Kaliber
Nosler	Partition	8,4/130	Hochwild	alle .270er Kaliber
Nosler	Accubond	9,1/140	Starkes Hochwild	alle .270er Kaliber
Nosler	Ballistik Tip	9,1/140	Hochwild	alle .270er Kaliber
Nosler	Ballistik Tip	9,7/150	Hochwild	alle .270er Kaliber
Nosler	Partition	9,1/140	Starkes Hochwild	alle .270er Kaliber

Hersteller	Geschosstyp	Geschoss-gewicht g/Grains	Eignung	Patronen-empfehlung
Nosler	Ballistik Silvertip	9,7/150	Hochwild	alle .270er Kaliber
Nosler	Partition	9,7/150	Starkes Hochwild	alle .270er Kaliber
Nosler	Partition	10,4/160	Starkes Hochwild	alle .270er Kaliber
Reichenberg	HDB	6,5/100	Hochwild	alle .270er Kaliber
Reichenberg	HDB	8,4/130	Starkes Hochwild	alle .270er Kaliber
Reichenberg	HDB	9,4/145	Starkes Hochwild	alle .270er Kaliber
Reichenberg	HDB	10,0/154	Starkes Hochwild	alle .270er Kaliber
Remington	PSP	6,5/100	Rehwild	alle .270er Kaliber
Remington	Core Lokt	8,4/130	Hochwild	alle .270er Kaliber
RWS	Evo Green	6,2 / 96	Hochwild	alle .270er Kaliber
RWS	H-Mantel	8,4/130	Hochwild	alle .270er Kaliber
RWS	Kegelspitz	9,7/150	Hochwild	alle .270er Kaliber
RWS	Evolution	10,0/154	Starkes Hochwild	alle .270er Kaliber
Sako	Hammerhead	10,0/156	Hochwild	alle .270er Kaliber
Sierra	Hohlspitz	5,8/90	Raubwild	alle .270er Kaliber
Sierra	TM-Spitz	7,2/110	Rehwild	alle .270er Kaliber
Sierra	GameKing	8,4/130	Hochwild	alle .270er Kaliber
Sierra	Pro Hunter	8,4/130	Hochwild	alle .270er Kaliber
Sierra	GameKing	9,1/140	Hochwild	alle .270er Kaliber
Sierra	GameKing	9,7/150	Hochwild	alle .270er Kaliber
Speer	Hohlspitz	6,5/100	Raubwild	alle .270er Kaliber
Speer	Grand Slam	8,4/130	Hochwild	alle .270er Kaliber
Speer	TMS	8,4/130	Hochwild	alle .270er Kaliber
Speer	Deep Curl	9,7/150	Hochwild	alle .270er Kaliber
Speer	Grand Slam	9,7/150	Hochwild	alle .270er Kaliber
Swift	A-Frame	8,4/130	Hochwild	alle .270er Kaliber
Swift	Scirocco	8,4/130	Starkes Hochwild	alle .270er Kaliber
Swift	A-Frame	9,7/150	Starkes Hochwild	alle .270er Kaliber
Swift	A-Frame	11,7/180	Starkes Hochwild	alle .270er Kaliber
Swiss	CDP	7,6/117	Hochwild	alle .270er Kaliber
Swiss	CDP	8,4/130	Starkes Hochwild	alle .270er Kaliber
Winchester	Ballistic Silvertip	8,4/130	Hochwild	alle .270er Kaliber
Winchetser	E-Tip	8,4/130	Hochwild	alle .270er Kaliber
Winchester	Power Point	8,4/130	Hochwild	alle .270er Kaliber
Winchester	Silvertip	8,4/130	Hochwild	alle .270er Kaliber
Winchester	Ballistic Silvertip	9,7/150	Hochwild	alle .270er Kaliber
Winchester	Power Point	9,7/150	Hochwild	alle .270er Kaliber
Winchester	XP3	9,7/150	Starkes Hochwild	alle .270er Kaliber
Woodleigh	Protected Point	8,4/130	Hochwild	alle .270er Kaliber
Woodleigh	Protected Point	9,7/150	Starkes Hochwild	alle .270er Kaliber
Woodleigh	Protected Point	11,7/180	Starkes Hochwild	alle .270er Kaliber

.270 Winchester

Die .270 Winchester ist ein direkter Abkömmling der .30-06 und wurde im Jahre 1925 auf den Markt gebracht. Der Hülsenhals der .30-06 wurde lediglich unter Beibehaltung des Schulterwinkels auf .277 Zoll (7,04 mm) eingezogen. Die .270 Win. kam zusammen mit der ersten Winchester Repetierbüchse, dem Modell 54, und der Erfolg dieser Waffe ist nicht zuletzt auf die neue Patrone zurückzuführen. Für den großen Erfolg dieser Patrone in Nordamerika ist sicher auch der amerikanische Jagdschriftsteller Jack O'Connor verantwortlich, der dieses Kaliber in seinen Jagdberichten hoch lobte und quasi als Maßstab betrachtete, an dem sich andere Patronen messen lassen mussten. In Europa wurde man erst nach dem zweiten Weltkrieg auf diese Patrone aufmerksam und auch dann war ihr hier kein großer Erfolg beschieden. Unsere 7 x 64 liegt im gleichen Leistungsbereich und ist wesentlich populärer. Dazu kommt noch, dass die .270 Winchester und die dafür eingerichteten Büchsen für die Verwendung der leichten und mittleren Geschossgewichte ausgelegt war und die 7 x 64 durch die Verwendungsmöglichkeit auch schwerer Geschosse mehr zu bieten hat. Das ideale Geschossgewicht der .270 Win. liegt zwischen 8,4 und 9,7 Gramm. Damit liegt die GEE bei beeindruckenden 190 Metern. Trotzdem ist die Winchester Patrone ein Klassiker und kaum ein Waffenhersteller kann es sich leisten, dieses Kaliber nicht in seiner Angebotspalette zu haben. Mit der .270 Winchester können alle bei uns vorkommenden Hochwildarten erlegt werden und wenn die modernen Kompaktgeschosse verwendet werden, fällt das Manko der überwiegend leichten Geschosse kaum noch ins Gewicht. Hart aufgebaute bleifreie Geschosse wie das Hornady GMX oder das Nosler E-Tip sind hier in ihrem Element. Ideal ist die .270 Win. für weite Schüsse auf leichtes und mittleres Schalenwild. Ihre Befürworter loben die hohe Präzision und den geringen Rückstoß. Für die schweren Geschosse haben sich die langsam abbrennenden Pulversorten wie Vithavuori N 165, Alliant R 22 und Rottweil R 905 als optimal erwiesen. Sie bringen eine sehr gleichmäßige und hohe Leistung. Standardzündhütchen reichen vollkommen aus. Magnum-Zünder haben hier keine Vorteile. Matrizensätze sind von allen großen Herstellern zu günstigen Preisen zu bekommen und an Hülsen herrscht auch kein Mangel. Das ist ein großer Vorteil von Patronen, die von vielen Jägern benutzt werden.

Ladedaten Kaliber .270 Winchester

Geschoss-Hersteller	Geschoss-typ	Geschoss-gewicht Grains	Pulver-hersteller	Pulvertyp	Pulver-ladung Grains	Hülsen-fabrikat	Zünd-hütchen	Gesamt-länge (mm)	V_0 m/s
Hornady	V-Max	110	Vihtavuori	N 550	62,0	Winchester	CCI 200	80,2	1002
Barnes	TSX	110	Norma	204	55,5	Federal	RWS 5341	83,2	1018
Nosler	Accubond	110	Vihtavuori	N 150	49,2	Federal	CCI 200	83,2	1009
Hornady	GMX	130	Rottweil	R 904	52,0	RWS	RWS 5341	81,5	910
Hornady	SST	130	Vihtavuori	N 165	61,5	Hornady	CCI 200	81,5	938
Barnes	TSX	130	Hodgdon	4350	54,6	Federal	WLR	83,5	940
Nosler	Partition	130	Rottweil	R 904	53,5	Hornady	CCI 200	82,5	910
Hornady	InterLock	130	Alliant	RL 22	61,0	Norma	WLRM	81,5	929
Swift	A-Frame	140	Norma	MRP	56,8	Federal	CCI 200	81,5	902
Nosler	BST	140	IMR	4831	53,0	Norma	RWS 5341	84,3	878
Hornady	SST	140	Vihtavuori	N 165	58,3	RWS	Federal 210	82,0	901
Barnes	TSX	140	IMR	4350	54,0	Norma	CCI 200	81,8	910
Sierra	Game King	140	Winchester	760	51,8	RWS	RWS 5341	83,2	882
Nosler	Partition	140	IMR	7828	56,8	Norma	CCI 200	82,0	890
Barnes	TSX	150	Alliant	RL 22	59,8	Federal	Federal 210	81,6	888
Norma	Oryx	150	Norma	204	53,0	Norma	RWS 5341	80,2	852
Hornady	Interbond	150	Vihtavuori	N 165	58,3	RWS	CCI 200	81,5	870
RWS	Kegelspitz	150	Rottweil	R 905	53,8	RWS	RWS 5341	81,2	845
Nosler	Partition	150	IMR	7828	56,5	Norma	CCI 200	84,5	830
Swift	A-Frame	150	Alliant	RL 22	59,5	RWS	Federal 210	84,2	871
Norma	Vulkan	156	Norma	URP	51,5	Norma	CCI 200	81,2	855
Sako	Hammer-head	156	IMR	4831	53,5	Federal	Federal 210	82,0	849
Nosler	Partition	160	Norma	MRP	53,0	Norma	CCI 200	83,0	845

Zur Ermittlung der Ladedaten wurde eine Repetierbüchse Blaser R 93 mit 58 cm langem Lauf benutzt.
Die Geschwindigkeit wurde drei Meter vor der Laufmündung gemessen.

.270 Winchester Short Magnum

Die .270 WSM wurde im Jahre 2002 von Winchester im Rahmen der neuen WSM-Serie auf den Markt gebracht. Im Prinzip ist sie eine auf .270 eingezogene .300 WSM. Die Hülse der gürtellosen Kurzpatrone geht auf die .404 Jeffery zurück. Die Patrone arbeitet als Schulteranlieger und hat eine 35-Grad-Schulter.

Durch die nahezu zylindrische Hülse entsteht ein großes Innenvolumen, was in Verbindung mit dem Gebrauchsgasdruck von 4450 bar für reichlich Leistung sorgt. Die .270 WSM hat durch die dicke Hülse einen größeren Pulverraum als die .270 Winchester und übertrifft diese in der Leistung deutlich. Ein 140-Grains-Geschoss lässt sich auf bis zu 970 m/s Mündungsgeschwindigkeit bringen. Damit ist sie eine hervorragende Patrone für die Berg- und Steppenjagd, zumal ihr Präzisionspotential sehr hoch ist. Bei der Ermittlung der Ladedaten schossen die meisten Laborierungen auf Anhieb hervorragend. Ideal ist sie für die Bejagung von Gamswild, Steinwild und Bergschafen. Auch auf Sauen und Rotwild in heimischen Revieren ist sie gut einsetzbar. Die kurze Patrone erlaubt die Verwendung von Kurzverschlüssen, wodurch Repetierbüchsen etwas handlicher werden. Die optimalen Geschossgewichte liegen bei 130 und 150 Grains. Das Schussverhalten ist sehr angenehm, der Rückschlag wird nicht härter empfunden als bei der .270 Winchester. Mit der .270 WSM wird die .270 Winchester eigentlich aufs Altenteil geschoben, denn die neue Kurzpatrone kann alles besser. Einziger Nachteil ist, dass die Magazinkapazität der .270 WSM um eine Patrone geringer ist. Die dicke Hülse braucht mehr Raum.

Hülsen und Fabrikpatronen sind von mehreren Herstellern erhältlich und es ist zu erwarten, dass hier sehr schnell noch weitere Laborierungen folgen werden. Bei den Geschossen ist das Angebot groß und es sind viele Spezialgeschosse verfügbar. Es sollten nicht zu weiche Geschosse verwendet werden, denn bei der doch sehr hohen Leistung der Patrone ist sonst die Tiefenwirkung zu gering. Die modernen homogenen Deformationsgeschosse wie Barnes Triple Shock oder HDB, stabile Zweikammergeschosse wie das Nosler Partition oder Swift A-Frame und die modernen Verbundkerngeschosse wie Scirocco oder Woodleigh sind eine gute Wahl. Bei den Treibladungsmitteln sind die langsam abbrennenden Pulver optimal. Besonders Vihtavuori N 165, Norma MRP, Alliant Rl 22 und Hodgdon 4350 erwiesen sich als gut geeignet. Bei den ganz progressiven Sorten ergeben sich teilweise Pressladungen. Magnum-Zündhütchen sind zur Anzündung der erheblichen Pulvermenge unbedingt erforderlich. Standardzünder machen die Patrone unpräzise. Um die Leistung der Patrone auch ausnutzen zu können, sollten nicht zu kurze Läufe gewählt werden. 60 cm sollten es schon sein. Matrizensätze sind von RCBS, Redding, Lee oder Triebel zu bekommen.

Ladedaten Kaliber .270 WSM

Geschoss-Hersteller	Geschoss-typ	Geschoss-gewicht Grains	Pulver-hersteller	Pulvertyp	Pulver-ladung Grains	Hülsen-fabrikat	Zünd-hütchen	Gesamt-länge (mm)	V_0 m/s
Hornady	V-Max	110	Hodgdon	H 414	66,0	Winchester	WLRM	69,8	1066
Barnes	TSX	110	Vihtavuori	N 160	65,2	Norma	RWS 5333	69,5	1072
Nosler	BST	130	Hodgdon	4831	62,0	Norma	CCI 250	71,0	1004
Hornady	GMX	130	Alliant	RL 19	61,2	Norma	RWS 5333	70,8	938
Swift	Scirocco	130	Norma	URP	63,0	Norma	CCI 250	70,0	968
Nosler	E-Tip	130	Winchester	760	58,2	Winchester	CCI 250	71,0	978
Hornady	SST	130	Vihtavuori	N 165	66,8	Norma	Federal 215	70,8	941
Barnes	TSX	130	Norma	MRP	68,5	Federal	Federal 215	70,2	940
Sierra	Game King	130	IMR	4350	62,5	Norma	RWS 5333	70,0	990
Nosler	Accubond	140	Vihtavuori	N 170	66,8	Norma	CCI 250	72,4	962
Barnes	TSX	140	Alliant	RL 22	63,5	Norma	CCI 250	71,8	950
Hornady	InterLock	140	IMR	4350	58,0	Norma	RWS 5333	71,5	910
Nosler	Partition	140	Norma	MRP	68,0	Norma	CCI 250	71,5	960
Reichen-berg	HDB	145	IMR	4350	58,0	Norma	RWS 5333	71,0	905
Hornady	SST	150	Vihtavuori	N 165	64,5	Norma	CCI 250	70,8	895
RWS	Kegelspitz	150	Vihtavuori	N 170	66,2	Norma	RWS 5333	70,5	910
Speer	Grand Slam	150	IMR	7828	60,8	Norma	CCI 250	71,6	890
Federal	Trophy Bon-ded	150	Vihtavuori	N 165	63,7	Norma	Federal 215	71,5	891
Nosler	Ballistic Sil-vertip	150	Alliant	RL 22	60,0	Federal	CCI 250	72,1	920
Sako	Hammer-head	156	IMR	7828	60,8	Norma	Federal 215	71,5	892
Nosler	Partition	160	Alliant	RL 19	60,2	Norma	RWS 5333	72,3	902

Zur Ermittlung der Ladedaten wurde eine Repetierbüchse Winchester 70 Lightweight mit 65 cm langem Lauf benutzt.
Die Geschwindigkeit wurde drei Meter vor der Laufmündung gemessen.

.270 Weatherby Magnum

Die .270 war die erste Weatherby-Patrone und basiert auf einer ausgeblasenen .300 Holland&Holland. Aus ihr gingen dann später viele der anderen Weatherby-Patronen hervor. Wie die .270 Weatherby haben auch die .257, die 7 mm, die 300, die .340 Weatherby alle den gemeinsamen R1-Durchmesser von 13,50 mm. Alle Weatherby-Patronen besitzen die sogenannte Weatherby- oder Venturi-Schulter. Die ursprüngliche Venturi-Schulter, auch Miller-Venturi-Schulter genannt, wurde Anfang der 1940er Jahre von dem Büchsenmacher Ralph Miller entwickelt. Ziel dieses Systems ist es, die Leistung einer Patrone zu steigern, indem das Hülsenvolumen durch eine zylindrische Aufbohrung des Pulverraums vergrößert und die Schulter mit einem Radius versehen wird. Roy Weatherby nahm diese Idee auf und erweiterte sie um einen zusätzlichen Radius zwischen Hülsenkörper und -schulter. Dadurch entstand die markante und von Weatherby patentierte „Weatherby-Schulter“ mit Doppel-Radius. Roy Weatherby entwarf die .270 Weatherby Magnum 1943 auf dem Reißbrett und begann die Laborierungsversuche mit handgeformten Hülsen. Es dauerte aber noch einige Jahre, bis die erste Fabrikmunition auf den Markt kam. Sein Ziel, die bekannte .270 Winchester in der Leistung zu übertreffen, erreichte er mit dem hier zur Verfügung stehenden Hülsenvolumen mühelos. Die Weatherby ist über 100 m/s schneller und hat damit einen entsprechend größeren Wirkungsbereich. Die Lebensdauer der Büchsenläufe ist bei dieser Leistung allerdings nicht gerade besonders hoch. Die schnelle .270er ist besonders bei amerikanischen Schafsjägern beliebt, kam aber nie an die Popularität der .300 Weatherby Magnum heran. Das mag auch daran liegen, dass es nicht viele Waffenhersteller gibt, die diese Patrone im Programm haben, während das bei der 300er ganz anders aussieht. Die meisten Waffen im Kaliber .270 Weatherby Magnum sind originale Weatherby MK V Repetierbüchsen. Für die Hochwildjagd sollten nur die schwereren Geschosse mit stabilem Aufbau verwendet werden. Die meisten Geschosse unter 9 g sind mit der hohen Geschwindigkeit der .270 Weatherby überfordert und liefern dann keine befriedigende Tiefenwirkung mehr. Verbundkerngeschosse und massestabile, homogene Deformationsgeschosse sind hier die beste Wahl. Bei der Pulverauswahl sind nur die ganz langsam brennenden Sorten wie Norma MRP, N 165, Alliant RL 22 oder Hodgdon H 4831 brauchbar. Die originalen Weatherby-Patronen werden bei Norma geladen. Aus dieser Quelle ist gutes Hülsenmaterial zu bekommen. Aber auch Federal hat die .270 Weatherby Magnum im Programm. Es muss unbedingt auf eine ausreichend hohe Ladedichte geachtet werden. Vor diesem Hintergrund ist es nicht gerade einfach, reduzierte Ladungen zu benutzen, um die Patrone auf das Niveau der .270 Winchester zu bringen. Magnum-Zündhütchen sind unbedingt erforderlich. Bei den Laborierungsversuchen hat sich gezeigt, dass mit etwas mehr Geschossabstand zu den Zügen eine bessere Präzision erreicht wurde. Matrizensätze sind bei den großen Herstellern erhältlich und gehören zur preiswerten Standardkategorie.

Ladedaten Kaliber .270 Weatherby

Geschoss-Hersteller	Geschoss-typ	Geschoss-gewicht Grains	Pulver-hersteller	Pulvertyp	Pulver-ladung Grains	Hülsen-fabrikat	Zünd-hütchen	Gesamt-länge (mm)	V_0 m/s
Nosler	Accubond	100	Alliant	RL 22	75,8	Norma	WLRM	82,6	1130
Barnes	TTSX	110	Hodgdon	4831 SC	76,0	Norma	CCI 250	81,5	1090
Nosler	Accubond	110	IMR	4350	69,0	Norma	CCI 250	81,3	1075
Barnes	TTSX	130	Alliant	RL 19	69,2	Norma	CCI 250	83,2	1025
Sierra	Game King	130	Norma	MRP	73,0	Norma	Federal 215	83,0	1015
Hornady	GMX	130	Vihtavuori	N 165	70,0	Norma	CCI 250	83,0	978
Nosler	E-Tip	130	Vihtavuori	N 560	70,2	Norma	RWS 5333	82,2	1005
Nosler	Accubond	130	IMR	7828	74,0	Norma	RWS 5333	82,2	1030
Swift	A-Frame	130	Vihtavuori	N 160	65,5	Norma	RWS 5333	82,0	975
Hornady	Interbond	130	Hodgdon	4831	68,0	Norma	CCI 250	83,2	970
Nosler	Partition	140	Vihtavuori	N 560	70,2	Norma	Federal 215	82,1	981
Swift	A-Frame	140	Norma	MRP	71,0	Norma	RWS 5333	83,0	980
Hornady	InterLock	140	IMR	4831	61,0	Norma	CCI 250	83,0	961
Barnes	TSX	140	Alliant	RL 22	69,8	Norma	CCI 250	83,2	980
Speer	Grand Slam	150	Norma	MRP	72,5	Norma	RWS 5333	83,0	982
Nosler	Partition	150	Alliant	RL 25	71,0	Norma	Federal 215	82,2	965
Barnes	MRX	150	Vihtavuori	N 560	68,2	Norma	Federal 215	83,2	952
Nosler	Partition	160	IMR	7828	70,0	Norma	CCI 250	82,5	890

Zur Ermittlung der Ladedaten wurde eine Repetierbüchse Weatherby MK V mit 66 cm langem Lauf benutzt.
Die Geschwindigkeit wurde drei Meter vor der Laufmündung gemessen.

Dia .284

Mit den 284er Geschossen werden die 7-mm-Patronen versorgt, die sich sowohl bei den europäischen als auch den US-Kalibern reichlich finden. Die Auswahl reicht von präzisen, rückstoßarmen Patronen für die Bejagung von Rehwild und mittelstarkem Hochwild, wie 7x57 oder 7 mm-08, bis hin zu Hochleistungskalibern, die für die Bejagung von Bergwild auf weite Distanzen entwickelt wurden, wie etwa 7x66 SE vom Hofe oder 7 mm Remington Ultra Magnum.

In diesem Geschossdurchmesser sind auch viele Spezialpatronen und Wildcats zu Hause, denn durch die günstige Querschnittsbelastung der Geschosse und dem noch relativ geringen Geschossdurchmesser lassen sich durch Einziehen des Hülsenhalses großkalibriger Patronen neue Hochleistungspatronen mit, im Verhältnis zum Geschossdurchmesser, großem Pulverraum und entsprechender Leistung relativ einfach herstellen. Das wurde ausgiebig gemacht und damit ließe sich ein ganzes Buch füllen. Viele dieser Patronen sind sich natürlich relativ ähnlich und unterscheiden sich lediglich durch wenige Millimeter Hülsenlänge oder einem, um einige Grad veränderten Schulterwinkel. Hier wurden die wichtigsten Kaliber berücksichtigt, für die Serienwaffen hergestellt werden.

Das Geschossangebot ist entsprechend der großen Beliebtheit des .284er Geschossdurchmessers sehr umfangreich. Jeder Hersteller von Geschossen hat diesen Kaliberdurchmesser im Programm und entsprechend der weiten Leistungsbandbreite der 7-mm-Patronen ist auch das Angebot an Spezialgeschossen. Von einfachen Teilmantelgeschossen für die alten 7-mm-Patronen über sich schnell zerlegende Varmintgeschosse für die Raubwildbejagung auf weite Distanzen bis hin zu aufwendigen Spezialgeschossen, mit denen die rasanten Hochleistungspatronen zur Jagd auf schweres Wild erst sinnvoll eingesetzt werden können, ist alles zu haben. Die Geschosstabelle beinhaltet die wichtigsten Konstruktionen.

7x57 – 7x64 – 7 mm Rem Mag – 7 mm WSM – 7x66 SEvH – 7 mm Rem Ultra
liegend 7x57 R – 7x65 R – 7x75 R SEvH

Geschosspalette:

Hersteller	Geschoss-typ	Geschoss-gewicht in g/Grains	Eignung Wildarten	Kaliberempfehlung
A-Square	Dead Touch	11,3/175	Schweres Hoch-wild	Hochleistungspatronen
Barnes	X-Bullet	7,8/120	Hochwild	Hochleistungspatronen
Barnes	Triple Shock	9,1/140	Hochwild	Hochleistungspatronen
Barnes	TTSX	9,1/140	Hochwild	Standard- und Hochleis-tungspatronen
Barnes	X-Bullet	9,1/140	Hochwild	Hochleistungspatronen
Barnes	LRX-BT	9,4/145	Hochwild	Hochleistungspatronen auf weite Distanz
Barnes	X-Bullet	9,7/150	Schweres Hoch-wild	Hochleistungspatronen
Barnes	Triple Shock	10,4/160	Schweres Hoch-wild	Hochleistungspatronen
Barnes	X-Bullet	10,4/160	Schweres Hoch-wild	Hochleistungspatronen
Barnes	LRX-BT	10,9/168	Hochwild	Hochleistungspatronen auf weite Distanz
Barnes	X-Bullet	11,3/175	Schweres Hoch-wild	Hochleistungspatronen
Blaser	CDP	10,0/154	Schweres Hoch-wild	Hochleistungspatronen
Brenneke	TIG Nature	8,3/128	Hochwild	Standardpatronen
Brenneke	TOG	9,7/150	Hochwild	Standardpatronen
Brenneke	TIG	11,5/177	Schweres Hoch-wild	Standardpatronen
Degol	Starkmantel	11,0/170	Schweres Hoch-wild	Standardpatronen und rasante Patronen auf weite Distanzen
Federal	Trophy Bon-ded	10,4/160	Schweres Hoch-wild	Hochleistungspatronen
GPA	GPA	8,0/123	Hochwild	Standardpatronen
GPA	GPA	9,7/150	Hochwild	Standard- und Hochleis-tungspatronen
Hornady	V-Max	7,8/120	Raubwild	Standard- und Hochleis-tungspatronen
Hornady	GMX	9,0/139	Hochwild	Standard- und Hochleis-tungspatronen
Hornady	Interbond	9,0/139	Hochwild	Standard- und Hochleis-tungspatronen
Hornady	SST	9,0/139	Hochwild	Standardpatronen
Hornady	InterLock	9,1/140	Leichtes Hochwild	Standardpatronen
Hornady	InterLock	9,7/150	Hochwild	Standardpatronen
Hornady	SST	9,7/150	Hochwild	Hochleistungspatronen

Hersteller	Geschoss-typ	Geschoss-gewicht in g/Grains	Eignung Wildarten	Kaliberempfehlung
Hornady	Interbond	10,0/154	Schweres Hochwild	Standard- und Hochleistungspatronen
Hornady	A-Max	10,5/162	Raubwild/Rehwild	Standard- und Hochleistungspatronen
Hornady	SST	10,5/162	Schweres Hochwild	Hochleistungspatronen
Hornady	InterLock	11,3/175	Schweres Hochwild	Standardpatronen und rasante Patronen auf weite Distanzen
Impala	Impala	7,1/110	Leichtes Wild	Standardpatronen und rasante Patronen auf weite Distanzen
Norma	Oryx	10,1/156	Hochwild	Standardpatronen und rasante Patronen auf weite Distanzen
Norma	PPC	11,0/170	Hochwild	Standardpatronen
Nosler	Ballistic Tip	7,8/120	Leichtes Hochwild	Standardpatronen
Nosler	Accubond	9,1/140	Hochwild	Hochleistungspatronen
Nosler	Ballistic Silvertip	9,1/140	Leichtes Hochwild	Standardpatronen und rasante Patronen auf weite Distanzen
Nosler	Ballistic Tip	9,1/140	Leichtes Hochwild	Standardpatronen
Nosler	E-Tip	9,1/140	Hochwild	Standard- und Hochleistungspatronen
Nosler	Partition	9,1/140	Hochwild	Standardpatronen und rasante Patronen auf weite Distanzen
Nosler	Ballistic Silvertip	9,7/150	Leichtes Hochwild	Standardpatronen und rasante Patronen auf weite Distanzen
Nosler	Ballistic Tip	9,7/150	Leichtes Hochwild	Standardpatronen
Nosler	E-Tip	9,7/150	Hochwild	Standard- und Hochleistungspatronen
Nosler	Partition	9,7/150	Hochwild	Standardpatronen und rasante Patronen auf weite Distanzen
Nosler	Accubond	10,4/160	Schweres Hochwild	Hochleistungspatronen
Nosler	Partition	10,4/160	Schweres Hochwild	Hochleistungspatronen
Nosler	Partition Gold	10,4/160	Schweres Hochwild	Hochleistungspatronen
Nosler	Partition	11,3/175	Schweres Hochwild	Hochleistungspatronen
PMP	Pro Amm	9,7/150	Hochwild	Standardpatronen

Hersteller	Geschoss-typ	Geschoss-gewicht in g/Grains	Eignung Wildarten	Kaliberempfehlung
PMP	Pro Amm	11,0/170	Hochwild	Standardpatronen
Reichenberg	HDB	6,8/105	Leichtes Hochwild	Standardpatronen
Reichenberg	HDB	7,0/108	Hochwild	Standardpatronen und rasante Patronen auf weite Distanzen
Reichenberg	HDB	8,7/135	Hochwild	Standardpatronen und rasante Patronen auf weite Distanzen
Reichenberg	HDB	9,0/139	Hochwild	Standardpatronen und rasante Patronen auf weite Distanzen
Reichenberg	HDB	10,0/154	Schweres Hoch-wild	Hochleistungspatronen
Reichenberg	HDB	10,4/160	Schweres Hoch-wild	Hochleistungspatronen
Remington	Accu Tip	9,1/140	Hochwild	Standard- und Hochleis-tungspatronen
Remington	Core Lokt	9,1/140	Hochwild	Standardpatronen
Remington	Accu Tip	9,7/150	Hochwild	Standard- und Hochleis-tungspatronen
Remington	Core Lokt	9,7/150	Hochwild	Standardpatronen
Remington	Core Lokt	11,3/175	Schweres Hoch-wild	Standardpatronen
RWS	KS	8,0/123	Leichtes Hochwild	Standardpatronen
RWS	Evo Green	8,2/127	Hochwild	Standardpatronen
RWS	TMR	9,0/139	Rehwild	Standardpatronen
RWS	Hit	9,1/140	Hochwild	Standard- und Hochleis-tungspatronen
RWS	Doppelkern	10,0/154	Hochwild	Standardpatronen
RWS	Evolution	10,3/159	Schweres Hoch-wild	Standardpatronen und rasante Patronen auf weite Distanzen
RWS	Ideal Classik	10,5/162	Hochwild	Standardpatronen
RWS	KS	10,5/162	Hochwild	Standardpatronen
RWS	H-Mantel	11,2/172	Hochwild	Standardpatronen
RWS	Ideal Classik	11,5/177	Hochwild	Standardpatronen
Sako	Hammerhead	11,0/170	Hochwild	Standardpatronen
Sauvestre	FIP	9,55/148	Hochwild	Standard- und Hochleis-tungspatronen
Sierra	Pro Hunter	7,8/120	Rehwild/ leichtes Hochwild	Standardpatronen
Sierra	Pro Hunter	8,4/130	Rehwild/ leichtes Hochwild	Standardpatronen
Sierra	Game King	9,1/140	Leichtes Hochwild	Standardpatronen

Hersteller	Geschoss-typ	Geschoss-gewicht in g/Grains	Eignung Wildarten	Kaliberempfehlung
Sierra	Pro Hunter	9,1/140	Leichtes Hochwild	Standardpatronen
Sierra	Game King	9,7/150	Hochwild	Standardpatronen
Sierra	Game King	11,3/175	Mittleres und schweres Hochwild	Standardpatronen und rasante Patronen auf weite Distanzen
Speer	Hot Core	8,4/130	Rehwild/leichtes Hochwild	Standardpatronen
Speer	Hot Core	9,4/145	Leichtes Hochwild	Standardpatronen
Speer	Bear Claw	10,4/160	Schweres Hochwild	Standard- und Hochleistungspatronen
Speer	Grand Slam	10,4/160	Hochwild	Standardpatronen
Speer	Hot Core	10,4/160	Hochwild	Standardpatronen
Speer	Bear Claw	11,3/175	Schweres Hochwild	Standard- und Hochleistungspatronen
Speer	Grand Slam	11,3/175	Schweres Hochwild	Standardpatronen und rasante Patronen auf weite Distanzen
Speer	Hot Core	11,3/175	Schweres Hochwild	Standard- und Hochleistungspatronen
Swift	A-Frame	9,1/140	Hochwild	Standard- und Hochleistungspatronen
Swift	Scirocco	9,7/150	Schweres Hochwild	Hochleistungspatronen
Swift	A-Frame	10,4/160	Schweres Hochwild	Hochleistungspatronen
Swift	A-Frame	11,3/175	Schweres Hochwild	Hochleistungspatronen
Woodleigh	HSB	9,1/140	Hochwild	Standard- und Hochleistungspatronen
Woodleigh	Protected Point	9,1/140	Hochwild	Standardpatronen und rasante Patronen auf weite Distanzen
Woodleigh	Protected Point	10,4/160	Schweres Hochwild	Hochleistungspatronen
Woodleigh	Protected Point	11,3/175	Schweres Hochwild	Hochleistungspatronen

7 x 57 und 7 x 57 R

Die 7 x 57 und ihre Randversion ist eine kleine, aber sehr effektive Patrone für leichtes bis mittleres Schalenwild auf nicht zu große Distanzen. Diese Mauser-Patrone stammt aus dem Jahre 1892 und ist weltweit bekannt. In England hat sie unter dem Namen .275 Rigby einen hervorragenden Ruf. Die 7 x 57 oder .275 Rigby wurde wohl schon auf fast alles Wild der Erde geführt und Karamojo Bell schoss mit der Vollmantelpatrone 7 x 57 einen Großteil seiner Elefanten – wie viele er verloren hat, steht leider nirgends. Auch viele Rehwildjäger schätzen die nicht zu schnelle 7 x 57 und ihre Randversion, obwohl die Ausschüsse bei dieser Wildart nicht unbedingt klein ausfallen. Dafür gibt es kaum Hämatome. Durch das umfangreiche Geschossangebot lässt sich die 7 x 57 vielseitig einsetzen. Der Waldjäger wird die schweren 11–11,5-Gramm-Geschosse wählen, während der Feldjäger eher zu den leichten, strömungsgünstigen Spitzgeschossen greift. Das mittlere Geschossgewicht von 10–10,5 g ist universell einsetzbar. Werden leichtere Geschosse von 8 oder 9,1 g benutzt, kann sich auch die Flugbahn der 7 x 57 sehen lassen. Das 8,0 g Kegelspitzgeschoss der RWS-Laborierung verlässt mit 900 m/s den Lauf und hat eine GEE von 181 Meter. Selbst auf 200 Meter braucht der Schütze, hier bei einem Geschossfall von noch nicht einmal drei Zentimetern unter dem Haltepunkt, bei einer auf GEE eingeschossenen Waffe nicht höher ins Ziel zu gehen.

In den letzten Jahren ist die kleine 7 mm aber von der leistungsfähigeren 7 x 64 und der Randversion 7 x 65 R stark verdrängt worden. Es scheint fast so, als ob die 7 x 57 im Ausland mehr geschätzt wird, als in ihrem Mutterland. Das zeigt sich auch in den Munitionskatalogen, wo fast alle großen Hersteller aus den USA und der skandinavischen Länder vertreten sind. Zumindest bei der randlosen Patrone. Die Randversion ist dagegen nur spärlich zu finden, was aber seine Ursache in der nur in Europa starken Bevorzugung von Kipplaufwaffen bei der Jagd hat. Trotzdem sind noch sehr viele gute Waffen für diese Patrone im Umlauf und es werden auch noch Neuwaffen dafür eingerichtet. Ihre Befürworter schätzen den geringen Rückstoß und die hohe Eigenpräzision. Waffen im Kaliber 7 x 57 (R) lassen sich sehr leicht und führig bauen und die Verschlussbelastung ist sehr gering – mit ein Grund für das Vorhandensein vieler gut erhaltener alter Waffen in diesen Kalibern.

Das Wiederladen bereitet keine besonderen Schwierigkeiten. Die mittelschnellen Büchsenpulver sind optimal, wenn keine schweren Geschosse eingesetzt werden. Besonders Rottweil R 903 und Vihtavuori N 150 erweisen sich als sehr gleichmäßig abbrennend und erbrachten eine hohe Präzision. Auch wenn Patronen für kurzläufige Waffen laboriert werden, was gerade bei der 7 x 57, die eine beliebte Patrone für Stutzen ist, oft vorkommt, sollten die mittleren Pulver benutzt werden. Bei den schweren Geschossen sind die langsamer abbrennenden Sorten wie Rottweil R 904 aber vorteilhafter, wenn eine hohe Leistung angestrebt wird. Damit lässt sich die höchste V_0 erzielen, wenn der Lauf lang genug ist. Bei 50-cm-Läufen sind die mittleren Sorten aber vorzuziehen. Bei der Randversion wird diese Frage kaum auftreten, denn meist wird die 7 x 57 R in kombinierten Waffen geführt, die eine Lauflänge von 63–65 cm haben. Hier lässt sich mit den progressiveren Sorten die beste Leistung erzielen.

Standardzündhütchen reichen für die 7 x 57 völlig aus. Matrizensätze sind von allen großen Herstellern zu bekommen.

Ladedaten Kaliber 7 x 57

Geschoss-hersteller	Geschoss-typ	Geschoss-gewicht Grains	Pulver-hersteller	Pulvertyp	Pulver-ladung Grains	Hülsen-fabrikat	Zünd-hütchen	Gesamt-länge (mm)	V_0 m/s
Barnes	X-Bullet	120	Vihtavuori	N 140	42,7	RWS	RWS 5341	75,0	875
RWS	KS	123	Rottweil	R 902	45,5	RWS	RWS 5341	72,5	902
Brenneke	TIG Nature	128	Vihtavuori	N 550	47,5	RWS	RWS 5341	75,5	835
Hornady	GMX	139	Vihtavuori	N 140	39,5	RWS	RWS 5341	70,0	781
Hornady	SST	139	Hodgdon	4350	47,0	RWS	CCI 200	75,5	825
Reichenberg	HDB	139	Rottweil	R 907	47,0	RWS	CCI 200	75,0	840
Barnes	X-Bullet	140	Rottweil	R 903	42,0	PMC	CCI 200	75,8	815
Swift	A-Frame	140	Vihtavuori	N 140	43,4	RWS	RWS 5341	74,5	820
Nosler	Partition	140	Rottweil	R 903	42,2	PMC	CCI 200	75,8	822
Brenneke	TOG	150	PRB	PCL 507	38,3	RWS	RWS 5341	73,0	765
Swift	Scirocco	150	Vihtavuori	N 160	44,0	PMC	CCI 200	75,0	785
Norma	Oryx	156	Vihtavuori	N 550	43,2	RWS	RWS 5341	74,5	770
RWS	Evolution	159	Rottweil	R 905	50,0	RWS	RWS 5341	74,3	785
Speer	Grand Slam	160	IMR	4831	43,5	PMC	CCI 200	75,0	775
Barnes	X-Bullet	160	Vihtavuori	N 160	44,5	PMC	CCI 200	76,8	756
Swift	A-Frame	160	Hodgdon	4350	43,8	RWS	RWS 5341	75,0	760
Lapua	Naturalis	160	Rottweil	R 905	50,0	RWS	RWS 5341	73,5	745
Hornady	SST	162	Vihtavuori	N 160	44,0	RWS	CCI 200	75,5	762
Brenneke	TIG	162	Rottweil	R 903	40,2	RWS	RWS 5341	75,0	750
Nosler	Partition	175	Rottweil	R 905	47,3	RWS	RWS 5341	75,5	755
Hornady	TMR	175	IMR	7828	46,4	PMC	CCI 200	74,0	745
Swift	A-Frame	175	Norma	N 204	44,0	RWS	RWS 5341	75,0	725
Brenneke	TIG	177	Vihtavuori	N 160	46,0	RWS	RWS 5341	75,0	722

Zur Ermittlung der Ladedaten wurde eine Repetierbüchse Steyr Mannlicher mit 60 cm Lauflänge benutzt.

Ladedaten Kaliber 7 x 57 R

Geschoss-hersteller	Geschoss-typ	Geschoss-gewicht Grains	Pulver-hersteller	Pulvertyp	Pulver-ladung Grains	Hülsen-fabrikat	Zünd-hütchen	Gesamt-länge (mm)	V_0 m/s
Barnes	X-Bullet	100	Rottweil	R 903	46,5	RWS	RWS 5341	73,5	935
Nosler	Solid Base	120	Rottweil	R 907	41,0	RWS	CCI 200	74,0	815
RWS	KS	123	Rottweil	R 902	42,0	RWS	RWS 5341	74,0	845
Hornady	SST	139	Vihtavuori	N 550	45,5	RWS	CCI 200	75,0	810
Nosler	Partition	140	Vihtavuori	N 140	40,5	RWS	CCI 200	75,5	786
Swift	Scirocco	150	Vihtavuori	N 160	48,0	RWS	RWS 5341	75,0	790
Reichenberg	HDB	154	Vihtavuori	N 550	42,6	RWS	RWS 5341	75,0	755
Hornady	SST	154	IMR	4350	47,5	RWS	RWS 5341	75,5	780
RWS	Doppelkern	154	Norma	N 204	46,7	RWS	RWS 5341	75,0	790
Blaser	CDP	154	Hodgdon	H 450	51,7	RWS	CCI 200	75,6	784
Nosler	Partition	160	Rottweil	R 904	45,0	RWS	CCI 200	77,0	740
Speer	Grand Slam	160	Rottweil	R 905	47,5	RWS	RWS 5341	76,5	755
Hornady	SST	162	Rottweil	R 904	45,0	RWS	RWS 5341	75,0	740
Brenneke	TIG	162	Vihtavuori	N 160	44,5	RWS	RWS 5341	75,0	730
Geco	TMR	165	Vihtavuori	N 160	44,0	RWS	CCI 200	75,0	725
Nosler	Partition	175	Rottweil	R 905	47,0	RWS	CCI 200	76,0	720
Swift	A-Frame	175	Vihtavuori	N 160	45,0	RWS	CCI 200	76,0	710
Brenneke	TIG	177	Vihtavuori	N 160	44,5	RWS	RWS 5341	75,0	700

Zur Ermittlung der Ladedaten wurde eine BBF Krieghoff Alp mit 63 cm Lauflänge benutzt.

7x64 und 7x65 R

Die 7x64 und ihre Randversion gehören bei uns zu den meistgeführten Büchsenpatronen. Die 7x64 stammt aus dem Jahre 1917 und ist eine Entwicklung des Leipziger Waffenkonstrukteurs Wilhelm Brenneke. Sie basiert auf der bereits 1912 von Brenneke vorgestellten 8x64, die sich aber nicht durchsetzen konnte. Brenneke zog lediglich den Hülsenhals auf 7 mm ein und setzte die Schulter etwas zurück. Damit gelang ihm ein ganz großer Wurf und eine der erfolgreichsten Jagdpatronen im europäischen Raum war entstanden. Kein Wunder, dass bereits drei Jahre später die Randversion 7x65 R folgte. Von der Leistung her liegen die deutschen 7-mm-Patronen nahe bei der amerikanischen .30-06 und erfüllen auch die gleichen Aufgaben. Alles in Europa vorkommende Wild kann mit dieser Patrone waidgerecht erlegt werden und auch im Ausland wird sie von deutschen Jägern gern und mit Erfolg geführt. Ihre Gegner behaupten zwar immer wieder, dass dieses 7-mm-Kaliber die Nachsuchenstatistik anführt, was auch durchaus stimmen mag, aber der Grund dafür ist nicht in der schlechten Leistung zu suchen, sondern liegt vielmehr in der häufigen Benutzung dieser Kaliber. Das reichhaltige Patronenangebot spiegelt die Beliebtheit dieser Kaliber wieder. Die Geschosspalette reicht von 8,0 bis 11,5 g. Damit ist dieses starke 7-mm-Kaliber sehr universell einsetzbar und eine gute Wahl für Reviere, in denen mit unterschiedlich schwerem Wild zu rechnen ist. Die 7x65 R ist hinsichtlich des Einsatzbereiches mit der randlosen 7x64 praktisch identisch, auch wenn sie aufgrund des etwas geringeren Gebrauchsgasdruckes von 3300 bar (7x64 = 3600 bar) geringfügig schwächer ist. Besonders in kombinierten Kipplaufwaffen wird sie gern eingesetzt. Lediglich als Drückjagdpatrone in der Doppelbüchse ist sie wenig verbreitet, was aber verständlich ist, da mit der 8x57 IRS und der 9,3x74 R hier starke Konkurrenz vorhanden ist.

Ladetechnisch sind beide Patronen unproblematisch und die Komponentenauswahl ist reichhaltig. Die beste Leistung und Präzision wird mit den langsam abbrennenden Pulversorten wie Rottweil R 904, Rottweil R 905 oder Vihtavuori N 160 erreicht. Für kurzläufige Büchsen sind diese Laborierungen aber nicht empfehlenswert. Hier sollte auf etwas schneller brennende Pulver gewechselt werden. Der Leistungsverlust ist hier geringer und im Endeffekt wird aus einem Stutzen die gleiche Mündungsgeschwindigkeit erzielt, als wenn stärkere Laborierungen mit progressivem Pulver verschossen werden, aber mit weniger Rückstoß und Mündungsfeuer. Kommen leichte Geschosse zum Einsatz, ist eine beträchtliche V_0 erzielbar und es sollten nicht zu weiche Konstruktionen gewählt werden. Die Zweikammergeschosse und Konstruktionen mit verlötetem Bleikern sind hier eine gute Wahl. Bei den progressiven Pulvern sind Magnum-Zündhütchen notwendig, um einen gleichmäßigen Pulverabbrand zu erzielen.

Ladedaten Kaliber 7x64 Brenneke

Geschoss-hersteller	Geschoss-typ	Geschoss-gewicht Grains	Pulver-hersteller	Pulvertyp	Pulverl-adung Grains	Hülsen-fabrikat	Zünd-hütchen	Gesamt-länge (mm)	V_0 m/s
Barnes	X-Bullet	120	Vihtavuori	N 140	49,0	RWS	CCI 200	83,0	930
RWS	KS	123	Rottweil	R 903	52,8	RWS	CCI 200	80,5	953
RWS	Evo Green	127	Rottweil	R 907	52,0	RWS	RWS 5341	80,6	922
Brenneke	TIG Nature	128	Vihtavuori	N 550	54,0	RWS	CCI 200	81,7	895
Hornady	SST	139	Vihtavuori	N 140	46,5	RWS	CCI 200	83,0	870
Barnes	X-Bullet	140	Vihtavuori	N 550	51,0	RWS	RWS 5341	82,0	895
Nosler	Partition	140	Rottweil	R 905	57,0	RWS	CCI 250	83,0	905
Swift	Scirocco	150	Vihtavuori	N 550	51,0	RWS	CCI 200	83,0	880
Reichenberg	HDB	154	Vihtavuori	N 160	53,0	RWS	CCI 250	81,5	840
RWS	Evolution	159	Vihtavuori	N 560	57,5	RWS	RWS 5341	82,5	842
Nosler	Partition	160	Norma	MRP	57,5	RWS	RWS 5333	83,0	830
Barnes	X-Bullet	160	Vihtavuori	N 160	55,0	RWS	CCI 200	83,0	832
Swift	A-Frame	160	Rottweil	R 905	55,0	RWS	RWS 5333	83,0	835
Speer	Grand Slam	160	Vihtavuori	N 560	58,0	RWS	CCI 200	83,0	845
Lapua	Naturalis	160	Vihtavuori	N 160	57,6	RWS	CCI 200	82,5	825
Hornady	SST	162	Norma	MRP	57,5	RWS	RWS 5333	83,0	840
Nosler	Partition	175	Rottweil	R 905	55,3	RWS	RWS 5333	84,0	816
Woodleigh	Prot. Point	175	Vihtavuori	N 165	61,5	RWS	CCI 200	83,0	822
Swift	A-Frame	175	IMR	4831	50,5	RWS	RWS 5333	84,0	785
Brenneke	TIG	177	RWS	R 904	50,0	RWS	RWS 5333	82,0	802

Zur Ermittlung der Ladedaten wurde eine Repetierbüchse System 98 mit 65 cm Lauflänge benutzt.

Ladedaten Kaliber 7 x 65 R

Geschoss-hersteller	Geschoss-typ	Geschoss-gewicht Grains	Pulver-hersteller	Pulvertyp	Pulver-ladung Grains	Hülsen-fabrikat	Zünd-hütchen	Gesamt-länge (mm)	V_0 m/s
Nosler	Solid Base	120	Vihtavuori	N 150	49,0	RWS	RWS 5341	82,0	910
Barnes	X-Bullet	120	Rottweil	R 903	52,0	RWS	CCI 200	81,5	911
Hornady	V-Max	120	IMR	4350	54,0	RWS	CCI 200	82,0	915
RWS	Evo Green	127	Rottweil	R 904	58,0	RWS	RWS 5341	80,5	965
Hornady	GMX	139	Vihtavuori	N 160	54,5	RWS	CCI 250	84,5	879
Hornady	SST	139	Vihtavuori	N 160	54,0	RWS	CCI 200	83,0	860
Nosler	Accubond	140	Vihtavuori	N 540	47,0	RWS	RWS 5341	82,6	856
Nosler	Partition	140	Rottweil	R 904	52,5	RWS	RWS 5341	83,0	865
Swift	Scirocco	150	Vihtavuori	N 550	51,0	RWS	RWS 5341	83,0	860
Reichenberg	HDB	154	Rottweil	R 904	50,0	RWS	RWS 5341	83,0	820
Hornady	SST	154	IMR	4350	50,8	RWS	RWS 5341	83,0	830
RWS	Evolution	159	Vihtavuori	N 560	53,5	RWS	CCI 200	82,6	825
Nosler	Partition	160	Norma	MRP	57,0	RWS	CCI 200	83,0	835
Nosler	Accubond	160	Vihtavuori	N 165	56,0	RWS	RWS 5333	83,0	838
Brenneke	TIG	162	Rottweil	R 905	54,5	RWS	RWS 5333	82,8	808
Hornady	SST	162	Rottweil	R 904	52,0	RWS	CCI 200	83,0	805
Nosler	Bal. Tip	162	Vihtavuori	N 160	52,0	RWS	CCI 200	83,0	802
Norma	Vulcan	170	Rottweil	R 905	53,5	RWS	RWS 5333	82,5	795
Nosler	Partition	175	IMR	4831	52,2	RWS	CCI 200	83,0	790
Swift	A-Frame	175	Norma	MRP	54,0	RWS	RWS 5333	83,0	791
Brenneke	TIG	177	Rottweil	R 905	52,5	RWS	RWS 5333	83,0	770

Zur Ermittlung der Ladedaten wurde ein Drilling Krieghoff Neptun Primus mit 63 cm Lauflänge benutzt.

7 mm Remington Magnum

Die 7 mm Remington Magnum entstand im Jahre 1962, zusammen mit der Repetierbüchse Modell 700. Remington brauchte eine Konkurrenzpatrone zur vier Jahre früher vorgestellten .264 Winchester Magnum, die als Basishülse die .458 Winchester Magnum benutzt. Die starke 7-mm-Patrone wurde ein weltweiter Erfolg.

Remington legte die Hülse der .264 Win. Mag. zugrunde und vergrößerte das Kaliber auf 7 mm. Damit war die Patrone für stärkeres Schalenwild tauglich und übertraf die meisten der bisher auf dem Markt befindlichen 7-mm-Standardkaliber. Geht man in der Munitionsgeschichte etwas weiter zurück, findet sich noch die .275 Holland & Holland Magnum, ebenfalls eine 7-mm-Patrone mit Gürtelhülse, die der Remington-Entwicklung sehr ähnlich ist. Konkurrenten bei den starken 7-mm-Patronen waren aber vor allem die 7 x 61 Sharp&Hart, die 7 mm Weatherby Magnum und die deutsche 7 mm Super Express vom Hofe. Hier setzte sich die 7 mm Remington Magnum aber schnell durch, denn mit ihrer Gesamtlänge von kaum mehr als 80 mm ließ sie sich in normale Standardsysteme unterbringen und war zudem außerordentlich präzise. Zahlreiche Schießwettkämpfe über große Distanzen wurden mit dieser Patrone gewonnen. Gegenüber der 7 mm SE vom Hofe war sie zudem deutlich preiswerter und in viel mehr Laborierungen zu haben.

Die 7 mm Remington Magnum war die erste Remington-Patrone mit metrischer Kaliberbezeichnung und ist eines der erfolgreichsten Remington-Kaliber.

Nüchtern betrachtet, ist das nicht ganz verständlich, vor allem wenn Patronen wie etwa die 7 x 64 zum Vergleich herangezogen werden. Der Leistungsvorsprung der 7 mm Rem. Mag. beträgt nur etwa 10 % und wird durch einen erheblich höheren Pulververbrauch und Gasdruck erkauft. Entsprechend wächst der Rückstoß und gerade aus leichten Waffen ist das ein erheblicher Nachteil. Um die Energie des progressiven Treibladungspulvers entsprechend umzusetzen, ist zudem ein nicht zu kurzer Lauf erforderlich. Das Geschossangebot reicht von 8 bis 11,34 Gramm und die leichten Geschosse werden auf über 1000 m/s beschleunigt. Die GEE liegt bei gut 200 m.

Mit der starken 7-mm-Patrone lassen sich alles europäische Hochwild und auch die afrikanischen Großantilopen erlegen, wenn moderne, entsprechend kompakt aufgebaute Geschosse verwendet werden. Trotzdem liegt die Patrone in der Geschosswirkung deutlich unter den 30er Kalibern und ist eigentlich ideal für weite Schüsse auf leichtes und mittleres Schalenwild. Das Munitionsangebot ist gut und die meisten Munitionshersteller haben diese Patrone im Programm.

Die Hülsenbeschaffung ist daher kein Problem und auch nicht teuer. Auch bei den Geschossen sieht es im 7-mm-Kaliber (Dia. 284) sehr gut aus. Bei kaum einem anderen Kaliber hat der Wiederlader eine solche Auswahl. Die Geschosspalette reicht von 100 bis 177 Grains und damit hat der Wiederlader eine Menge Möglichkeiten.

Die 7 mm Remington Magnum hat allerdings einen sehr kurzen Patronenlagerübergang, daher müssen schwere und damit auch entsprechend lange Geschosse sehr tief in die Hülse gesetzt werden, was natürlich zu einer Verringerung des Verbrennungsraumes führt. Wirkliche Höchstleistung erreicht die amerikanische 7-mm-Patrone daher eher mit den mittelschweren als mit schweren Geschossen. Hier zeigt sich wieder einmal, dass ein großes Hülsenvolumen allein noch nicht viel bringt, wenn nicht auch die anderen Umstände passen.

Eine hohe Leistung und besonders eine gute Präzision sind nur mit progressiven Pulvern zu erzielen. Besonders Rottweil R 905, Norma MRP und Hodgdon 4831 erwiesen sich universell geeignet. Bei den schnelleren Sorten kommt es oft zu Gasdrucksprüngen, was sich sehr negativ auf die Präzision auswirkt.

Die 7 mm Remington Magnum ist eine Hochleistungspatrone, die am Besten mit mittelschweren bis schweren Geschossen und voller Ladung funktioniert. Vor abgebrochenen Ladungen progressiven Pulvers muss eindringlich gewarnt werden. Es kann zu gefährlichen Drucksprüngen oder Nachbrennern kommen. Für die schnellen Laborierungen sollten keine zu weichen Geschosse gewählt werden, sonst ist die Zielballistik unbefriedigend. Die modernen homogenen Deformationsgeschosse wie Lapua Naturalis, Barnes X-Bullet oder stabile Jagdgeschosse mit verlötetem Kern, wie Norma Oryx oder RWS Evolution, sind hier erste Wahl. Auch die Zweikammergeschosse Nosler Partition, Swift A-Frame und Blaser CDP haben sich bewährt. Magnum-Zündhütchen sind zur Anzündung der erheblichen Pulvermenge unbedingt erforderlich. Bei der Ermittlung der Ladedaten zeigte sich, dass das Zündhütchen großen Einfluss auf die Präzision hat. Matrizensätze sind von allen bedeutenden Herstellern von Wiederladewerkzeug zu bekommen und gehören meist zur günstigen Standardkategorie.

In den schottischen Highlands gibt es keine Deckung – hier ist ein weiter Schuss normal.

Ladedaten Kaliber 7 mm Remington Magnum

Geschoss-hersteller	Geschoss-typ	Geschoss-gewicht Grains	Pulver-hersteller	Pulvertyp	Pulver-ladung Grains	Hülsen-fabrikat	Zünd-hütchen	Gesamt-länge (mm)	V_0 m/s
RWS	KS	123	Rottweil	R 905	71,0	RWS	RWS 5333	78,0	1004
Brenneke	TIG Nature	128	Vihtavuori	N 550	62,0	Remington	CCI 250	78,0	982
Hornady	GMX	139	IMR	7828	67,5	Remington	CCI 250	80,7	930
Barnes	X-Bullet	140	IMR	4831	66,0	Federal	CCI 250	80,5	960
Swift	A-Frame	140	Alliant	RL 19	63,0	RWS	Federal 215	90,5	927
Nosler	Partition	140	Norma	N 204	62,5	Norma	CCI 250	79,5	931
Brenneke	TOG	150	Vihtavuori	N 160	68,5	RWS	RWS 5333	81,0	920
Nosler	E-Tip	150	Vihtavuori	N 160	63,2	Remington	CCI 250	81,5	915
Swift	Scirocco	150	Norma	MRP	69,5	Norma	CCI 250	83,0	952
Blaser	CDP	154	Vihtavuori	N 165	65,0	Federal	RWS 5333	82,2	892
Reichenberg	HDB	154	Vihtavuori	N 560	65,0	RWS	RWS 5333	82,0	895
Hornady	SST	154	Vihtavuori	N 165	63,2	Hornady	Win. WLRM	82,2	902
Norma	Oryx	156	Vihtavuori	N 160	66,2	RWS	RWS 5333	82,0	890
RWS	Evolution	159	Rottweil	R 905	66,2	RWS	Federal 215	79,0	926
Nosler	Partition	160	Norma	MRP	67,5	Federal	CCI 250	82,0	905
Nosler	Accubond	160	IMR	4831	62,0	Federal	RWS 5333	82,0	930
Barnes	X-Bullet	160	Hodgdon	H 1000	68,0	Federal	Federal 215	79,0	922
Swift	A-Frame	160	Vihtavuori	N 560	62,0	RWS	CCI 250	82,0	880
Lapua	Naturalis	160	Norma	MRP	62,0	Federal	CCI 250	81,0	885
Hornady	SST	162	Rottweil	R 905	65,0	RWS	RWS 5333	82,0	882
Nosler	Partition	175	Hodgdon	H 1000	65,2	Norma	RWS 5333	82,0	870
Woodleigh	Prot. Point	175	Rottweil	R 905	64,0	RWS	CCI 250	81,0	865
Swift	A-Frame	175	Norma	MRP	60,8	RWS	RWS 5333	82,0	849
Barnes	X-Bullet	175	IMR	4831	60,0	Federal	CCI 250	82,0	869

Zur Ermittlung der Ladedaten wurde eine Repetierbüchse Sauer 90 mit 66 Zentimeter langem Lauf benutzt.

7 mm Weatherby Magnum

Die 7 mm Weatherby Magnum war nach der .270 Weatherby Magnum die zweite von Roy Weatherby geschaffene Hochleistungspatrone und kam im Jahre 1944 auf den Markt. Roy Weatherby hatte nicht nur die afrikanischen und asiatischen Kolonien vor Augen, als er die starke 7-mm-Patrone schuf, sondern auch das alte Europa. Er wollte vor allem die hier so beliebten 7-mm-Kaliber übertreffen. In diesem Zusammenhang ist auch die metrische Kaliberbezeichnung zu sehen, die zur damaligen Zeit in den USA völlig unüblich war.

Ausgangsbasis war die .300 Holland & Holland Magnum, deren Hülse Weatherby allerdings grundlegend veränderte. Neben der Kürzung der Hülsenlänge auf 65 mm bekam die Gürtelhülse eine extrem flache Doppelradius-Schulter. Für eine 7-mm-Patrone steht reichlich Pulverraum zur Verfügung und abgesehen von der 7 x 66 Super Express vom Hofe übertraf die 7 mm Weatherby lange Zeit alle anderen 7-mm-Kaliber an Leistung deutlich. Mit schweren Geschossen ist sie eine hervorragende Kombination aus großer Querschnittsbelastung und hoher Anfangsgeschwindigkeit.

Die rasante 7-mm-Patrone hat unter Jagdreisenden einen guten Ruf, wenn es um weite Schüsse auf dünnhäutiges Berg- oder Steppenwild geht. Die Präzision ist ausgezeichnet und die Patrone lässt sich aus einer anatomisch richtig geschäfteten und nicht zu leichten Büchse noch gut beherrschen.

Bei den Geschossen ist der Tisch im 7-mm-Kaliber (Dia .284) reichhaltig gedeckt. Auch die 7 mm Weatherby Magnum ist eine Hochleistungspatrone, die am besten mit mittelschweren bis schweren Geschossen und voller Ladung funktioniert. Abgebrochene Ladungen progressiven Pulvers können zu gefährlichen Drucksprüngen oder Nachbrennern führen. Für die schnellen Laborierungen sollten keine zu weichen Geschosse gewählt werden, sonst ist die Zielballistik unbefriedigend. Die modernen homogenen Deformationsgeschosse wie HDB, X-Bullet, das Barnes Triple Shock, Deformationsgeschosse mit verlötetem Bleikern wie Evolution und Woodleigh oder auch stabile Zweikammergeschosse wie das Nosler Partition, Blaser CDP und Swift A-Frame sind zu bevorzugen.

Aufpassen muss man bei einigen Büchsen europäischer Produktion. Hier wurden oft Läufe mit 12-Zoll-Drall verwendet, die Geschosse mit einem Gewicht von mehr als 160 Grains nicht mehr ausreichend stabilisieren und damit Präzisionsprobleme haben. Schießt die Büchse nicht mit den schweren Geschossen, empfiehlt es sich, zunächst einmal die Dralllänge des Laufes zu ermitteln. Zeigt sich, dass der Hersteller einen Lauf mit langem Drall verwendet hat, müssen leichtere Geschosse verwendet werden.

Bei den Treibladungsmitteln sind fast ausschließlich die langsam abbrennenden Pulver brauchbar. Besonders Vihtavuori N 165 sowie Rottweil R 905, Hodgdon 450 und Hodgdon 4831 erwiesen sich als universell geeignet. Die 7 mm Weatherby fordert den erfahrenen Wiederlader, denn wie bei allen Patronen mit großem Hülsenvolumen sind auch hier leicht Überladungen möglich, die schnell in gefährliche Druckbereiche führen können.

Magnum-Zündhütchen sind zur Anzündung der erheblichen Pulvermenge unbedingt erforderlich. Wichtig bei der 7 mm Weatherby Magnum ist auch die Setztiefe des Geschosses. Weatherby-Büchsen in diesem Kaliber haben einen sehr langen Übergangskegel. Das ist vom Konstrukteur so gewollt, um die Kräfte, die einmal wirken, wenn das Geschoss aus der Hülse gezogen wird, und dann auftreten, wenn es in die Züge eingepresst wird, zeitlich möglichst weit voneinander zu trennen. Es ist ein beliebtes Mittel unter Wiederladern, zur Erhöhung der Präzision das Geschoss möglichst weit aus der Hülse und nah an die Züge zu setzen. Manche „Experten“ setzen sogar das Geschoss in die Züge oder so, dass es sich an die Züge anlehnt. Bei Matchmunition mit reduzierter Ladung sicher ein gutes Mittel, um die Präzision zu steigern. Bei der 7 mm Weatherby Magnum ist davon dringend abzuraten, da es hier mit Sicherheit zu einer erheblichen Gasdrucksteigerung kommt. Zum Glück begrenzt bei einer Repetierbüchse die Magazinlänge solche Vorhaben in der Regel. Bei Blockbüchsen oder Kipplaufbüchsen ist ein langes Heraussetzen des Geschosses bis an die Züge aber technisch möglich. Versuche in dieser Richtung sollten unbedingt unterbleiben. Matrizensätze sind von RCBS, Redding oder Triebel zu bekommen und fallen auch in die normale Preisklasse.

Bei der Gamsjagd sollten Geschosse eingesetzt werden, die auch auf weite Distanz sicher ansprechen.

Ladedaten Kaliber 7 mm Weatherby Magnum

Geschoss-hersteller	Geschoss-typ	Geschoss-gewicht Grains	Pulver-hersteller	Pulvertyp	Pulver-ladung Grains	Hülsen-fabrikat	Zünd-hütchen	Gesamt-länge (mm)	V_0 m/s
Barnes	X-Bullet	120	Hodgdon	H 450	73,5	Weatherby	RWS 5333	83,4	1042
Barnes	X-Bullet	120	Alliant	RL 22	74,0	Weatherby	CCI 250	83,4	1056
Barnes	X-Bullet	140	Hodgdon	H 450	70,0	Weatherby	CCI 250	84,0	1019
Nosler	Partition	140	IMR	4831	69,2	Weatherby	CCI 250	84,5	1009
Nosler	Partition	150	Vihtavuori	N 165	70,5	Weatherby	RWS 5333	85,0	941
Swift	Scirocco	150	IMR	4831	67,0	Weatherby	CCI 250	850	944
Reichenberg	HDB	154	Vihtavuori	N 165	73,0	Weatherby	CCI 250	83,5	971
RWS	Evolution	159	Rottweil	R 905	72,0	Weatherby	Federal 215	85,0	922
Nosler	Partition	160	Hodgdon	H 870	78,2	Weatherby	CCI 250	85,3	931
Nosler	Accubond	160	Alliant	RL 22	67,8	Weatherby	RWS 5333	85,3	934
Barnes	X-Bullet	160	Vihtavuori	N 165	71,8	Weatherby	Federal 215	84,8	942
Woodleigh	Prot. Point	160	IMR	4831	65,0	Weatherby	CCI 250	83,5	949
Swift	A-Frame	160	Hodgdon	H 1000	78,5	Weatherby	CCI 250	85,3	942
Speer	Grand Slam	160	Rottweil	R 905	72,0	Weatherby	CCI 250	85,3	912
Lapua	Naturalis	160	Norma	N 204	66,0	Weatherby	CCI 250	83,0	916
Hornady	SST	162	.Vihtavuori	N 165	70,5	Weatherby	CCI 250	85,2	945
Norma	PPC	170	Norma	MRP	71,0	Weatherby	Federal 215	83,5	928
Nosler	Partition	175	Hodgdon	H 870	77,5	Weatherby	RWS 5333	85,3	921
Woodleigh	Prot. Point	175	Vihtavuori	N 165	64,3	Weatherby	CCI 250	83,6	871
Swift	A-Frame	175	Alliant	RL 22	66,3	Weatherby	RWS 5333	85,3	901
Barnes	X-Bullet	175	IMR	7828	71,5	Weatherby	CCI 250	85,0	910

Zur Ermittlung der Ladedaten wurde eine Repetierbüchse Weatherby MK V mit 65 Zentimeter langem Lauf benutzt.

7x66 Super Express vom Hofe

Auch die starke deutsche 7-mm-Patrone hat unter Jagdreisenden einen guten Ruf, wenn es um weite Schüsse auf dünnhäutiges Berg- oder Steppenwild geht.

Die Geschichte der 7 mm vom Hofe geht bis ins Jahr 1931 zurück. Vom Hofe entwickelte in Berlin auf Basis der .300 Holland&Holland eine 7x73 mit Gürtelhülse, für die Büchsen mit dem langen Mauser-System eingerichtet wurden. Die Patrone hatte eine beachtliche Leistung, fand aber wegen der aufwendigen und teuren Waffen keine sehr große Verbreitung. Als Walter Gehmann nach dem Zweiten Weltkrieg das Erbe der vom Hofes antrat, konstruierte er im Jahre 1955 eine völlig neue Hülse, die das gleiche Innenvolumen aufwies wie die alte 7x73, aber mit 66 mm Hülsenlänge auskam und somit in die Standardsysteme passte. Auch auf den unnötigen und problematischen Gürtel verzichtete er. Bei der Hülsenform mit steiler Schulter und dickem, relativ kurzem Pulverraum war Gehmann damals seiner Zeit schon weit voraus. Hülsenvolumen ist bei der 7x66 SEvH reichlich vorhanden und selbst mit den heutigen, progressiven Pulvern wird die Hülse nicht ganz voll. So ist es auch nicht verwunderlich, dass die 7x66 nicht deutlich mehr leistet als kleinere 7-mm-Patronen wie etwa die 7 mm Remington Magnum. Irgendwann ist eben der Punkt erreicht, wo bei gleichem Druck mehr Pulver in einer größeren Hülse nicht automatisch auch mehr Leistung ergibt. Die frühen vom-Hofe-Laborierungen wurden mit erstaunlichen Leistungen angegeben, die aber mit Lauflängen von 70 oder sogar 75 cm erzielt wurden. Mit den heute üblichen 60er oder 65er Läufen lassen sich diese Werte auch mit den modernen Treibladungspulvern nicht erreichen. Das ist auch gar nicht notwendig, denn auch so ist die 7x66 eine Hochleistungspatrone mit bester Wirkung und vor allem einer sehr guten Präzision. Die Anhängerschaft der starken 7 mm ist zwar heute nicht mehr sehr groß, doch wer die Patrone führt, ist in der Regel überzeugt davon.

Abgebrochene Ladungen progressiven Pulvers haben in einer solchen Hülse schlimme Folgen. Es kann zu gefährlichen Drucksprüngen oder Nachbrennern kommen. Für die schnellen Laborierungen sollten keine zu weichen Geschosse gewählt werden, sonst ist keine ausreichende Tiefenwirkung zu erwarten. Die modernen homogenen Deformationsgeschosse wie das Barnes X-Bullet, HDB Evolution oder stabile Zweikammergeschosse wie das Nosler Partition, Blaser CDP oder Swift A-Frame sind hier erste Wahl.

Bei den Treibladungsmitteln sind nur die langsam abbrennenden Pulver brauchbar. Besonders Vihtavuori N 160 und N 165 sowie Rottweil R 905 und Hodgdon 4831 erwiesen sich sehr gut. Magnum-Zündhütchen sind zur Anzündung der erheblichen Pulvermenge unbedingt erforderlich. Auch bei der 7x66 hat sich gezeigt, dass das Zündhütchen großen Einfluss auf die Präzision hat. Matrizensätze sind nicht gerade billig, denn die deutsche Hochleistungspatrone zählt international zu den seltenen Kalibern.

Ladedaten Kaliber 7 x 66 SE vH

Geschoss-hersteller	Geschoss-typ	Geschoss-gewicht Grains	Pulver-hersteller	Pulvertyp	Pulver-ladung Grains	Hülsen-fabrikat	Zünd-hütchen	Gesamt-länge (mm)	V_0 m/s
Barnes	X-Bullet	120	Vihtavuori	N 160	70,0	WR	CCI 250	84,0	1029
Barnes	X-Bullet	140	Rottweil	R 905	71,0	WR	CCI 250	84,6	1005
Nosler	Partition	140	Rottweil	R 904	67,0	WR	CCI 250	84,5	995
Swift	Scirocco	150	Norma	MRP	74,5	WR	CCI 250	85,0	985
Reichenberg	HDB	154	Rottweil	R 905	71,5	WR	CCI 250	85,0	905
RWS	Evolution	159	Vihtavuori	N 560	68,9	WR	Federal 215	85,0	926
Nosler	Partition	160	Vihtavuori	N 160	67,5	WR	CCI 250	86,5	930
Nosler	Accubond	160	Rottweil	R 905	70,0	WR	RWS 5333	86,0	910
Barnes	X-Bullet	160	Vihtavuori	N 160	67,0	WR	Federal 215	86,0	925
Woodleigh	Prot. Point	160	Dupont	IMR 4831	65,0	WR	CCI 250	85,0	912
Swift	A-Frame	160	Rottweil	R 905	70,2	WR	CCI 250	86,2	932
Speer	Grand Slam	160	Norma	MRP	74,0	WR	CCI 250	85,5	960
Lapua	Naturalis	160	Vihtavuori	N 560	68,5	WR	CCI 250	84,5	910
Nosler	Partition	175	Rottweil	R 905	69,0	WR	RWS 5333	86,0	890
Woodleigh	Prot. Point	175	Norma	MRP	72,5	WR	CCI 250	85,5	920
Swift	A-Frame	175	Dupont	IMP 7828	69,7	WR	RWS 5333	84,0	875
Barnes	X-Bullet	175	Vihtavuori	N 165	70,2	WR	CCI 250	85,0	884

Zur Ermittlung der Ladedaten wurde eine Repetierbüchse Mauser Mod. 66 mit 65 Zentimeter langem Lauf benutzt.

7x75 R Super Express vom Hofe

Die urspüngliche 7x75 R SE wurde bereits 1939 von Ernst August vom Hofe konstruiert. Der ausbrechende 2. Weltkrieg hat dann aber eine Markteinführung verhindert. Walter Gehmann übernahm 1955 die Firma vom Hofe und griff die Idee wieder auf. Er brachte die 7x75 R SE im Jahre 1958 auf den Markt. Sie war die stärkste 7-mm-Patrone für Kipplaufwaffen und wurde werbewirksam als „Höchstleistungspatrone“ vermarktet. Hochwildjäger, die eine weitreichende Patrone suchten, nahmen das neue Kaliber begeistert auf. Zahlreiche Kipplaufwaffen, Bockbüchsflinten und Drillinge wurden für die starke Randpatrone eingerichtet und es wurden auch Waffen des Kalibers 7x65 R umgeändert. Das ist mit Vorsicht zu betrachten, denn der Gebrauchsgasdruck der 7x75 R SE liegt deutlich höher. Eine Umänderung kann nur bei entsprechend stabilen Waffen in bestem technischen Zustand empfohlen werden.

Auch wenn die bei der Markteinführung angegebenen Leistungen kaum zu erreichen sind, so ist die 7x75 R SE doch eine leistungsfähige Patrone. Sie übertrifft die 7x64 Brenneke deutlich und würde bei gleichem Gasdruck die Leistung der 7 mm Remington Magnum erreichen. Die heute erhältlichen Fabrikpatronen sind aber deutlich schwächer geladen.

Als Hülse stand offensichtlich die 9,3x74 R Pate und es lassen sich auch Hülsen daraus umformen. Hier ist allerdings beim Laden von einem geringeren Hülsenvolumen auszugehen, denn die 9,3x74 R Hülsen sind sehr massiv und durch den kleineren Verbrennungsraum steigt der Gasdruck entsprechend an. Die in der Tabelle angegebenen Ladungen sind mit originalen 7x75 R SE Hülsen, gewonnen aus WR-Fabrikmunition, ermittelt worden und dürfen keinesfalls in umgeformten 9,3x74 R Hülsen verwendet werden.

Auch wenn die 7x75 R SE auf den ersten Blick als leicht überzogen erscheint, so hat sie doch ein sehr ausgewogenes Druck/Leistungsverhältnis. Mit den leichten Geschossen ist sie eine ausgezeichnete Patrone für den Bergjäger und auch für weite Schüsse auf Rehwild oder leichtes Hochwild sehr gut einsetzbar. Werden die schweren Geschosse verladen, so reicht sie auch für starkes Hochwild in Europa und die leichteren Antilopenarten in Afrika völlig aus. Sind keine sehr großen Schussdistanzen zu erwarten, müssen sehr stabile Geschosse wie Barnes TTSX, HDB, Nosler Partition, Swift A-Frame oder Blaser CDP verwendet werden. Um die Reichweite voll ausschöpfen zu können, ist auf eine gute außenballistische Form des Geschosses zu achten. Bei großen Einsatzentfernungen kann der Geschossaufbau etwas weicher ausfallen, um ein sicheres Ansprechen im Ziel zu garantieren. Hier ist etwa das RWS-Kegelspitz oder das Sierra Game King eine gute Wahl.

Bei den Treibladungsmitteln sind nur die progressiven Sorten einsetzbar. Damit lässt sich in der Regel die optimale Ladedichte 1 erreichen. Besonders Rottweil R 905, Vihtavuori N 160 und Norma MRP erwiesen sich als leistungsstark und präzise. Als Zündhütchen müssen starke Magnum-Zünder verwendet werden. Die Hülsen haben keine große Lebensdauer und müssen beim Verarbeiten sorgfältig auf Verschleißerscheinungen wie Risse am Hülsenhals und gedehnte Zündglocken überprüft werden. Matrizensätze sind von den großen Herstellern zu bekommen, aber entsprechend der Exklusivität des Kalibers zu entsprechenden Preisen.

Ladedaten Kaliber 7 x 75 R SE vom Hofe

Geschoss-hersteller	Geschoss-typ	Geschoss-gewicht Grains	Pulver-hersteller	Pulvertyp	Pulver-ladung Grains	Hülsen-fabrikat	Zünd-hütchen	Gesamt-länge (mm)	V_0 m/s
Barnes	X-Bullet	120	Rottweil	R 905	69,2	WR	CCI 250	94,5	1010
Hornady	V-Max	120	Rottweil	R 904	66,2	WR	RWS 5333	94,5	952
RWS	KS	123	Rottweil	R 907	61,0	WR	RWS 5333	91,4	932
Hornady	SST	139	Norma	MRP	69,0	WR	CCI 250	94,5	940
Nosler	Accubond	140	IMR	4350	61,0	WR	RWS 5333	94,5	925
Swift	Scirocco	150	Rottweil	R 905	69,5	WR	CCI 250	94,5	920
Reichenberg	HDB	154	Rottweil	R 904	61,5	WR	CCI 250	94,5	895
Hornady	SST	154	Rottweil	R 905	68,0	WR	CCI 250	94,5	900
RWS	Evolution	159	Vihtavuori	N 160	62,0	WR	RWS 5333	94,5	872
Nosler	Partition	160	Rottweil	R 905	66,0	WR	RWS 5333	94,5	862
Brenneke	TIG	162	Rottweil	R 907	56,5	WR	CCI 250	91,4	859
Hornady	SST	162	Vihtavuori	N 160	61,8	WR	RWS 5333	91,4	870
Nosler	Partition	175	IMR	4831	59,5	WR	WLRM	91,4	845
Swift	A-Frame	175	Rottweil	R 905	63,5	WR	CCI 250	91,4	840
Brenneke	TIG	177	Rottweil	R 905	64,0	WR	CCI 250	93,0	845

Zur Ermittlung der Ladedaten wurde eine Kipplaufbüchse mit 66 cm Lauflänge benutzt.

7 mm Winchester Short Magnum

Die 7 mm WSM basiert auf der Hülse der .300 WSM und wurde im Jahre 2002 von der amerikanischen Waffen- und Munitionsfirma Winchester auf den Markt gebracht. Sie gehört zur Winchester Short Magnum Reihe.

Kurze Patronen mit steiler Schulter und dickem Hülsenkörper haben ballistisch einige Vorteile. Sie zünden die Treibladung schneller und gleichmäßiger als Patronen mit hoher und schlanker Pulversäule und haben eine bessere Energieausbeute, was dem Schützen den Vorteil eines geringeren Rückschlages verschafft. Durch die kurze Hülse kommen sie waffenseitig mit kurzen Verschlüssen aus, wodurch sich Waffenlänge und Waffengewicht verringert. Der einzige Nachteil liegt in der meist um eine Patrone reduzierten Magazinkapazität, da die dicke Hülse der 7 mm WSM mehr Raum beansprucht. Dieses Problem haben alle WSM-Patronen.

Leistungsmäßig bewegt sich die 7 mm WSM im Bereich der 7 mm Remington Magnum. Sie erreicht deren Leistung, wobei sie deutlich weniger Treibladungsmittel verbrennt und sich wesentlich angenehmer schießen lässt. Möglich wird das nicht nur durch die innenballistisch günstige Hülsenform, sondern auch durch die neuen, hochenergetischen Treibladungsmittel, die bei der Entwicklung zur Verfügung standen.

Mit diesen technischen Vorteilen stellen moderne Kurzpatronen wie die 7 mm WSM etablierte Standardpatronen, wie etwa die 7 x 64, klar in den Schatten und bewegen sich auf einem Leistungsniveau wie kalibergleiche Hochleistungspatronen, die aber eine längere Hülse und mehr Treibladungspulver benötigen. Waffen- und Munitionshersteller haben schnell reagiert und die 7 mm WSM ist heute bereits gut vertreten. Neben Winchester selbst bietet vor allem Federal Munition in diesem Kaliber an. Im neuen Katalog sind bereits 8 Laborierungen vertreten. Auch europäische Waffenhersteller haben die starke 7 mm in ihr Programm aufgenommen und viele bekannte Repetierbüchsen der großen Marken sind in diesem Kaliber erhältlich. Dazu kommt die gute Eigenpräzision, die allen Patronen der WSM-Patronenreihe zu eigen ist.

Die 7 mm WSM ist eine ideale Patrone für eine leichte Bergjagd- oder Pirschbüchse zur Jagd auf mittelstarkes Wild auf größere Entfernungen. Mit der starken 7-mm-Patrone lässt sich im Prinzip auch alles europäische Hochwild und die afrikanischen Großantilopen erlegen, wenn moderne, entsprechend kompakt aufgebaute Geschosse verwendet werden. Trotzdem liegt die Patrone in der Geschosswirkung deutlich unter den 30er Kalibern und ist eigentlich ideal für weite Schüsse auf leichtes und mittleres Schalenwild. Wer hauptsächlich Wild über 100 kg bejagt, sollte besser zur .300 WSM greifen. Das Angebot an Fabrikpatronen ist schon sehr gut und es werden Geschossgewichte von 140 bis 160 Grains angeboten.

Den Wiederlader stellt die 7 mm WSM vor keine besonderen Probleme. Matrizensätze sind von RCBS, Redding, Hornady oder Triebel zu bekommen und fallen in die normale Preisklasse. Hülsen können leicht durch das Verschießen von Fabrikpatronen beschafft oder als Neuhülsen gekauft werden.

Bei den Geschossen ist der Tisch im 7-mm-Kaliber (Dia .284) reichhaltig gedeckt. Optimal sind die Geschossgewichte zwischen 140 und 160 Grains.

Für die schnellen Laborierungen sollten keine zu weichen Geschosse gewählt werden, sonst ist die Zielballistik unbefriedigend. Die in amerikanischen Ladebüchern zu findenden superschnellen Laborierungen mit leichten Geschossen werden zur Raubwildjagd eingesetzt und sind nicht für Schalenwild geeignet. Die modernen homogenen Deformationsgeschosse wie HDB, Naturalis, Barnes Triple Shock oder Verbundkerngeschosse wie Evolution, Accubond oder Woodleigh und die stabilen Zweikammergeschosse wie das Nosler Partition, Blaser CDP und Swift A-Frame haben sich für die Hochwildjagd bewährt.

Bei den Treibladungsmitteln sind fast ausschließlich die langsam abbrennenden Pulver brauchbar. Besonders Vihtavuori N 160 und N 560 sowie IMR 4350 und Hodgdon 4831 erwiesen sich als universell geeignet und als sehr präzise. Es sollten nur Magnum-Zündhütchen verwendet werden.

Für die 7 mm WSM steht eine große Auswahl hochwertiger Geschosse zur Verfügung.

Ladedaten Kaliber 7 mm WSM

Geschoss-hersteller	Geschoss-typ	Geschoss-gewicht Grains	Pulver-hersteller	Pulvertyp	Pulver-ladung Grains	Hülsen-fabrikat	Zünd-hütchen	Gesamt-länge (mm)	V_0 m/s
Nosler	Solid Base	120	IMR	4350	65,0	Winchester	RWS 5333	72,3	1002
Barnes	X-Bullet	120	Vihtavuori	N 560	66,0	Federal	CCI 250	72,5	989
RWS	Evo Green	127	Alliant	RL 19	69,5	Winchester	RWS 5333	72,5	1032
Nosler	Accubond	140	IMR	4350	63,5	Winchester	CCI 250	72,7	966
Hornady	SST	139	Winchester	760	64,5	Federal	Federal 215	72,7	978
Nosler	Partition	140	Alliant	RL 19	68,0	Federal	RWS 5333	72,5	992
Nosler	Solid Base	140	Vihtavuori	N 560	67,5	Winchester	Win. WLRM	72,7	995
Nosler	E-Tip	150	Vihtavuori	N 560	63,0	Winchester	WLRM	72,5	931
Swift	Scirocco	150	Hodgdon	4831	63,0	Winchester	CCI 250	72,3	910
Reichenberg	HDB	154	Vihtavuori	N 165	64,5	Winchester	CCI 250	72,5	883
Hornady	SST	154	Hodgdon	H 1000	65,0	Winchester	CCI 250	72,5	891
RWS	Evolution	159	Hodgdon	4831	63,2	Federal	Federal 215	72,4	885
Nosler	Partition	160	IMR	4350	55,8	Federal	CCI 250	72,5	868
Nosler	Accubond	160	Hodgdon	Varget	48,2	Winchester	RWS 5333	72,4	752
Hornady	SST	162	Vihtavuori	N 560	58,3	Winchester	Federal 215	72,5	863
Hornady	SST	162	Alliant	RL 25	68,0	Winchester	CCI 250	72,5	889
Swift	A-Frame	160	IMR	7828	66,2	Winchester	CCI 250	72,3	865
Speer	Grand Slam	160	Vihtavuori	N 165	64,8	Federal	CCI 250	72,2	871
Nosler	Partition	175	Vihtavuori	N 560	58,0	Federal	RWS 5333	72,5	861
Swift	A-Frame	175	Hodgdon	4831	61,8	Winchester	RWS 5333	72,3	853

Zur Ermittlung der Ladedaten wurde eine Mauser M03 mit 65 cm Lauflänge benutzt.

7 mm Remington Ultra Magnum

Die 7 mm Remington Ultra Magnum wurde von der Firma Remington im Jahre 2001 im Rahmen der Ultra-Magnum-Patronenreihe auf den Markt gebracht. Sie war die erste Patrone dieser Serie, später folgten die .300 RUM, die .338 RUM und die .375 RUM. Es handelt sich hier um eine ausgesprochene Weitschusspatrone, die konsequent auf Hochleistung getrimmt wurde.

Als Grundhülse wurde die .404 Jeffery gewählt, die auf 7 mm eingezogen ist und eine 30-Grad-Schulter bekommen hat. Durch den bei der Ultra Magnum leicht hinterschnittener Boden – der Bodendurchmesser beträgt nur 13,49 mm im Gegensatz zu 13,97 mm am Ende des Pulverraumes – lässt sich die 7 mm RUM in ein Standardsystem der .375 Holland&Holland-Klasse, wie es Remington und auch viele andere Hersteller im Programm haben, einlegen. Für eine 7-mm-Patrone steht reichlich Pulverraum zur Verfügung und die 7 mm RUM übertrifft selbst Patronen wie die 7 mm STW um mehr als 10 %. Althergebrachte Konstruktionen wie die 7 mm Weatherby Magnum oder die deutsche 7 x 66 Super Express vom Hofe werden regelrecht deklassiert. Mit schweren Geschossen ist sie eine hervorragende Kombination aus großer Querschnittsbelastung und hoher Anfangsgeschwindigkeit.

Die rasanten 7-mm-Patronen sind ideal für Jagdreisende, wenn es um weite Schüsse auf Berg- oder Steppenwild geht. Mit 140-Grains-Geschossen ist eine Mündungsgeschwindigkeit von deutlich über 1000 m/s möglich und selbst auf 300 Meter bringt die Patrone noch gut 3000 Joule ins Ziel. Die Präzision ist ausgezeichnet und die Patrone lässt sich aus einer anatomisch richtig geschäfteten und nicht zu leichten Büchse noch gut beherrschen. Fabrikpatronen gibt es in mehreren Laborierungen von Remington.

Die Patrone hat sich bereits sehr gut etabliert und die Preise für Komponenten und Werkzeuge halten sich daher in Grenzen. Bei den Geschossen ist die Auswahl im 7-mm-Kaliber riesig.

Von den ganz leichten Geschossgewichten ist abzuraten. Die 7 mm RUM ist für mittelschwere bis schwere Geschosse konstruiert. Besonders bei dieser Patrone muss eindringlich vor abgebrochenen Ladungen progressiven Pulvers gewarnt werden. Gefährliche Drucksprünge oder Nachbrenner sind sonst vorprogrammiert. Es muss unbedingt eine Ladedichte von mehr als 80 % erreicht werden. Bei der hohen Mündungsgeschwindigkeit dürfen keine zu weichen Geschosse gewählt werden, sonst ist die Zielballistik völlig unbefriedigend. Besonders hier sind die modernen homogenen Deformationsgeschosse wie Barnes MRX, HDB oder das Barnes Triple Shock in ihrem Element. Auch mantelstarke Zweikammergeschosse wie das Nosler Partition, Blaser CDP und Swift A-Frame sind gut einsetzbar. Bei Geschossen mit verlötetem Bleikern ist auf eine ausreichende Mantelstärke zu achten, wie sie etwa das Nosler Accubond hat.

Bei den Treibladungsmitteln sind nur extrem langsam abbrennende Pulver brauchbar. Besonders IMR 7828, Alliant RL 25 sowie Hodgdon 870 und Hodgdon 1000 erwiesen sich als brauchbar. Die beste Präzision wurde mit IMR 7828 erzielt. Die 7 mm RUM fordert den erfahrenen Wiederlader, denn wie bei allen Patronen mit großem

Hülsenvolumen sind auch hier leicht Überladungen möglich, die schnell in gefährliche Druckbereiche führen können. Magnum-Zündhütchen sind zur Anzündung der erheblichen Pulvermenge unbedingt erforderlich. Matrizensätze sind von RCBS, Redding oder Triebel zu bekommen und fallen in die normale Preisklasse.

Bleifreies Lapua Naturalis-Geschoss.

Ladedaten Kaliber 7 mm Remington Ultra Magnum

Geschoss-hersteller	Geschoss-typ	Geschoss-gewicht Grains	Pulver-hersteller	Pulvertyp	Pulver-ladung Grains	Hülsen-fabrikat	Zünd-hütchen	Gesamt-länge (mm)	V_0 m/s
Barnes	X-Bullet	120	IMR	7828	92,0	Remington	RWS 5333	90,5	1105
Barnes	Triple Shock	120	Alliant	RL 25	94,0	Remington	CCI 250	90,5	1098
Barnes	X-Bullet	140	Hodgdon	H 870	106,0	Remington	CCI 250	91,0	1024
Nosler	Partition	140	Alliant	RL 25	90,0	Remington	CCI 250	91,0	1020
Nosler	Accubond	140	Hodgdon	H 1000	94,0	Remington	Federal 215	91,0	1010
Speer	Grand Slam	145	Hodgdon	H 1000	91,0	Remington	CCI 250	91,0	1012
Nosler	Partition	150	Alliant	RL 25	87,0	Remington	RWS 5333	91,0	998
Swift	Scirocco	150	IMR	7828	86,0	Remington	CCI 250	91,0	995
Reichenberg	HDB	154	Hodgdon	H 1000	91,0	Remington	CCI 250	91,0	965
Hornady	SST	154	Vihtavuori	N 165	82,5	Remington	R250	91,0	952
RWS	Evolution	159	Alliant	RL 25	87,0	Remington	Federal 215	91,0	950
Nosler	Partition	160	Hodgdon	H 870	94,0	Remington	CCI 250	91,0	931
Nosler	Accubond	160	Hodgdon	H 1000	91,0	Remington	RWS 5333	91,0	928
Barnes	X-Bullet	160	Hodgdon	H 870	95.0	Remington	Federal 215	91,0	920
Hornady	SST	162	Vihtavuori	N 165	81,0	Remington	CCI 250	91,0	929
Nosler	Partition	175	Hodgdon	H 870	93,0	Remington	RWS 5333	91,0	919
Woodleigh	Prot. Point	175	Alliant	RL 25	85,5	Remington	CCI 250	91,0	941
Swift	A-Frame	175	Hodgdon	H 870	94,0	Remington	RWS 5333	91,0	901
Barnes	X-Bullet	175	Hodgdon	H 1000	86,0	Remington	CCI 250	91,0	910

Zur Ermittlung der Ladedaten wurde eine Remington 700 Sendero SF mit 66 Zentimeter langem Lauf benutzt. Die Geschwindigkeit wurde drei Meter vor der Laufmündung gemessen.

Dia .308

Die .300er oder 308er Patronen nehmen einen großen Raum bei den Jagdpatronen ein und sind weltweit im Einsatz. Das Spektrum reicht von Kurzpatronen wie die .308 Winchester bis hin zu den riesigen Magnumpatronen von Weatherby, Remington oder A-Square. In keinem anderen Kaliber gibt es ein so reichhaltiges Geschossangebot wie bei .308 und Neukonstruktionen werden stets zunächst in diesem Kaliberdurchmesser auf den Markt gebracht.

Hier findet sich eine riesige Zahl an Spezialgeschossen für jeden Verwendungszweck und es sind ultraleichte und überschwere Geschosse zu bekommen. Der Wiederlader hat hier, wie bei keinem anderen Geschossdurchmesser, die Qual der Wahl. Bei vielen modernen Jagdgeschossen wurden Erkenntnisse von den Matchpatronen eingebracht, denn die .308 ist auch bei den Sportschützen sehr beliebt und so sind außenballistisch hervorragende Jagdgeschosse auf dem Markt. Für den weiten Schuss auf Schalenwild ist eine Patrone mit .308er Geschoss daher eine gute Wahl. Die Geschosstabelle beinhaltet alle modernen Konstruktionen und auch viele Geschosse kleinerer Hersteller. Gerade hier kann Anspruch auf Vollständigkeit aber nicht erhoben werden, denn viele kleine Custom-Geschosshersteller erweitern ihr Programm ständig und bei den großen Herstellern kommen ebenfalls laufend neue Geschosse hinzu. Weggelassen wurden die einfachen Teilmantelgeschosse, die Matchgeschosse und die Vollmantelgeschosse. Sie sind für hochwertige Jagdpatronen kaum interessant.

.308 Norma – .300 WM – .300 WSM – .30 R Blaser – .300 Dakota – .300 H&H – .300 Weatherby – .30-387 Weatherby – .300 RUM

Geschosspalette:

Hersteller	Geschosstyp	Geschoss-gewicht g/Grains	Eignung	Patronen Empfehlung
A-Square	Dead Tough	11,7/180	Schweres Hochwild	Hochleistungspatronen
Barnes	Triple Shock	8,4/130	Hochwild	Hochleistungspatronen
Barnes	X-Bullet	8,4/130	Hochwild	Standard- und Hochleistungspatronen
Barnes	X-Bullet	9,1/140	Hochwild	Standard- und Hochleistungspatronen
Barnes	Triple Shock	9,7/150	Hochwild	Hochleistungspatronen
Barnes	X-Bullet	9,7/150	Hochwild	Hochleistungspatronen
Barnes	X-Bullet	10,7/165	Schweres Hochwild	Hochleistungspatronen
Barnes	Triple Shock	10,9/168	Schweres Hochwild	Hochleistungspatronen
Barnes	Triple Shock	11,7/180	Schweres Hochwild	Hochleistungspatronen
Barnes	X-Bullet	11,7/180	Schweres Hochwild	Hochleistungspatronen
Barnes	Triple Shock	13,0/200	Schweres Hochwild	Hochleistungspatronen
Barnes	X-Bullet	13,0/200	Schweres Hochwild	Hochleistungspatronen
Blaser	CDP	10,7/165	Schweres Hochwild	Standard- und Hochleistungspatronen
Brenneke	TUG Nature	8,5/132	Hochwild	Standardpatronen
Brenneke	TAG	10,0/155	Hochwild	Standard- und Hochleistungspatronen
Brenneke	TOG	10,7/165	Hochwild	Standard- und Hochleistungspatronen
Brenneke	TUG	11,7/180	Hochwild	Standard- und Hochleistungspatronen
Degol	Starkmantel Hohlspitz	11,7/180	Schweres Hochwild	Hochleistungspatronen
Degol	Starkmantel Rundkopf	14,3/220	Schweres Hochwild	Standard- und Hochleistungspatronen
Federal	Trophy Bonded	10,7/165	Schweres Hochwild	Hochleistungspatronen
Federal	Trophy Bonded	11,7/180	Schweres Hochwild	Hochleistungspatronen
Federal	Trophy Bonded	13,0/200	Schweres Hochwild	Hochleistungspatronen
GPA	GPA	9,6/148	Hochwild	Standard- und Hochleistungspatronen
GPA	GPA	11,7/180	Schweres Hochwild	Standard- und Hochleistungspatronen
Hornady	V-Max	7,1/110	Reh- und Raubwild	Standard- und Hochleistungspatronen
Hornady	GMX	9,7/150	Hochwild	Standard- und Hochleistungspatronen
Hornady	Interbond	9,7/150	Hochwild	Hochleistungspatronen
Hornady	SST	9,7/150	Hochwild	Standard- und Hochleistungspatronen
Hornady	A-Max	10,0/155	Rehwild	Standardpatronen
Hornady	GMX	10,7/165	Schweres Hochwild	Standard- und Magnumpatronen

Hersteller	Geschosstyp	Geschoss-gewicht g/Grains	Eignung	Patronen Empfehlung
Hornady	Interbond	10,7/165	Schweres Hochwild	Hochleistungspatronen
Hornady	SST	10,7/165	Schweres Hochwild	Standard- und Hochleistungspatronen
Hornady	A-Max	10,9/168	Leichtes Hochwild	Standardpatronen
Hornady	A-Max	11,5/178	Leichtes Hochwild	Standard- und Hochleistungspatronen
Hornady	SST	11,5/178	Schweres Hochwild	Standard- und Hochleistungspatronen
Hornady	Interbond	11,7/180	Schweres Hochwild	Hochleistungspatronen
Hornady	InterLock	11,7/180	Hochwild	Standardpatronen
Hornady	InterLock	13,0/200	Schweres Hochwild	Standard- und Hochleistungspatronen
Hornady	InterLock	14,3/220	Schweres Hochwild	Standard- und Hochleistungspatronen
Impala	Impala	8,4/130	Hochwild	Hochleistungspatronen
Lapua	Mega	9,7/150	Hochwild	Standardpatronen
Lapua	Naturalis	11,7/180	Schweres Hochwild	Standard- und Hochleistungspatronen
Lapua	Mega	12,0/185	Schweres Hochwild	Standardpatronen
Lapua	Mega	13,0/200	Schweres Hochwild	Standard- und Hochleistungspatronen
Norma	Alaska	11,7/180	Hochwild	Standardpatronen
Norma	Oryx	11,7/180	Schweres Hochwild	Standard- und Hochleistungspatronen
Norma	PPC	11,7/180	Hochwild	Standardpatronen
Norma	Oryx	13,0/200	Schweres Hochwild	Standard- und Hochleistungspatronen
Nosler	Ballistic Tip	8,1/125	Rehwild/ leichtes Hochwild	Standardpatronen
Nosler	Accubond	9,7/150	Hochwild	Hochleistungspatronen
Nosler	Ballistic Silvertip	9,7/150	Leichtes Hochwild	Standardpatronen
Nosler	Ballistic Tip	9,7/150	Leichtes Hochwild	Standardpatronen
Nosler	E-Tip	9,7/150	Hochwild	-------------------
Nosler	Partition	9,7/150	Hochwild	Standardpatronen
Nosler	Partition Gold	9,7/150	Hochwild	Hochleistungspatronen
Nosler	Accubond	10,7/165	Hochwild	Standard- und Magnumpatronen
Nosler	Ballistic Tip	10,7/165	Hochwild	Standardpatronen
Nosler	Partition	10,7/165	Hochwild	Hochleistungspatronen
Nosler	E-Tip	10,9/168	Schweres Hochwild	Standard- und Magnumpatronen
Nosler	Ballistic Silvertip	11,0 /168	Hochwild	Standardpatronen
Nosler	Accubond	11,7/180	Schweres Hochwild	Hochleistungspatronen

Hersteller	Geschosstyp	Geschoss-gewicht g/Grains	Eignung	Patronen Empfehlung
Nosler	Ballistic Silvertip	11,7/180	Hochwild	Standard- und Hochleistungspatronen
Nosler	Ballistic Tip	11,7/180	Hochwild	Standardpatronen
Nosler	E-Tip	11,7/180	Schweres Hochwild	Standard- und Hochleistungspatronen
Nosler	Partition	11,7/180	Schweres Hochwild	Standard- und Hochleistungspatronen
Nosler	Accubond	13,0/200	Schweres Hochwild	Hochleistungspatronen
Nosler	Partition	13,0/200	Schweres Hochwild	Hochleistungspatronen
Nosler	Partition	14,3/220	Schweres Hochwild	Hochleistungspatronen
PMP	Pro Amm	11,7/180	Hochwild	Standardpatronen
Reichenberg	HDB	7,25/120	Hochwild	Standard- und Hochleistungspatronen
Reichenberg	HDB	7,4/123	Hochwild	Standard- und Hochleistungspatronen
Reichenberg	HDB	9,5/146	Hochwild	Standard- und Hochleistungspatronen
Reichenberg	HDB	9,7/150	Hochwild	Standard- und Hochleistungspatronen
Reichenberg	HDB	10,7/165	Schweres Hochwild	Standard- und Hochleistungspatronen
Reichenberg	HDB	12,0/185	Schweres Hochwild	Hochleistungspatronen
Reichenberg	HDB	12,3/190	Schweres Hochwild	Hochleistungspatronen
Remington	Core Lokt	9,7/150	Hochwild	Standardpatronen
Remington	Core Lokt	10,7/165	Hochwild	Standardpatronen
Remington	Core Lokt	11,7/180	Hochwild	Standardpatronen
RWS	Evo Green	8,8/139	Hochwild	Standardpatronen
RWS	Ideal Classik	9,7/150	Hochwild	Standardpatronen
RWS	Kegelspitz	9,7/150	Hochwild	Standardpatronen
RWS	Bionic	10,0/154	Hochwild	Standardpatronen
RWS	Doppelkern	10,7/165	Hochwild	Standardpatronen
RWS	Hit	10,7/165	Schweres Hochwild	Standard- und Magnumpatronen
RWS	Kegelspitz	10,7/165	Hochwild	Standardpatronen
RWS	H-Mantel	11,7/180	Hochwild	Standardpatronen
RWS	Evolution	11,9/184	Schweres Hochwild	Standard- und Hochleistungspatronen
RWS	Kegelspitz	13,0/200	Schweres Hochwild	Standard- und Hochleistungspatronen
RWS	Uni-Classik	13,0/200	Schweres Hochwild	Standard- und Hochleistungspatronen
Sierra	Pro Hunter	8,1/125	Rehwild	Standardpatronen
Sierra	Game King	9,7/150	Hochwild	Standardpatronen
Sierra	Pro Hunter	9,7/150	Leichtes Hochwild	Standardpatronen

Hersteller	Geschosstyp	Geschoss-gewicht g/Grains	Eignung	Patronen Empfehlung
Sierra	Game King	10,7/165	Hochwild	Standard- und Hochleistungspatronen
Sierra	Game King	11,7/180	Schweres Hochwild	Standard- und Hochleistungspatronen
Sierra	Pro Hunter	11,7/180	Hochwild	Standardpatronen
Sierra	Pro Hunter Rundkopf	11,7/180	Hochwild	Standardpatronen
Sierra	Game King	13,0/200	Schweres Hochwild	Standard- und Hochleistungspatronen
Sierra	Pro Hunter	14,3/220	Hochwild	Standardpatronen
Speer	Hot Cor	7,1/110	Rehwild	Standardpatronen
Speer	Grand Slam	9,7/150	Hochwild	Standard- und Hochleistungspatronen
Speer	Hot Cor	9,7/150	Leichtes Hochwild	Standardpatronen
Speer	Hot Cor Mag Tip	9,7/150	Leichtes Hochwild	Standard- und Hochleistungspatronen
Speer	Grand Slam	10,7/165	Schweres Hochwild	Standard- und Hochleistungspatronen
Speer	Hot Cor	10,7/165	Hochwild	Standardpatronen
Speer	Grand Slam	11,7/180	Schweres Hochwild	Standard- und Hochleistungspatronen
Speer	Hot Cor	11,7/180	Hochwild	Standardpatronen
Speer	Bear Claw	13,0/200	Schweres Hochwild	Hochleistungspatronen
Speer	Grand Slam	13,0/200	Schweres Hochwild	Hochleistungspatronen
Speer	Hot Cor	13,0/200	Schweres Hochwild	Standardpatronen
Swift	Scirocco	9,7/150	Schweres Hochwild	Hochleistungspatronen
Swift	A-Frame	10,7/165	Schweres Hochwild	Standard- und Hochleistungspatronen
Swift	Scirocco	10,7/165	Schweres Hochwild	Hochleistungspatronen
Swift	A-Frame	11,7/180	Schweres Hochwild	Hochleistungspatronen
Swift	Scirocco	11,7/180	Schweres Hochwild	Hochleistungspatronen
Swift	A-Frame	13,0/200	Schweres Hochwild	Hochleistungspatronen
Winchester	Fail Safe	11,7/180	Schweres Hochwild	Standard- und Hochleistungspatronen
Woodleigh	HSB	9,7/150	Schweres Hochwild	Standard- und Magnumpatronen
Woodleigh	Protected Point	9,7/150	Hochwild	Standard- und Hochleistungspatronen
Woodleigh	Protected Point	10,7/165	Schweres Hochwild	Standard- und Hochleistungspatronen
Woodleigh	HSB	11,7/180	Schweres Hochwild	Standard- und Magnumpatronen
Woodleigh	Proteced Point	11,7/180	Schweres Hochwild	Standard- und Hochleistungspatronen
Woodleigh	TMR	13,0/200	Schweres Hochwild	Standardpatronen
Woodleigh	Protected Point	14,3/220	Schweres Hochwild	Hochleistungspatronen
Woodleigh	TMR	14,3/220	Schweres Hochwild	Standardpatronen

.308 Winchester

Die .308 Winchester wurde im Jahre 1952 als zivile Jagdpatrone entwickelt und nicht etwa als Militärkaliber, wie oft behauptet wird. Das Militär nahm die Patrone erst 1954 an und die ersten Militärwaffen wurden sogar erst 1957 an die Truppen ausgegeben. Hier verlief die Entwicklung also umgekehrt zu den meisten Patronen, die zunächst als Militärpatronen konzipiert wurden und erst später auch Karriere als Jagdpatronen machten. Die kurze Patrone ist erstaunlich leistungsstark und reicht fast an die .30-06 heran. Ihr großer Vorteil ist die kurze Hülsenlänge, die es erlaubt, bei Repetierbüchsen sehr kurze Verschlüsse zu verwenden. Dazu kommt ihre sehr hohe Eigenpräzision, die ihr auch schnell einen guten Ruf unter den Sportschützen einbrachte. Der Rückstoß fällt sehr moderat aus und durch die Verwendung offensiver bis maximal mittelschnell abbrennender Pulversorten ist sie auch sehr gut für kurze Läufe geeignet.

Bei diesen Voraussetzungen ist die große Verbreitung als Jagdpatrone nicht verwunderlich. Die .308 Winchester ist weltweit verbreitet und es gibt wohl kaum einen Munitionshersteller, der dieses Kaliber nicht in mehreren Laborierungen im Programm hat.

Grundsätzlich ist die .308 Winchester tauglich auf alles europäische Schalenwild, wobei der Schwerpunkt aber bei den mittleren Wildarten liegen sollte. Für schweres Schalenwild sollten Patronen mit höherem Geschossgewicht eingesetzt werden und hier ist die kleine Hülse der .308 Winchester im Nachteil, denn Geschossgewichte von 150 bis 165 Grains sind hier optimal geeignet. 180 Grains ist als Obergrenze anzusehen, auch wenn mitunter 200-Grains-Geschosse als Drückjagdlaborierung empfohlen werden, die auf kurze Distanzen ebenfalls einsetzbar sind, wenn weiche Rundkopfgeschosse verladen werden. Optimal ist das aber nicht. An eine 8 x 57 IS mit 200-Grains-Geschoss kommt die kurze .308 Winchester nicht heran. Noch schwerere Geschosse können nicht auf die erforderliche Geschwindigkeit gebracht werden. 220 Grains Geschossgewicht sollten den großen Magnumpatronen vorbehalten bleiben.

Das Laden der .308 Winchester bereitet dem erfahrenen Wiederlader keine Probleme. Werkzeug ist in Hülle und Fülle von allen bekannten Herstellern erhältlich und bei den Geschossen gibt es jede Menge Auswahl. Hier lässt sich für jeden Einsatzzweck, der im Leistungsbereich der Patrone liegt, eine passende Laborierung laden.

Bei den Pulvern ist der Wiederlader etwas im Nachteil, denn bei den Fabrikpatronen werden oft spezielle Pulver verladen, die nicht als Dosenpulver zu bekommen sind. Viele Werksladungen können daher vom Wiederlader leistungsmäßig nicht kopiert werden. In der Jagdpraxis hat das aber keine sehr großen Auswirkungen, denn einige m/s mehr oder weniger sind für eine gute Zielwirkung nicht von sehr großer Bedeutung. Es soll hier nur davor gewarnt werden, unbedingt zu versuchen, die Mündungsgeschwindigkeit bestimmter Fabrikladungen zu erreichen. In den oberen Ladebereichen reagiert die .308 Winchester schon auf kleine Erhöhungen der Pulvercharge mit sprunghaften Drucksteigerungen. Bei den in der Ladetabelle angegebenen Laborierungen mit den progressiveren Pulvern handelt es sich mitunter um leichte Pressladungen, was aber hier unbedenklich ist.

Rottweil R 903 zeigte sich sehr universell und erzielte bei vielen Geschossen eine sehr hohe Präzision. Auch Vihtavuori N 140 ist hier ein Top-Pulver, das sehr sauber abbrennt. Das Kugelpulver PCL 507 ist sehr gut geeignet, wenn eine möglichst hohe Leistung erzielt werden soll, da es eine sehr hohe Schüttdichte hat. Bei der Vielzahl der Munitionsanbieter in diesem Kaliber ist zu bedenken, dass es zu stark unterschiedlichen Hülsenvolumen kommen kann. Die angegebenen Ladedaten sollten daher auch nur mit den entsprechenden Hülsenfabrikaten verwendet werden. Standardzündhütchen reichen zur sicheren Anzündung völlig aus.

Drückjagdpatronen sollten mit schnell ansprechenden und hindernisunempfindlichen Geschossen laboriert werden.

Ladedaten Kaliber .308 Winchester

Geschoss-hersteller	Geschoss-typ	Geschoss-gewicht Grains	Pulver-hersteller	Pulvertyp	Pulver-ladung Grains	Hülsen-fabrikat	Zünd-hütchen	Gesamt-länge (mm)	V_0 m/s
Hornady	V-Max	110	IMR	4895	51,0	Hornady	Federal 215	68,0	975
Nosler	Solid Base	125	Vihtavuori	N 135	45,8	Lapua	CCI 200	67,3	938
Barnes	TSX	130	Hodgdon	Varget	50,5	RWS	RWS 5341	68,5	936
RWS	Evo Green	139	Hodgdon	Varget	48,2	RWS	RWS 5341	69,0	910
Hornady	GMX	150	Vihtavuori	N 140	45,0	RWS	RWS 5341	69,5	809
RWS	KS	150	Rottweil	R902	46,0	RWS	CCI 200	69,2	852
Barnes	MRX	150	Hodgdon	4895	46,0	Hornady	Federal 210	68,5	855
Swift	A-Frame	165	Rottweil	R 903	46,2	Winchester	CCI 200	68,0	821
Blaser	CDP	165	Rottweil	R 907	47,0	Lapua	Federal 210	68,0	817
Swift	Scirocco	165	Vihtavuori	N 150	45,0	RWS	RWS 5341	68,0	820
Nosler	Accubond	165	Vihtavuori	N 140	44,2	Hornady	Federal 215	68,0	816
Barnes	TSX	168	IMR	4064	45,2	Hornady	Federal 215	68,5	810
Reichenberg	HDB	168	Vihtavuori	N 540	44,5	RWS	RWS 5341	67,0	825
Hornady	SST	178	Vihtavuori	N 150	42,2	Norma	CCI 200	68,5	771
Nosler	Partition	180	Vihtavuori	N 150	44,5	RWS	Federal 215	68,5	781
Barnes	TSX	180	IMR	4320	42,2	Norma	CCI 200	68,0	762
Speer	Grand Slam	180	Alliant	RL 15	40,8	Norma	RWS 5341	68,0	753
Swift	Scirocco	180	IMR	4831	48,3	RWS	RWS 5341	68,0	748
Lapua	Naturalis	180	Vihtavuori	N 150	44,0	RWS	CCI 200	67,3	740
Norma	Oryx	180	Hodgdon	H 335	40,0	Norma	CCI 200	68,0	745
RWS	KS	200	Rottweil	R 907	44,0	RWS	RWS 5341	69,0	705
Nosler	Partition	200	Rottweil	R 903	42,5	Federal	CCI 200	68,5	700

Zur Ermittlung der Ladedaten wurde eine Repetierbüchse SWS 2000 mit 56 cm Lauflänge benutzt.

.30-06 Springfield

Die .30-06 ist wohl ohne Übertreibung die am weitesten verbreitete Jagdpatrone weltweit. Sie wurde im Jahre 1906 von den USA als Militärpatrone eingeführt und kann sowohl auf dem militärischen als auch dem zivilen Sektor auf eine beispiellose Karriere zurückblicken. Es gibt wohl keinen Munitionshersteller, der diese Patrone nicht in seinem Programm hat. Fabrikpatronen werden mit Geschossgewichten von 110 bis 250 Grains angeboten. Das Idealgeschossgewicht liegt bei 150 bis 180 Grains. Eine große Bandbreite im Geschossgewicht erscheint auf den ersten Blick zwar als sehr vorteilhaft, doch es gibt wohl kaum eine Büchse, die mit einem 110- und einem 220-Grains-Geschoss gleichermaßen präzise schießt. Hier ist die Dralllänge des Laufes ausschlaggebend und da lässt sich nicht die gesamte Bandbreite abdecken. Weltweit ist eine riesige Zahl an Waffen in Gebrauch und die flächendeckende Verbreitung dieses Kalibers bringt dem Jagdreisenden natürlich logistische Vorteile. Patronen .30-06 sind praktisch überall zu bekommen. Die große Auswahl an Munitionssorten und Geschosskonstruktionen erleichtert es auch sehr, eine präzise Patrone für die eigene Waffe zu finden oder ein besonders geeignetes Geschoss für die bevorstehende Jagd zu wählen. Mit den leichteren 150-Grains-Geschossen ist die .30-06 eine gute Patrone für weite Schüsse auf leichtere Wildarten, etwa bei der Gamsjagd, während die schweren 220-Grains-Projektile beliebte Drückjagdlaborierungen darstellen. Zwar stellt die .30-06 nicht gerade eine Idealpatrone für viele Wild- und Jagdarten dar, aber dafür ist sie sehr universell und mit einem Repetierer im Kaliber .30-06 lässt sich jedes Wild in Europa und auch viele Wildarten in Nordamerika und Afrika bejagen. Dazu kommt, dass so gut wie jedes Büchsenmodell in diesem Kaliber erhältlich ist.

Mit dem richtigen Geschoss ist die .30-06 ein Universalkaliber für mittelschweres Wild auf normale Schussentfernung. Die leichten Spezialgeschosse können auf eine hohe Mündungsgeschwindigkeit gebracht werden, und ein außenballistisch günstiges Geschoss erlaubt zudem weite Schüsse ohne große Korrekturen des Haltepunktes. Die .30-06 kommt zwar nicht an die .300er Magnumpatronen heran, hat dafür aber auch erheblich weniger Nebenwirkungen und erlaubt den Bau von leichten, führigen Büchsen.

Bei den Pulvern dominieren die mittelschnellen Sorten wie Vihtavuori N 140, N 150, IMR 4895 und Rottweil R 903, wobei sich bei schwereren Geschossen aber auch die etwas progressiver abbrennenden Treibladungsmittel wie Rottweil R 904 sehr gut einsetzen lassen. Damit war nicht nur eine gute Präzision, sondern auch eine etwas höhere Leistung erzielbar. Die Auswahl an Geschossen ist riesig und es stehen jede Menge Spezialgeschosse zur Verfügung. Zu bedenken ist jedoch, dass die .30-06 eine Mittelpatrone ist und es keine Vorteile bringt, ein für die schnellen .30er Magnums entwickeltes Spezialgeschoss zu verladen. Ein Nosler Accubond etwa kann nicht auf die nötige Geschwindigkeit gebracht werden, um auf 200 Meter auf den angestrebten doppelten Kaliberdurchmesser aufzupilzen. Hier ist ein Kegelspitz oder Game King die bessere Wahl. Die schweren 220-Grains-Geschosse sind nur auf Drückjagddistanz bis 60 Meter einsetzbar. Darüber hinaus haben sie gegenüber mittelschweren Geschossen keine Vorteile. Auch bei der .30-06 sind Standardzündhütchen ausreichend.

Ladedaten Kaliber .30-06 Springfield

Geschoss-hersteller	Geschoss-typ	Geschoss-gewicht Grains	Pulver-hersteller	Pulvertyp	Pulver-ladung Grains	Hülsen-fabrikat	Zünd-hütchen	Gesamt-länge (mm)	V_0 m/s
Nosler	Bal. Tip	125	Vihtavuori	N 140	54,3	Norma	CCI 200	82,0	975
Barnes	TSX	130	IMR	3031	53,5	RWS	RWS 5341	83,0	952
Brenneke	TUG Nature	132	Vihtavuori	N 540	53,5	Norma	Federal 210	78,0	929
RWS	DK	150	Rottweil	R 904	57,8	Norma	CCI 200	78,5	845
Barnes	TSX	150	Hodgdon	Varget	52,0	Norma	Federal 210	82,5	865
Hornady	GMX	150	Vihtavuori	N 150	53,0	Norma	Federal 210	82,5	868
Hornady	SST	150	IMR	4064	53,0	RWS	CCI 200	82,5	861
Swift	A-Frame	165	Vihtavuori	N 160	57,0	Winchester	CCI 200	82,0	830
Swift	Scirocco	165	Vihtavuori	N 150	51,5	RWS	RWS 5341	82,0	840
Nosler	Partition	165	IMR	4831	57,0	Hornady	Federal 215	82,0	812
Barnes	MRX	165	Hodgdon	4350	54,8	Hornady	Federal 215	82,0	815
Reichenberg	HDB	168	Vihtavuori	N 540	52,0	RWS	RWS 5341	80,5	825
Hornady	SST	178	Vihtavuori	N 160	55,0	Norma	CCI 200	82,0	780
Nosler	Partition	180	Vihtavuori	N 165	57,5	RWS	Federal 215	82,5	765
Barnes	TSX	180	IMR	4350	54,0	Norma	Federal 215	82,0	755
Speer	Grand Slam	180	Rottweil	R 904	56,0	Norma	RWS 5341	82,0	795
Brenneke	TUG	180	Rottweil	R 907	53,0	RWS	RWS 5341	78,0	810
Reichenberg	HDB Drück-jagd	190	Vihtavuori	N 560	62,0	RWS	CCI 200	80,5	780
RWS	KS	200	Rottweil	R 904	53,0	RWS	RWS 5341	79,0	771
Nosler	Partition	200	Vihtavuori	N 160	55,8	Federal	CCI 200	82,0	775
Hornady	TMR	220	Rottweil	R 904	51,0	RWS	CCI 200	82,0	712
Woodleigh	TMR	220	IMR	4831	54,0	Norma	RWS 5341	82,5	720

Zur Ermittlung der Ladedaten wurde eine Sauer 90 Repetierbüchse mit 60 cm Lauflänge benutzt.

.30 R Blaser

Die .30 R Blaser wurde 1991 vom Waffenhersteller Blaser in Zusammenarbeit mit Dynamit Nobel herausgebracht. In der Leistung liegt diese Randpatrone sogar noch etwas über der .30-06.

Durch die große Geschossauswahl ist die neue 30er Randpatrone auch für den Jagdreisenden eine interessante Patrone, wenn eine Kipplaufwaffe geführt wird.

Das Angebot an Fabrikpatronen sieht allerdings vergleichsweise dürftig aus. Lediglich Dynamit Nobel und Blaser stellen Patronen dieses Kalibers her. Die .30 R Blaser ist eine neu konstruierte Patrone, bei der neueste innenballistische Erkenntnisse verwirklicht wurden. Der Geschossübergangskegel wurde nicht von der .30-06 übernommen, sondern neu konfiguriert. Die .30 R Blaser hat einen kurzen zylindrischen Teil vor dem Hülsenmund und einen kurzen steilen Kegel. Durch diesen Aufbau wird der Anteil der hoch gespannten Treibgase, die das Geschossheck beeinflussen können, was stark präzisionsmindernd ist, erheblich verringert. Waffen der Kaliber .30-06 oder auch .308 Winchester lassen sich problemlos auf die .30 R Blaser umarbeiten. Speziell darauf wurde bei der Konstruktion der Hülse großen Wert gelegt. Die P-Maße sind etwas größer bemessen als bei der .30-06. Das hat den Vorteil, dass so Abnutzungsspuren im Patronenlager bei einem Aufreiben von .30-06 auf .30 R Blaser beseitigt werden. Für Kipplaufwaffen ist die .30 R Blaser im Vergleich zur .30-06 technisch sicher die bessere Patrone. Randlose Hülsen verursachen in Kipplaufwaffen mitunter Auszieherprobleme.

Die .30 R Blaser ist eine erstklassige Mittelpatrone und für Kipplaufwaffen wohl die Universalpatrone schlechthin. Ein 150-grs./9,7-g-Geschoss wird auf 940 m/s beschleunigt und selbst bei einem schweren 200-grs./13,0-g-Geschoss sind noch über 800 m/s möglich. Je nach verwendetem Geschoss lässt sie sich für weite Schüsse in der Steppe oder im Gebirge einsetzen, aber auch für starkes Wild auf mittlere Distanzen, wenn die schweren Geschosse geladen werden. Das optimale Geschossgewicht liegt zwischen 150 und 200 Grains. Besonders bei den leichten Geschossen muss auf eine ausreichend stabile Geschosskonstruktion geachtet werden, damit eine gute Tiefenwirkung erreicht wird. Als Treibladungsmittel kommen die mittelschnellen bis progressiven Pulver zum Einsatz.

Bei den Ladeversuchen erwiesen sich die Rottweil Pulver R 904 und R 905, Norma MRP und Vihtavuori N 160 als sehr gut geeignet. Bei allen Laborierungen wurden Magnum-Zündhütchen verwendet. Bei den schnelleren Pulversorten wäre das zwar nicht unbedingt erforderlich, aber die Laborierungen waren durchweg präziser. Matrizensätze sind von RCBS, Redding, Lee oder Triebel zu bekommen.

Ladedaten Kaliber .30 R Blaser

Geschoss-hersteller	Geschoss-typ	Geschoss-gewicht Grains	Pulver-hersteller	Pulvertyp	Pulver-ladung Grains	Hülsen-fabrikat	Zünd-hütchen	Gesamt-länge (mm)	V_0 m/s
Reichenberg	HDB	120	Norma	N 204	67,0	RWS	CCI 250	83,0	1010
Brenneke	TUG Nature	132	Vihtavuori	N 550	65,0	RWS	RWS 5333	83,8	951
Barnes	X-Bullet	140	Rottweil	R 904	66,7	RWS	RWS 5333	86,0	945
RWS	Kegelspitz	150	Rottweil	R 904	64,5	RWS	CCI 250	85,0	930
Swift	A-Frame	165	Rottweil	R 904	63,5	RWS	RWS 5333	86,0	905
Blaser	CDP	165	Vihtavuori	N 160	64,3	RWS	Federal 215	89,0	895
Hornady	GMX	165	Rottweil	R 904	63,5	RWS	RWS 5333	90,5	890
RWS	Doppelkern	165	Rottweil	R 904	64,0	RWS	RWS 5333	85,8	902
Swift	Scirocco	165	Vihtavuori	N 160	62,0	RWS	Federal 215	89,0	880
Nosler	Bal. Tip	165	Vihtavuori	N 560	64,5	RWS	CCI 250	90,8	869
Reichenberg	HDB	168	Norma	MRP	65,2	RWS	Federal 215	88,0	871
Nosler	Partition	180	Norma	MRP	65,0	RWS	RWS 5333	88,0	878
Barnes	X-Bullet	180	Norma	MRP	61,0	RWS	CCI 250	90,0	822
Swift	Scirocco	180	Rottweil	R 905	63,0	RWS	CCI 250	89,0	854
Lapua	Naturalis	180	Vihtavuori	N 160	63,5	RWS	CCI 250	86,0	849
Norma	Oryx	180	Rottweil	R 905	62,8	RWS	Federal 215	88,5	849
Swift	A-Frame	200	Alliant	RL 22	61,5	RWS	Federal 215	86,0	840
Nosler	Accubond	200	Rottweil	R 905	61,0	RWS	RWS 5333	88,0	825
Barnes	X-Bullet	200	Norma	MRP	60,5	RWS	RWS 5333	89,5	792
Hornady	InterLock	200	Alliant	RL 22	61,5	RWS	CCI 250	86,0	839
Woodleigh	TMR	220	Vihtavuori	N 165	57,5	RWS	CCI 250	87,0	745
Hornady	TMR	220	Rottweil	R 905	59,5	RWS	CCI 250	89,0	772

Zur Ermittlung der Ladedaten wurde eine Blaser Kipplaufbüchse K 95 mit 60 Zentimeter Lauflänge benutzt.

.300 Blaser Magnum

Im Jahre 2009 stellte die Waffenfirma Blaser eine neue Patronenreihe vor. Es handelt sich bei den vier Patronen mit den Geschossdurchmessern 7 mm, .300, .338 und .375 um völlige Neuentwicklungen, deren Hülsen sich nicht an andere Patronen anlehnen. Entwickelt wurden die Blaser-Patronen in Zusammenarbeit mit der schwedischen Munitionsfirma Norma, die auch die Fabrikpatronen herstellt. Vorgabe bei der Entwicklung war, dass die neuen Blaser-Patronen in ihrer Kaliberklasse mindestens die gleiche Leistung erbringen sollen wie Mitbewerberpatronen, aber eine bessere Präzision, Funktion und ein angenehmeres Rückstoßverhalten haben. Hohe Ansprüche, aber die Munitionsentwicklung hat in den vergangenen Jahren große Fortschritte gemacht und wenn eine völlig neue Hülse konstruiert wird, können dort auch die neuesten ballistischen Erkenntnisse einfließen. So haben die Blaser-Magnums keinen Gürtel, sondern sind Schulteranlieger, das heißt, der Verschlussabstand entsteht hier an der Hülsenschulter. Die immer zentrische Schulteranlage erbringt Präzisionsvorteile. Auf einen übertrieben dicken Hülsenkörper, der in manchen Repetierbüchsen zu Funktionsproblemen führen kann, wurde ebenfalls verzichtet. Von der Hülsenlänge her wurden die Blaser-Patronen natürlich für die Blaser Repetierbüchsenmodelle R 93 und R 8 maßgeschneidert. Nach der CIP-Tafel sind die Patronen auf 4200 bar (piezzo) Höchstgasdruck festgelegt. Für moderne Patronen recht moderat, zumal der Arbeitsgasdruck deutlich darunter liegen sollte. Die hier vorgestellte .300 Blaser Magnum ist sicher die universelle Patrone des Blaser-Quartetts. Die günstigsten Geschossgewichte liegen bei dieser Patrone zwischen 165 und 200 Grains. Ein 180-Grains-Geschoss lässt sich auf etwa 930 m/s bringen. Damit liegt sie im Leistungsbereich der .300 Winchester Magnum und .300 WSM und deckt den gleichen Anwendungsraum ab. Sie ist eine hervorragende Patrone für Steppe und Gebirge auf mittelschweres Wild. Auch auf die schussharten afrikanischen Großantilopen wie Oryx oder Eland lässt sie sich einsetzen, wenn entsprechend stabile Geschosse mit guter Tiefenwirkung verladen werden. Original Blaser-Patronen werden bei Norma geladen und Norma fertigt Hülsen in sehr guter Qualität. Hülsen allein sind leider noch nicht erhältlich und so bleibt nur, einen Hülsenvorrat durch das Verschießen von Fabrikpatronen anzulegen. Matrizensätze sind bereits von Lee erhältlich.

Bei den Geschossen sieht es im .30er Kaliber sehr gut aus. Bei keinem anderen Kaliber hat der Wiederlader eine solche Auswahl. Die Geschosspalette reicht von 100 bis 220 Grains und damit hat der Wiederlader eine Menge Möglichkeiten. Vor abgebrochenen Ladungen progressiven Pulvers muss aber eindringlich gewarnt werden. Es kann zu gefährlichen Drucksprüngen oder Nachbrennern kommen. Für die schnellen .300 Blaser Magnum-Laborierungen sollten nur hochwertige und entsprechend stabile Geschosse gewählt werden, sonst ist die Zielballistik unbefriedigend. Die modernen homogenen Deformationsgeschosse wie das Barnes Triple Shock oder Hornady GMX, Verbundkerngeschosse wie Oryx, Accubond oder Scirocco und stabile Zweikammergeschosse wie das Nosler Partition, Blaser CDP oder Swift A-Frame sind hier erste Wahl. Zu leichte Geschosse sind bei weiten Distanzen nachteilig.

Bei den Treibladungsmitteln sind nur die langsam abbrennenden Pulver brauchbar. Magnum-Zündhütchen sind zur Anzündung der erheblichen Pulvermenge unbedingt erforderlich. Fabrikpatronen sind in zwei Laborierungen zu bekommen.

Ladedaten Kaliber .300 Blaser Magnum

Geschoss-Hersteller	Geschoss-typ	Geschoss-gewicht Grains	Pulver-hersteller	Pulvertyp	Pulver-ladung Grains	Hülsen-fabrikat	Zünd-hütchen	Gesamt-länge (mm)	V_0 m/s
Barnes	TTSX	130	Norma	N 204	78,0	Norma	Federal 215	83,5	1035
Nosler	Accu Tip	150	Vihtavuori	N 550	73,0	Norma	RWS 5333	84,5	976
Barnes	MRX	150	Vihtavuori	N 550	71,0	Norma	CCI 250	84,2	962
Swift	Scirocco	150	Rottweil	R 904	75,0	Norma	RWS 5333	84,7	969
Nosler	Partition	165	Hodgdon	Hybrid 100 V	71,0	Norma	RWS 5333	85,0	915
Swift	A-Frame	165	Vihtavuori	N 560	80,0	Norma	Federal 215	84,3	965
Barnes	TTSX	168	Alliant	RL 22	76,0	Norma	CCI 250	84,5	941
Reichen-berg	HDB Uni	168	Vihtavuori	N 165	71,0	Norma	CCI 250	83,5	840
Norma	Oryx	180	Rottweil	R 905	76,5	Norma	CCI 250	84,5	910
Barnes	TTSX	180	Hodgdon	4831	72,0	Norma	CCI 250	84,5	890
Swift	Scirocco	180	Norma	MRP	76,5	Norma	RWS 5333	84,3	931
RWS	Evolution	184	Vihtavuori	N 160	73,8	Norma	RWS 5333	84,5	876
Barnes	TTSX	200	Alliant	RL 22	71,0	Norma	Federal 215	85,0	869
Lapua	Mega	200	Vihtavuori	N 165	76,0	Norma	CCI 250	84,5	856
Norma	Oryx	200	Hodgdon	4831	74,0	Norma	CCI 250	84,5	860

Zur Ermittlung der Ladedaten wurde eine Repetierbüchse Blaser R 8mit 65 cm langem Lauf benutzt.
Die Geschwindigkeit wurde drei Meter vor der Laufmündung gemessen.

.300 Holland&Holland Magnum

Die .300 Holland&Holland Magnum entstand im Jahre 1920 und basiert auf der 1912 vorgestellten .375 Holland&Holland Magnum. Die .375 H&H erfreute sich von Anfang an großer Beliebtheit, war aber nur bis auf mittlere Entfernung einsetzbar. Um den Bedarf nach einer rasanten Patrone für das Steppenwild zu decken, entwickelte Holland&Holland aus der Hülse der .375 H&H die .300 H&H. Zunächst wurde die Patrone „Hollands Super 30“ genannt, erhielt kurze Zeit später aber ihren jetzigen Namen. Die Werte waren beeindruckend. Die Ursprungsladung brachte ein 150-Grains-Geschoss auf eine Mündungsgeschwindigkeit von 945 m/s. Später nahm man dann aber die Leistung etwas zurück. Mit den heute zur Verfügung stehenden modernen Nitropulvern kann diese Leistung aber leicht erreicht werden.

Wie die Ursprungspatrone hat auch die .300 H&H eine Gürtelhülse, bei der die Anlage im Patronenlager durch den Gürtel definiert wird. Holland&Holland ging diesen Weg, denn bei der wenig ausgeprägten Gestaltung der Hülsenschulter war dies notwendig. Moderne Magnumpatronen, bei denen die Hülsenschulter wesentlich steiler ist, brauchen keinen Gürtel mehr. Berühmtheit erlangte die .300 Holland&Holland als im Jahre 1935 Ben Comford das 1000-Yard-Schießen in Wimbledon damit gewann. Der Gewinn des Wimbledon-Cups machte die Patrone auch in den USA schlagartig populär. Berühmte US-Firmen wie Griffin&Howe begannen vermehrt, ihre Büchsen dafür einzurichten und selbst Winchester baute das neue Modell 70 in .300 H&H. Viele moderne Patronen, wie die .300 Win. Mag., .300 Weatherby Mag. und .308 Norma Mag., basieren auf der .300 H&H. Diese Patronen haben der alten Holland&Holland-Entwicklung in der Zwischenzeit den Rang abgelaufen. Fabrikpatronen sind heute schon selten geworden und mit leichten Geschossen gar nicht zu bekommen, obwohl es noch viele gute Büchsen in diesem Kaliber gibt und auch wieder neue Waffen dafür gebaut werden. Geradezu klassisch ist eine „Take Down“ in .375 H&H mit Wechsellauf in .300 H&H. Beide Patronen nutzen die gleiche Hülse und so gibt es keine Probleme beim Magazin oder dem Stoßbodendurchmesser. Die Eigenpräzision ist sehr hoch und auch, wenn die Hülse ursprünglich für Cordite gedacht war, lässt sich mit modernen Pulvern daraus eine beachtliche Präzision erzielen. Die .300 Holland&Holland hat einen sehr hohen maximalen Gebrauchsgasdruck von 4300 bar. Wird der Gasdruck ausgenutzt, lässt sich eine beachtliche Leistung erzielen. Für einen Repetierbüchsenverschluss ist das kein Problem, doch es wurden auch viele Doppelbüchsen für die rasante .300er Patrone eingerichtet. Hier ist die Ausnutzung des Höchstgasdruckes bei vielen Waffen nicht unbedingt zu empfehlen. Bei den Ladedaten sind daher extra einige Laborierungen aufgeführt, die einen etwas geringeren Gasdruck haben und die Verschlüsse von Kipplaufwaffen schonen.

Patronen .300 Holland&Holland Magnum werden bei Winchester, Federal und W. Romey geladen und die Hülsenbeschaffung ist kein großes Problem. Es können auch Hülsen aus der .375 Holland&Holland umgeformt werden, was verhältnismäßig einfach geht.

Bei entsprechender Pulverwahl ist es auch nicht schwierig die .300 H&H auf das Niveau einer .30-06 herunterzuladen. Vor abgebrochenen Ladungen progressiven Pulvers muss aber eindringlich gewarnt werden. Es kann zu gefährlichen Drucksprüngen oder Nachbrennern kommen. Für die schnellen .300 Holland&Holland Magnum-Laborierungen sollten keine zu weichen Geschosse gewählt werden, sonst ist die Zielballistik unbefriedigend. Die modernen homogenen Deformationsgeschosse oder stabile Zweikammergeschosse sind hier erste Wahl. Auch wenn die .300 H&H etwas unter der .300 Winchester Magnum liegt, so ist sie doch erheblich schneller als die .30er Standardpatrone.

Bei den Treibladungsmitteln sind vorwiegend die langsam abbrennenden Pulver brauchbar, obwohl der schlanke Hülsenverlauf der .300 H&H eigentlich auf offensivere Pulver hindeutet. Die offensiveren Sorten sind nur bei den leichten Geschossen unter 11,0 Gramm brauchbar. Besonders Vihtavuori N 165, Rottweil R 905 und Hodgdon 4831 erwiesen sich universell geeignet. Magnum-Zündhütchen sind zur Anzündung der erheblichen Pulvermenge unbedingt erforderlich. Matrizensätze sind von RCBS, Redding, Lee oder Triebel zu bekommen.

Springbocktriplette im Damaraland Namibias. Bei gut 300 Meter Schussdistanz kann das Wild die Gefahr nicht orten und springt erst mit Verzögerung ab.

Ladedaten Kaliber .300 Holland&Holland Magnum

Geschoss-hersteller	Geschoss-typ	Geschoss-gewicht Grains	Pulver-hersteller	Pulvertyp	Pulver-ladung Grains	Hülsen-fabrikat	Zünd-hütchen	Gesamt-länge (mm)	V_0 m/s
Barnes	X-Bullet	150	Rottweil	R 907	68,0	Federal	CCI 250	90,0	970
Nosler	Bal. Tip	150	Vihtavuori	N 560	71,5	Federal	CCI 250	91,0	962
Barnes	X-Bullet	165	Vihtavuori	N 140	63,0	Federal	CCI 250	90,0	894
Nosler	Bal. Tip	165	IMR	4350	73,0	Federal	CCI 250	92,8	936
RWS	Doppelkern	165	Rottweil	R 905	74,0	Federal	RWS 5333	90,0	927
Woodleigh	Prot. Point	165	Vihtavuori	N 165	73,5	Federal	CCI 250	90,5	934
Reichen-berg	HDB	168	Vihtavuori	N 160	70,0	Winchester	CCI 250	89,0	925
Barnes	X-Bullet	180	IMR	4350	63,5	Federal	Federal 215	90,0	883
Brenneke	TUG	180	Rottweil	R 905	73,0	Federal	CCI 250	91,0	904
Lapua	Naturalis	180	PB Clear-mont	PCL 517	72,5	Federal	CCI 250	90,0	881
Nosler	Partition	180	Alliant	RL 19	76,0	Winchester	CCI 250	91,5	910
Speer	Grand Slam	180	Hodgdon	4831	74,0	Winchester	CCI 250	92,0	912
Swift	Scirocco	180	Vihtavuori	N 165	70,0	Federal	CCI 250	91,0	885
Winchester	Fail Safe	180	Norma	MRP	74,5	Federal	CCI 250	91,0	908
Nosler	Partition	200	Norma	MRP	73,0	Winchester	Federal 215	91,0	838
Nosler	Accubond	200	Rottweil	R 905	69,0	Winchester	RWS 5333	91,8	832
Hornady	BTSP	190	Alliant	RL 22	76,1	Federal	CCI 250	91,0	890
Swift	A-Frame	200	Rottweil	R 905	71,0	Federal	CCI 250	91,0	856
Degol	Starkmantel	220	Vihtavuori	N 165	66,5	Federal	CCI 250	90,0	780
Hornady	InterLock	220	Vihtavuori	N 165	67,0	Federal	RWS 5333	90,0	785
Woodleigh	TMR	220	Vihtavuori	N 165	67,5	Winchester	CCI 250	90,0	774

Gasdruckschwächere Ladungen für Doppelbüchsen .300 H&H

Geschoss-hersteller	Geschoss-typ	Geschoss-gewicht Grains	Pulver-hersteller	Pulvertyp	Pulver-ladung Grains	Hülsen-fabrikat	Zünd-hütchen	Gesamt-länge (mm)	V_0 m/s
RWS	Kegelspitz	150	Rottweil	R 907	69,0	Winchester	RWS 5341	89,0	978
Nosler	Partition	180	Rottweil	R 904	66,0	Federal	RWS 5341	91,0	832
Speer	Grand Slam	180	IMR	4895	55,0	Federal	CCI 250	91,0	802
Barnes	X-Bullet	180	IMR	4895	54,0	Winchester	CCI 250	91,0	800
RWS	KS	200	Rottweil	R 905	65,0	Federal	RWS 5333	90,5	778

Zur Ermittlung der Ladedaten wurde eine Repetierbüchse mit 65 Zentimeter langem Lauf und eine Doppelbüchse mit 63-cm-Lauf benutzt.

.300 Winchester Magnum

Die .300 Winchester Magnum wurde im Jahre 1963 von der amerikanischen Firma Winchester auf den Markt gebracht. Sie bildete den Abschluss einer Serie von Winchester-Patronen mit Gürtelhülse, die aus der .264 Win. Mag., .338 Win. Mag. und der .458 Win. Mag. besteht. Marktpolitisch war die kurze Magnumpatrone, die in jedes Standardsystem passte, ein großer Wurf und die bereits etablierten .30er Magnumpatronen wie .308 Norma und .300 Holland&Holland wurden fast vom Markt verdrängt. Die Hülsenform der Winchester-Patrone ist jedoch nicht unumstritten. Um den Pulverraum möglichst groß zu halten, ist der Hülsenhals sehr kurz geraten, was zur Folge hat, dass schwere Geschosse sehr tief gesetzt werden müssen. Das kostet Pulverraum und natürlich so auch Leistung. Dazu kommt, dass bestimmte Geschosstypen mit sehr langer, konischer Spitze in dem kurzen Hülsenhals nicht genügend fest sitzen, um den erforderlichen Ausziehwiderstand aufzubauen, der für die geregelte Verbrennung des progressiven Treibladungspulvers nötig ist. Lässt sich das Geschoss nach dem Setzen mit den Fingern in die Hülse drücken, ist es ungeeignet. Das optimale Geschossgewicht liegt daher bei 180 bis max. 200 Grains. Damit ist sie eine hervorragende Patrone für Steppe und Gebirge und wird gern auf mittelschwere Wildarten eingesetzt.

Die Hülsenbeschaffung ist bei diesem Kaliber problemlos. Fabrikpatronen gibt es reichlich. Hülsen in sehr guter Qualität sind von verschiedenen Herstellern zu bekommen. Bei entsprechender Pulverwahl ist es kein Problem, die .300 Winchester Magnum auf das Niveau einer .30-06 herunterzuladen. Hier müssen dann schneller abbrennende Pulversorten verwandt werden. Abgebrochene Ladungen progressiven Pulvers können zu gefährlichen Drucksprüngen führen oder es kann zu Nachbrennern kommen.

Für die rasanten .300 Winchester Magnum-Laborierungen mit leichten Geschossgewichten dürfen keine zu weichen Geschosse gewählt werden, sonst ist die Zielballistik unbefriedigend. Mit 150-Grains-Geschossen (9,7 g) lassen sich über 1000 m/s erreichen. Die modernen homogenen Deformationsgeschosse, hart aufgebaute Teilmantelgeschosse mit verlötetem Bleikern oder stabile Zweikammergeschosse sind hier angebracht.

Bei den Treibladungsmitteln kommen die progressiven Sorten zur Anwendung. Besonders Vihtavuori N 160, Rottweil R 905 und Norma MRP erwiesen sich als geeignet. Magnum-Zündhütchen sind zur Anzündung der erheblichen Pulvermenge unbedingt erforderlich. Matrizensätze sind von RCBS, Redding, Lee oder Triebel zu bekommen. Sie gehören preislich zur Standardklasse und sind damit entsprechend günstig. Die .300 Winchester Magnum ist heute weltweit beliebt, wenn es um die Jagd auf stärkeres Schalenwild geht, und fast jeder Hersteller von Repetierbüchsen hat dieses Kaliber im Programm.

Ladedaten Kaliber .300 Winchester Magnum

Geschoss-hersteller	Geschoss-typ	Geschoss-gewicht Grains	Pulver-hersteller	Pulvertyp	Pulver-ladung Grains	Hülsen-fabrikat	Zünd-hütchen	Gesamt-länge (mm)	V_0 m/s
RWS	Evo Green	139	IMR	4350	73,5	Norma	CCI 250	84,0	1040
RWS	Kegelspitz	150	Rottweil	R 905	81,0	RWS	RWS 5333	82,2	1028
Nosler	Bal. Tip	150	Alliant	RE 19	76,5	Winchester	CCI BR 2	85,0	960
Nosler	Bal. Tip	165	Acuarate Arms	4350	72,0	Winchester	CCI BR 2	85,0	926
Barnes	X-Bullet	165	IMR	4350	71,0	Remington	CCI 250	85,0	910
Hornady	SST	165	Vihtavuori	N 165	74,0	RWS	CCI 250	86,0	932
Woodleigh	Prot.Point	165	Rottweil	R 905	78,0	RWS	RWS 5333	85,0	961
Reicheberg	HDB	168	Rottweil	R 905	77,0	RWS	RWS 5333	84,5	952
Nosler	Partition	180	Vihtavuori	N 160	71,5	Winchester	CCI 250	86,0	886
Barnes	TSX	180	Rottweil	R 905	74,5	Remington	RWS 5333	85,0	910
Brenneke	TUG	180	Rottweil	R 904	72,0	RWS	RWS 5333	83,0	919
Swift	A-Frame	180	Alliant	RE 19	72,0	RWS	CCI BR 2	85,0	901
Speer	Grand Slam	180	Norma	MRP	75,8	Remington	CCI 250	86,0	924
Swift	Scirocco	180	IMR	4831	74,0	Winchester	CCI 250	86,0	929
Lapua	Naturalis	180	Accurate Arms	4350	69,0	Winchester	CCI BR 2	86,0	896
Barnes	MRX	180	Alliant	RL 22	71,5	Hornady	CCI 250	86,0	915
RWS	Evolution	184	Vihtavuori	N 165	73,5	RWS	RWS 5333	85,0	920
Swift	A-Frame	200	Vihtavuori	N 160	70,0	RWS	RWS 5333	85,5	855
RWS	Kegelspitz	200	Rottweil	R 905	71,0	RWS	CCI 250	84,5	874
Nosler	Partition	200	Hodgdon	870	81,5	Winchester	CCI 250	86,0	862
Degol	Starkmantel	220	Rottweil	R 905	71,5	RWS	CCI 250	85,5	839
Nosler	Partition	220	Vihtavuori	N 165	66,2	Hornady	CCI 250	85,5	845

Zur Ermittlung der Ladedaten wurde eine Repetierbüchse mit 65 cm Lauflänge benutzt.

.308 Norma Magnum

Die .308 Norma Magnum entstand nach dem Zweiten Weltkrieg im Rahmen der Welle der Short-Magnum-Patronen. Sie ist eine Gürtelpatrone mit identischen Bodenabmessungen wie die .375 Holland&Holland Magnum. Dabei ist sie aber nur etwas länger als eine .30-06. Eine .30-06 Repetierbüchse auf die .308 Norma Magnum aufzureiben, ist daher sehr einfach. Das wurde besonders in den USA häufig gemacht. Tausende von Springfield 1903 Repetierbüchsen wurden in den 50er Jahren auf die schwedische Magnum umgeändert.

Norma fertigte zunächst nur Hülsen für Wiederlader, nahm aber sehr bald die Patrone auch in die Munitionsfertigung auf. Zum Leidwesen der amerikanischen Wiederlader waren die Norma-Hülsen mit Berdan-Zündhütchen bestückt und entsprechend aufwendig zu laden. Als dann im Jahre 1963 die .300 Winchester Magnum auf den Markt kam, die praktisch identische Werte lieferte, aber von fast allen amerikanischen und vielen europäischen Munitionsherstellern angeboten wurde, geriet die .308 Norma Magnum ins Abseits. Im neuen Norma-Katalog findet sich nur noch eine einzige Laborierung und andere Hersteller fertigen die Patrone nicht.

Die .308 Norma Magnum ist eine 300er Hochleistungspatrone für präzise Schüsse über weite Distanzen. Wiederlader haben mit der sehr gut geformten Hülse keine Probleme. Der Hülsenhals ist im Gegensatz zur .300 Win. Mag. lang genug, um Geschosse aller Längen sicher aufzunehmen und keinen Pulverraum bei schweren Geschossen zu verschenken.

Ein 180-Grains-Geschoss wird mühelos auf 900 m/s beschleunigt, was eine Mündungsenergie von 4741 Joule ergibt. Das entspricht genau der .300 Win. Mag. Dabei ist das Rückstoßverhalten der .308 Norma Magnum noch etwas angenehmer. Die Eigenpräzision ist sehr hoch und bis in die 80er Jahre wurde das Kaliber sehr gern bei Long Range Wettkämpfen, etwa in Wimbledon, eingesetzt. Die .308 Norma Magnum ist vielseitig einsetzbar und eignet sich für die Bejagung von afrikanischen Großantilopen genauso gut wie auf Elch, Bär oder Wapiti. Ideal ist sie auch bei der Gebirgsjagd auf Gams, Schaf oder Steinbock. Hülsen und Fabrikpatronen sind nur von Norma erhältlich.

Das ideale Geschossgewicht für die .308 Norma Magnum liegt bei 180 bis 220 Grains. Es sollten nicht zu dünnmantelige Geschosse verwendet werden, denn bei der hohen Leistung der Patrone ist sonst die Tiefenwirkung zu gering. Bei den Treibladungsmitteln sind die langsam abbrennenden Pulver optimal. Besonders Vihtavuori N 165, Rottweil 904 und 905, Norma MRP und Hodgdon 4831 erwiesen sich als gut geeignet. Magnum-Zündhütchen sind zur Anzündung der erheblichen Pulvermenge unbedingt erforderlich. Matrizensätze sind von RCBS, Redding, Lee oder Triebel zu bekommen.

Ladedaten Kaliber .308 Norma Magnum

Geschoss-hersteller	Geschoss-typ	Geschoss-gewicht Grains	Pulver-hersteller	Pulvertyp	Pulver-ladung Grains	Hülsen-fabrikat	Zünd-hütchen	Gesamt-länge (mm)	V_0 m/s
Hornady	SST	150	Vihtavuori	N 160	72,3	Norma	CCI 250	83,5	970
Swift	A-Frame	165	Hodgdon	4831	74,0	Norma	CCI 250	84,0	932
Blaser	CDP	165	IMR	4350	72,5	Norma	Federal 215	83,3	922
Hornady	GMX	165	Vihtavuori	N 160	70,8	Norma	CCI 250	84,5	928
Swift	Scirocco	165	Alliant	RL 22	77,0	Norma	RWS 5333	84,0	930
Hornady	SST	165	IMR	4831	67,5	Norma	CCI 250	84,5	912
Nosler	Partition	180	Rottweil	R 904	66,0	Norma	Federal 215	85,0	892
Barnes	X-Bullet	180	Norma	MRP	69,5	Norma	RWS 5333	84,5	902
Speer	Grand Slam	180	Rottweil	R 905	68,0	Norma	CCI 250	85,0	899
Swift	Scirocco	180	Hodgdon	4831	76,0	Norma	CCI 250	85,0	952
Lapua	Naturalis	180	Alliant	RL 22	76,5	Norma	CCI 250	83,5	972
Norma	Oryx	180	Norma	MRP	69,0	Norma	Federal 215	83,5	897
Swift	A-Frame	200	Vihtavuori	N 165	68,5	Norma	CCI 250	83,5	832
Nosler	Accubond	200	Rottweil	R 905	66,0	Norma	RWS 5333	84,5	834
Nosler	Partition	200	Vihtavuori	N 165	68,0	Norma	CCI 250	84,5	830
Degol	Starkmantel	220	Norma	MRP	66,5	Norma	CCI 250	84,5	822
Nosler	Partition	220	Hodgdon	H 1000	70,0	Norma	RWS 5333	84,5	810

Zur Ermittlung der Ladedaten wurde eine Repetierbüchse mit 65 cm Lauflänge benutzt.

.300 Weatherby Magnum

Die .300 Weatherby Magnum stammt aus dem Jahre 1944 und wurde von Roy Weatherby aus der Hülse der .300 Holland&Holland Magnum entwickelt. Für die ersten Weatherby Büchsen wurden 98er Systeme verwendet und später baute Sauer & Sohn in Eckernförde Repetierer mit dem von Weatherby konstruierten Mark-V-System. Die heutigen Büchsen stammen aus Japan.

Die .300 Weatherby ist die erfolgreichste und wohl auch ausgewogenste Weatherby-Patrone. Mit dieser Patrone lässt sich mittleres bis schweres Hochwild auf jede waidgerechte Entfernung bejagen.

Weatherby gab der Hülse eine sogenannte Venturi-Schulter, die auf die Ideen der Ballistiker Powell und Miller zurückgeht. Zwei ineinander übergehende Radien sollen die Verbrennung begünstigen. Um zu hohe Spitzengasdrücke zu vermeiden, haben Weatherby Büchsen vor dem Patronenlager ein Stück glatte Bohrung. Der Freiflug ist damit natürlich entsprechend groß. Die günstigsten Geschossgewichte liegen bei dieser Patrone zwischen 165 und 200 Grains. Damit ist sie eine hervorragende Patrone für Steppe und Gebirge und wird besonders von Schafsjägern geschätzt. Die starken Wildschafe sind schusshart und die Schussdistanzen meist sehr groß. Hier ist die .300 Weatherby Magnum mit einem guten 180-Grains-Geschoss erste Wahl.

Die Hülsenbeschaffung ist bei diesem Kaliber im Gegensatz zu den anderen Weatherby-Kalibern problemlos. Original Weatherby-Patronen werden bei Norma geladen und Norma fertigt Hülsen in sehr guter Qualität. Doch auch Remington- und Federal-Hülsen stehen zur Verfügung. Wer seinen Hülsenvorrat nicht unbedingt durch das Verschießen der teuren Fabrikpatronen anlegen will, kann auch neue, leere Hülsen kaufen. Es ist ebenso möglich, Hülsen aus der .375 Holland&Holland Magnum umzuformen, doch der Umform- und Feuerformungsprozess ist nur für erfahrene Wiederlader zu empfehlen und entsprechend aufwendig.

Bei entsprechender Pulverwahl ist es kein Problem die .300 Weatherby Magnum auf das Niveau einer .30-06 herunterzuladen. In Anbetracht des großen Pulverraumes muss gerade bei dieser Patrone besonders eindringlich vor abgebrochenen Ladungen progressiven Pulvers gewarnt werden. Das wäre hier sehr gefährlich. Für die schnellen .300 Weatherby Magnum-Laborierungen sollten keine zu weichen Geschosse gewählt werden, sonst ist die Zielballistik unbefriedigend.

Bei den Treibladungsmitteln sind nur die langsam abbrennenden Pulver brauchbar. Besonders Vihtavuori N 165, Rottweil R 905 und Norma MRP erwiesen sich als geeignet. Bei den ganz schweren Geschossen zeigte Hodgdon H 870 und IMR 4831 Vorteile. Magnum-Zündhütchen sind zur Anzündung der erheblichen Pulvermenge unbedingt erforderlich. Matrizensätze sind von RCBS, Redding, Lee oder Triebel zu bekommen. Sie gehören preislich zur Standardklasse und sind damit entsprechend günstig.

Ladedaten Kaliber .300 Weatherby Magnum

Geschoss-hersteller	Geschoss-typ	Geschoss-gewicht Grains	Pulver-hersteller	Pulvertyp	Pulver-ladung Grains	Hülsen-fabrikat	Zünd-hütchen	Gesamt-länge (mm)	V_0 m/s
Barnes	TSX	130	Hodgdon	Varget	75,0	Federal	Federal 215	90,0	1080
Nosler	Bal. Tip	150	Vihtavuori	N 160	82,5	Weatherby	CCI 250	90,2	990
Hornady	SST	150	Alliant	RL 19	86,0	Weatherby	CCI 250	90,5	985
Barnes	MRX	150	Vihtavuori	N 165	87,1	Federal	CCI 250	91,0	1004
Barnes	TSX	165	Norma	MRP	82,0	Weatherby	CCI 250	91,2	990
Nosler	Bal. Tip	165	IMR	7828	86,8	Weatherby	CCI 250	90,5	985
Nosler	Partition	165	Norma	MRP	83,0	Federal	Federal 215	91,2	990
Nosler	Accubond	165	Vihtavuori	N 160	78,0	Federal	CCI 250	91,5	980
Woodleigh	Prot. Point	165	Norma	MRP	82,5	Weatherby	CCI 250	91,0	981
Hornady	SST	178	Vihtavuori	N 165	78,0	Federal	CCI 250	91,5	945
Barnes	X-Bullet	180	Rottweil	R 905	80,0	Weatherby	Federal 215	91,2	930
Brenneke	TUG	180	Alliant	RL 22	82,0	Remington	CCI 250	90,3	934
Lapua	Naturalis	180	Rottweil	R 904	75,2	Weatherby	CCI 250	90,0	950
Nosler	Partition	180	Rottweil	R 905	78,5	Remington	CCI 250	91,2	951
Speer	Grand Slam	180	Vihtavuori	N 165	86,0	Federal	CCI 250	90,5	931
Swift	Scirocco	180	IMR	7828	84,2	Weatherby	CCI 250	91,0	952
Winchester	Fail Safe	180	Norma	MRP	80,5	Weatherby	CCI 250	89,5	940
Reichen-berg	HDB	185	Norma	MRP	79,5	Weatherby	CCI 250	90,0	935
Nosler	Partition	200	Hodgdon	870	92,8	Federal	Feredal 215	91,5	892
Swift	A-Frame	200	IMR	4831	76,2	Federal	CCI 250	91,5	882
Hornady	InterLock	220	Rottweil	R 905	77,0	Federal	RWS 5333	90,0	834
Degol	Starkmantel	220	Rottweil	R 905	76,2	Remington	CCI 250	90,0	826

Zur Ermittlung der Ladedaten wurde eine Weatherby Mark V mit 66 cm langem Lauf benutzt.

.30-378 Weatherby Magnum

Die .30-378 Weatherby Magnum wird zwar erst seit 1996 kommerziell gefertigt, ist aber eigentlich schon eine recht alte Patrone. Als im Jahre 1953 Roy Weatherby seine .378 Weatherby Magnum auf den Markt brachte, war die gewaltige Hülse sofort dankbare Grundlage für zahlreiche Wildcats und die Reduzierung des Geschossdurchmessers auf das Kaliber .30, bot sich geradezu an. Diese Wildcat wurde als Hochrasanzpatrone für Benchrest-Wettkämpfe auf 1000 Yards (914,4 m) sehr erfolgreich eingesetzt. Weatherbys eigene .300 Weatherby Magnum wird leistungsmäßig weit übertroffen und eine .300 Winchester Magnum wirkt schon fast schwächlich gegenüber einer .30-378 Weatherby Magnum, die eine fast 100 m/s höhere Mündungsgeschwindigkeit als die .300 Weatherby Magnum hat. Dafür wird aber auch fast 50 % mehr Pulver benötigt. Damit liegt die Patrone schon deutlich im Overbore-Bereich.

Die ersten Wildcats waren nicht gerade einfach zu laden, denn zur damaligen Zeit standen viele der heutigen progressiven Pulver noch nicht zur Verfügung. Ed Weatherby, der Sohn Roy Weatherbys brachte die .30-378 dann 1996 selbst auf den Markt und reihte sie in die Weatherby-Patronenfamilie ein. Zusammen mit der .300 Pegasus ist sie die leistungsfähigste kommerzielle .30er Patrone und liegt noch etwas über der .300 Remington Ultra Magnum. Natürlich lässt sich auch die .30-378 Weatherby noch „verbessern“, wie bereits die .30 Drummond, eine Wildcat mit ausgeblasener und mit steiler Schulter versehene .30-378 Weatherby-Hülse, zeigt. Durch diese Tuningmaßnahme lassen sich noch 10 Grains Pulver mehr unterbringen. Inwieweit das in der Praxis eine Rolle spielt, bleibt allerdings sehr fraglich.

Die günstigsten Geschossgewichte liegen bei dieser Patrone zwischen 180 und 200 Grains. Damit ist sie eine hervorragende Patrone für Steppe und Gebirge und wird besonders von amerikanischen Schafsjägern geschätzt. Hier ist die .30-378 Weatherby Magnum mit einem guten 200-Grains-Geschoss erste Wahl. Auch auf die schweren afrikanischen Antilopenarten wie Oryx oder Eland ist die .30-378 in ihrem Element.

Ein Nachteil ist die Patronenlänge, die ein Magnumsystem erforderlich macht, was Waffengewicht, Baulänge und Waffenpreis in die Höhe treibt. Auch der Lauf darf nicht zu kurz sein, um die Leistung der Patrone umsetzen zu können. Das höhere Waffengewicht wird sich aber beim Schießen als Vorteil herausstellen, denn der Rückstoß ist entsprechend der verbrannten Pulvermenge ebenfalls sehr hoch. Die meisten Waffen dieses Kalibers haben daher eine Mündungsbremse.

Die Hülsenbeschaffung ist bei diesem Kaliber nicht ganz problemlos. Original Weatherby-Patronen werden bei Norma geladen und Norma fertigt Hülsen in sehr guter Qualität. Wer seinen Hülsenvorrat nicht unbedingt durch das Verschießen der teuren Fabrikpatronen anlegen will, kann auch leere Hülsen kaufen. Es ist natürlich ebenso möglich, Hülsen aus der .378 Weatherby Magnum umzuformen, doch die 378er Weatherby-Patrone ist nicht gerade weit verbreitet.

Vor abgebrochenen Ladungen progressiven Pulvers muss auch bei dieser Magnumpatrone mit riesigem Pulverraum eindringlich gewarnt werden. Es kann zu gefährlichen

Drucksprüngen oder Nachbrennern kommen. Für Reduzierladung gibt es weitaus besser geeignete Patronen. Für die schnellen .30-378 Weatherby Magnum-Laborierungen sollten nur hochwertige und entsprechend stabile Geschosse gewählt werden, sonst ist die Zielballistik unbefriedigend. Zu leichte Geschosse sind bei weiten Distanzen nachteilig. Die .30-378 ist speziell für schwere Geschosse ausgelegt und 200 oder sogar 220 Grains Geschossgewicht sind ideal. Auf wirklich weite Distanzen haben schwere Geschosse auch außenballistisch Vorteile.

Bei den Treibladungsmitteln sind nur die ganz langsam abbrennenden Pulver brauchbar. Hier werden Sorten benutzt, die eigentlich für .50 BMG-Patronen entwickelt wurden. Die Auswahl ist entsprechend gering. Besonders Hodgdon 870, Hodgdon 1000 sowie Vihtavuori 24N41 sind hier einsetzbar. Mit den anderen Sorten lässt sich die annoncierte Leistung nicht ganz erreichen. Brauchbar sind lediglich noch Alliant R 25 und Norma MRP-2. Magnum-Zündhütchen sind zur Anzündung der erheblichen Pulvermenge unbedingt erforderlich. Matrizensätze sind von den großen Herstellern zu bekommen. Fabrikpatronen sind in vier Laborierungen von Weatherby/Norma auf dem Markt.

Die .30-378 Weatherby ist für weiteste Distanzen ausgelegt. Bei der Geschossauswahl sollte auf einen guten Formwert geachtet werden.

Ladedaten Kaliber .30-378 Weatherby

Geschoss-hersteller	Geschoss-typ	Geschoss-gewicht Grains	Pulver-hersteller	Pulvertyp	Pulver-ladung Grains	Hülsen-fabrikat	Zünd-hütchen	Gesamt-länge (mm)	V_0 m/s
Barnes	X-Bullet	165	Vihtavuori	24N41	116	Weatherby	CCI 250	92,0	1075
Barnes	X-Bullet	165	Vihtavuori	N 170	108	Weatherby	CCI 250	92,0	985
Woodleigh	Prot. Point	165	Vihtavuori	24N41	117	Weatherby	CCI 250	92,0	1069
Barnes	X-Bullet	180	Hodgdon	H 870	118	Weatherby	Federal 215	92,0	970
Lapua	Naturalis	180	Hodgdon	H 1000	102,5	Weatherby	Federal 215	92,0	956
Norma	Oryx	180	Norma	MRP-2	103	Weatherby	Federal 215	92,0	939
Nosler	E-Tip	180	Hodgdon	50 BMG	110	Nosler	Federal 215	91,5	935
Nosler	Partition	180	Hodgdon	H 1000	102	Weatherby	Federal 215	92,2	956
Swift	Scirocco	180	Hodgdon	H 870	117	Weatherby	CCI 250	92,3	986
RWS	Evolution	184	Hodgdon	H 1000	98	Weatherby	CCI 250	92,0	952
Reichen-berg	HDB	185	Vihtavuori	N 170	109	Weatherby	CCI 250	91,0	960
Nosler	Accubond	200	Alliant	R 25	100	Weatherby	CCI 250	92,0	955
Nosler	Partition	200	Norma	MRP-2	101	Weatherby	CCI 250	92,0	941
Barnes	TSX	200	Hodgdon	H 870	114	Weatherby	CCI 250	92,2	1005
Swift	A-Frame	200	Alliant	R 22	98	Weatherby	CCI 250	92,0	945
Degol	Starkmantel	220	Hodgdon	H 1000	104	Weatherby	Federal 215	92,0	940
Hornady	InterLock	220	Hodgdon	H 870	116	Weatherby	CCI 250	92,0	965

Zur Ermittlung der Ladedaten wurde eine Weatherby Mark V mit 66 cm langem Lauf benutzt.

.300 Winchester Short Magnum

Die .300 WSM war die erste der Winchester Short Magnum Patronenreihe und läutete im Jahre 2001 in der Patronenentwicklung ein neues Zeitalter ein – zumindest bei den Fabrikpatronen – denn private Patronenentwickler hatten die Vorteile einer gürtellosen, kurzen, dicken Hülse mit steiler Schulter schon lange erkannt.

Winchester ist einer der Pioniere bei der Entwicklung von Kurzpatronen. Schon die .308 Winchester war ja nichts anderes, als eine Kurzversion der .30-06. Durch die fortschreitende Entwicklung bei den Treibladungspulvern gelang es, die Leistung der längeren Patrone nahezu zu kopieren. Als Ferris Pindell und Dr. Lou Palmisano dann die 6 mm PPC herausbrachten und einen Präzisionsrekord nach dem anderen aufstellten, war klar, wie eine moderne Präzisionspatrone aussehen muss.

Daran hielten sich die Entwickler der .300 WSM auch ziemlich genau. Die kurze, dicke Hülse hat einen 35-Grad-Winkel und keinen Gürtel. Sie arbeitet als Schulteranlieger, was nur Vorteile hat und präzisionsfördernd ist. Durch die nahezu zylindrische Hülse entsteht ein großes Innenvolumen, was in Verbindung mit dem Gebrauchsgasdruck von 4400 bar für reichlich Leistung sorgt. Die Gesamtlänge ist nur geringfügig größer als eine .308 Winchester, womit die .300 WSM auch für Kurzsysteme geeignet ist. Der Bodendurchmesser ist mit 13,51 mm zu 12,01 mm aber etwas größer. Durch den sehr gleichmäßigen und schnellen Abbrand der kurzen Pulversäule, hat die Patrone ein sehr hohes Präzisionspotential und schießt sich zudem noch sehr angenehm. Bei den Leistungen blieb man zudem noch in vernünftigem Rahmen.

Ein 180-Grains-Geschoss wird auf 905 m/s (4777 Joule) beschleunigt, was ziemlich genau der .300 Win. Mag. entspricht. Die .300 Winchester Magnum hat sich in allen Jagdgebieten der Erde bestens bewährt und gezeigt, dass diese Leistung fast immer ausreicht. Nur bei Extremjagden ist eine .300 Weatherby, .300 RUM oder .30-378 sinnvoll und diese Mehrleistung wird mit reichlichen Nebenwirkungen erkauft. Mit der .300 WSM wird die .300 Win. Mag. eigentlich aufs Altenteil geschoben, denn die neue Kurzpatrone kann alles besser.

Die .300 WSM ist vielseitig einsetzbar und eignet sich für die Bejagung von afrikanischen Großantilopen genauso gut wie auf Elch, Bär oder Wapiti. Ideal ist sie auch bei der Gebirgsjagd auf Gams, Schaf oder Steinbock. Hülsen und Fabrikpatronen sind bereits von mehreren Herstellern erhältlich und es ist zu erwarten, dass hier sehr schnell noch weitere Laborierungen folgen werden. Das ideale Geschossgewicht für die .300 WSM liegt bei 150 bis 200 Grains. Es sollten nicht zu weiche Geschosse verwendet werden, denn bei der doch sehr hohen Leistung der Patrone ist sonst die Tiefenwirkung zu gering. Bei den Treibladungsmitteln sind die langsam abbrennenden Pulver optimal. Besonders Vihtavuori N 160, Rottweil 904, Alliant RE 19 und Hodgdon 414 erwiesen sich als gut geeignet. Bei den ganz progressiven Sorten ergeben sich teilweise Pressladungen. Magnum-Zündhütchen sind zur Anzündung der erheblichen Pulvermenge unbedingt erforderlich. Standardzünder machen die Patrone unpräzise. Matrizensätze sind von RCBS, Redding, Lee oder Triebel zu bekommen.

Ladedaten Kaliber .300 WSM

Geschoss-hersteller	Geschoss-typ	Geschoss-gewicht Grains	Pulver-hersteller	Pulvertyp	Pulver-ladung Grains	Hülsen-fabrikat	Zünd-hütchen	Gesamt-länge (mm)	V_0 m/s
RWS	Evo Green	139	Norma	N 204	68,5	Norma	CCI 250	71,0	1005
Barnes	X-Bullet	140	Alliant	RE 19	71,0	Winchester	CCI 250	72,5	988
Hornady	GMX	150	Winchester	760	70,0	Norma	Federal 215	72,1	982
Hornady	SST	150	Hodgdon	4350	70,0	RWS	RWS 5333	72,5	970
Nosler	Accubond	150	Vihtavuori	N 550	68,5	RWS	RWS 5333	72,5	975
Swift	A-Frame	165	Alliant	RE 19	70,0	Winchester	CCI 250	72,5	945
Blaser	CDP	165	Vihtavuori	N 160	66,0	Winchester	Federal 215	72,5	910
Barnes	MRX	165	IMR	4350	66,5	RWS	CCI 25	72,5	924
Swift	Scirocco	165	Vihtavuori	N 165	70,0	Norma	RWS 5333	72,5	910
Reichen-berg	HDB	168	Vihtavuori	N 560	67,0	Norma	CCI 250	72,3	890
Hornady	SST	178	Vihtavuori	N 560	70,2	RWS	RWS 5333	72,5	880
Nosler	Partition	180	Vihtavuori	N 550	61,0	Norma	Federal 215	72,5	884
Barnes	TSX	180	Rottweil	R 904	62,5	Winchester	RWS 5333	72,5	881
Speer	Grand Slam	180	Hodgdon	H 414	60,0	Winchester	CCI 250	72,5	840
Swift	Scirocco	180	Vihtavuori	N 550	60,5	Norma	CCI 250	72,5	886
Lapua	Naturalis	180	Vihtavuori	N 165	65,0	Winchester	CCI 250	72,0	879
Norma	Oryx	180	Hodgdon	H 414	60,0	Norma	Federal 215	72,5	836
RWS	Evolution	184	IMR	4831	66,0	RWS	CCI 250	72,5	850
Swift	A-Frame	200	Norma	MRP	66,0	Norma	CCI 250	72,5	860
Nosler	Accubond	200	Alliant	RE 19	66,5	Norma	RWS 5333	72,5	870
Nosler	Partition	200	Rottweil	R 905	65,0	Winchester	CCI 250	72,5	846
Degol	Starkmantel	220	Vihtavuori	N 165	65,0	Norma	CCI 250	72,5	804

Zur Ermittlung der Ladedaten wurde eine Repetierbüchse mit 65 Zentimeter langem Lauf benutzt.

.300 Remington Ultra Magnum

Die .300 Remington Ultra Magnum ist eine, von Remington im Jahre 1999 eingeführte, 300er Hochleistungspatrone für präzise Schüsse über weite Distanzen.

Die .300 RUM basiert auf der Hülse der .404 Jeffery und kommt daher ohne Gürtel aus. Die Hülse wurde mit einer steilen Schulter versehen und fast zylindrisch ausgeblasen, um einen möglichst großen Pulverraum zu erhalten. Die, durch das entstandene große Innenvolumen in Verbindung mit den modernen, langsam abbrennenden Treibladungspulvern, mögliche Leistung ist beeindruckend. Ein 180-Grains-Geschoss wird auf 990 m/s beschleunigt, was eine Mündungsenergie von 5720 Joule ergibt. Dabei ist das Rückstoßverhalten der .300 RUM noch als angenehm zu bezeichnen und die Patrone schießt sich weicher als eine .300 Weatherby Magnum. Die Eigenpräzision ist sehr hoch und in entsprechenden Büchsen und unter Verwendung leistungsstarker Zielfernrohre ist die Reichweite sehr groß. Die .300 RUM ist vielseitig einsetzbar und eignet sich für die Bejagung von afrikanischen Großantilopen genauso gut wie auf Elch, Wapiti oder die großen Bären. Ideal ist sie aber sicher bei der Bergjagd auf Schaf oder Steinbock.

Mit einer Patronenlänge von 91,4 Millimetern lässt sie sich aber nicht mehr in Standardsysteme unterbringen, sondern benötigt lange Magnumsysteme. Patronen werden bei Remington und Federal geladen. Auch leere Hülsen sind von diesen Firmen erhältlich. Es ließen sich zwar ebenso Hülsen aus der .404 Jeffery umformen, aber das ist aufwendig und Hülsen dieses Kalibers sind nicht gerade häufig zu finden.

Bei den Geschossen dagegen sieht es im .30er Kaliber sehr gut aus. Bei keinem anderen Kaliber hat der Wiederlader eine solche Auswahl. Die Geschosspalette reicht von 100 bis 220 Grains und damit hat der Wiederlader eine Menge Möglichkeiten. Das ideale Geschossgewicht für die .300 RUM liegt bei 180 bis 200 Grains. Es sollten nur sehr stabile und harte Geschosse verwendet werden, denn bei der hohen Leistung der Patrone ist sonst die Tiefenwirkung zu gering. Um die große Reichweite der Patrone auszuschöpfen, sollten Geschosse mit gutem Formwert eingesetzt werden. Vor abgebrochenen Ladungen progressiven Pulvers muss eindringlich gewarnt werden. Es kann zu gefährlichen Drucksprüngen oder Nachbrennern kommen. Das Hülsenvolumen der .300 RUM ist für Experimente dieser Art einfach zu groß. Bei den Treibladungsmitteln sind nur die wirklich langsam abbrennenden Pulver brauchbar. Besonders Vihtavuori N 165, Vihtavuori N 170, Norma MRP und Hodgdon 1000 erwiesen sich als gut geeignet. Magnum-Zündhütchen sind zur Anzündung der erheblichen Pulvermenge unbedingt erforderlich. Matrizensätze sind von RCBS, Redding, Lee oder Triebel zu bekommen.

Ladedaten Kaliber .300 Remington Ultra Magnum

Geschoss-hersteller	Geschoss-typ	Geschoss-gewicht Grains	Pulver-hersteller	Pulvertyp	Pulver-ladung Grains	Hülsen-fabrikat	Zünd-hütchen	Gesamt-länge (mm)	V_0 m/s
Hornday	SST	150	Alliant	RL 22	93,5	Remington	CCI 250	91,4	1052
Barnes	MRX	150	Hodgdon	H 1000	100,5	Remington	CCI 250	91,4	1060
Swift	A-Frame	165	Vihtavuori	N 165	92,0	Remington	CCI 250	91,4	1002
Barnes	TSX	165	Norma	MRP	90,5	Remington	RWS 5333	91,4	1030
Blaser	CDP	165	Hodgdon	1000	94,0	Remington	Federal 215	91,4	1004
Hornady	GMX	165	Hodgdon	H 1000	93,6	Remington	RWS 5333	91,4	966
Hornady	SST	178	Alliant	RL 25	93,0	Remington	CCI 250	91,4	945
Nosler	E-Tip	180	Vihtavuori	N 560	84,5	Remington	RWS 5333	91,4	945
Nosler	Partition	180	Vihtavuori	N 170	92,0	Remington	Federal 215	91,4	932
Barnes	X-Bullet	180	Norma	MRP	89,0	Remington	RWS 5333	91,4	995
Speer	Grand Slam	180	Vihtavuori	N 170	92,0	Remington	CCI 250	91,4	940
Swift	Scirocco	180	Hodgdon	1000	92,5	Remington	CCI 250	91,4	960
Lapua	Naturalis	180	Vihtavuori	N 170	90,0	Remington	CCI 250	91,0	944
Norma	Oryx	180	Norma	MRP	90,0	Remington	Federal 215	91,4	997
Reichen-berg	HDB	185	Vihtavuori	N 170	86,0	Remington	CCI 250	91,0	955
Swift	A-Frame	200	Hodgdon	1000	88,5	Remington	CCI 250	91,4	915
Nosler	Accubond	200	Norma	MRP	87,0	Remington	RWS 5333	91,4	970
Nosler	Partition	200	Vihtavuori	N 170	88,0	Remington	CCI 250	91,4	931

Zur Ermittlung der Ladedaten wurde eine Repetierbüchse mit 65 Zentimeter langem Lauf benutzt.

Dia .323

Mit Geschossen des Durchmessers .323 werden die 8 mm S-Patronen versorgt. Mit Ausnahme der 8 mm Remington Magnum und der brandneuen .325 WSM ist dieses Kaliber eine rein deutsche Angelegenheit. Das deutsche S-Kaliber entstand aus dem engeren I-Kaliber. Das ursprüngliche alte Armeekaliber 8 x 57 I (I=Infanterie) und die jagdliche Randversion 8 x 57 IR wurden mit einem Geschossdurchmesser von 8,09 mm laboriert. Später kam dann eine Modernisierung der Patrone und es wurden stärkere Geschosse mit einem Durchmesser von 8,22 mm verwendet. Diese Patronen bekamen die Zusatzbezeichnung „S“, also 8 x 57 IS und 8 x 57 IRS. Durch den nur minimalen Unterschied passen die S-Patronen auch in die Patronenlager von I-Waffen, dürfen daraus aber nicht verschossen werden, weil die stärkeren Geschosse im Lauf zu gefährlichen Gasdrucksteigerungen führen würden, die sogar Laufsprengungen verursachen könnten. Deutsche Hersteller versehen die S-Patronen neben der Kaliberangabe auf dem Patronenboden noch mit schwarz gefärbten Zündhütchen und einer umlaufenden Rille am Geschoss, um auf den Unterschied zusätzlich hinzuweisen. Bei Patronen ausländischer Hersteller, besonders aus den USA, findet sich dieser Hinweis aber nicht.

Im Vergleich zu den Geschossdurchmessern .284 und .308 ist das Geschossangebot im Durchmesser .323 als gering anzusehen. Trotzdem sind eine ganze Reihe von hochwertigen Spezialgeschossen erhältlich, sodass es kein Problem ist, hochwertige und leistungsstarke Jagdpatronen zu laden.

8 x 57 IS – 8 x 60 S – 8 x 65 RS – 8 x 68S – 8 x 75 RS – 8 mm Rem. Mag.

Geschosspalette:

Hersteller	Geschosstyp	Geschoss-gewicht g/Grains	Eignung Wildarten	Kaliber-empfehlung
Barnes	Triple Shock	11,7/180	Schweres Hochwild	Standard- und Magnum-patronen
Barnes	X-Bullet	11,7/180	Schweres Hochwild	Standard- und Magnum-patronen
Barnes	X-Bullet	13,0/200	Schweres Hochwild	Standard- und Magnum-patronen
Barnes	X-Bullet	14,3/220	Schweres Hochwild	Standard- und Magnum-patronen
Blaser	CDP	12,7/196	Schweres Hochwild	Standard- und Magnum-patronen
Brenneke	TIG Nature	9,4/145	Hochwild	Standardpatronen und rasante Patronen auf weite Distanzen
Brenneke	TIG	12,8/198	Schweres Hochwild	Standardpatronen
Brenneke	TAG	11,3/174	Schweres Hochwild	Standard- und Magnum-patronen
Brenneke	TOG	11,7/180	Schweres Hochwild	Standard- und Magnum-patronen
Brenneke	TOG	14,3/220	Schweres Hochwild	Standard- und Magnum-patronen
Degol	TMR	11,3/175	Hochwild	Standard- und Magnum-patronen
Degol	TMS Hohlsp.	12,7/196	Hochwild	Standard- und Magnum-patronen
Degol	TMR	12,7/196	Schweres Hochwild	Standard- und Magnum-patronen
Degol	TMR	14,3/220	Schweres Hochwild	Standard- und Magnum-patronen
Geco	TMR	12,0/185	Hochwild	Standardpatronen
GPA	GPA	10,0/156	Hochwild	Standard- und Magnum-patronen
GPA	GPA	12,7/196	Hochwild	Standard- und Magnum-patronen
Federal	Hi Shock	11,0/170	Leichtes Hochwild	Standardpatronen
Hirtenberger	ABC	13,0/200	Schweres Hochwild	Standard- und Magnum-patronen
Hornady	InterLock	8,1/125	Leichtes Hochwild	Standardpatronen
Hornady	InterLock	9,7/150	Hochwild	Standardpatronen
Hornady	InterLock	11,0/170	Schweres Hochwild	Standardpatronen
Hornady	SST	11,7/180	Hochwild	Standard- und Magnum-patronen
Hornady	TMS	12,5/192	Leichtes Hochwild	Standardpatronen
Hornady	InterLock	12,7/196	Schweres Hochwild	Standardpatronen

Hersteller	Geschosstyp	Geschoss-gewicht g/Grains	Eignung Wildarten	Kaliber-empfehlung
Impala	Impala	9,7/150	Leichtes Hochwild	Standardpatronen
Norma	Oryx	12,7/196	Schweres Hochwild	Standard- und Magnum-patronen
Norma	TM-Alaska	12,7/196	Schweres Hochwild	Standardpatronen
Norma	Vulkan	12,7/196	Schweres Hochwild	Standardpatronen
Nosler	Ballistic Tip	11,7/180	Hochwild	Standardpatronen
Nosler	Accubond	13,0/200	Schweres Hochwild	Standard- und Magnum-patronen
Nosler	Partition	13,0/200	Schweres Hochwild	Standard- und Magnum-patronen
PMC	TMS	11,0/170	Hochwild	Standardpatronen
Reichenberg	HDB	8,4/131	Hochwild	Standardpatronen
Reichenberg	HDB	9,0/139	Hochwild	Standard- und Magnum-patronen
Reichenberg	HDB	11,0/170	Hochwild	Standardpatronen Drück-jagd
Reichenberg	HDB	11,7/180	Schweres Hochwild	Standard- und Magnum-patronen
Reichenberg	HDB	12,7/196	Schweres Hochwild	Standard- und Magnum-patronen
Reichenberg	HDB	12,8/198	Schweres Hochwild	Standard- und Magnum-patronen
Remington	Core-Lokt	11,0/170	Hochwild	Standardpatronen
Remington	Core Lokt	12,0/200	Schweres Hochwild	Standardpatronen
RWS	Evo Green	9,0/139	Hochwild	Standardpatronen und rasante Patronen auf weite Distanzen
RWS	Doppelkern	11,7/180	Hochwild	Standard- und Magnum-patronen
RWS	Kegelspitz	11,7/180	Hochwild	Standardpatronen
RWS	H-Mantel	12,1/187	Schweres Hochwild	Standardpatronen
RWS	TMR	12,7/196	Schweres Hochwild	Standardpatronen
RWS	Ideal-Classik	12,8/198	Schweres Hochwild	Standardpatronen
RWS	Evolution	13,0/200	Schweres Hochwild	Standard- und Magnum-patronen
RWS	Kegelspitz	14,5/224	Schweres Hochwild	Standardpatronen
Sako	Hammerhead	13,0/200	Schweres Hochwild	Standard- und Magnum-patronen
Sellier&Bellot	TMR	12,7/196	Hochwild	Standardpatronen
Sellier&Bellot	Torpedo-S	12,7/196	Hochwild	Standardpatronen
Sierra	Pro Hunter	9,7/150	Hochwild	Standardpatronen
Sierra	Pro Hunter	11,3/175	Schweres Hochwild	Standardpatronen
Sierra	Pro Hunter	11,7/180	Schweres Hochwild	Standardpatronen

Hersteller	Geschosstyp	Geschoss-gewicht g/Grains	Eignung Wildarten	Kaliber-empfehlung
Sierra	Game King	14,3/220	Schweres Hochwild	Standard- und Magnum-patronen
Speer	Hot-Cor	9,7/150	Hochwild	Standardpatronen
Speer	Pro Hunter	9,7/150	Hochwild	Standardpatronen
Speer	Hot-Cor	11,0/170	Hochwild	Standardpatronen
Speer	Hot-Cor	13,0/200	Schweres Hochwild	Standardpatronen
Speer	TMS	13,0/200	Hochwild	Standardpatronen
Speer	TMS	14,6/225	Schweres Hochwild	Standardpatronen
Swift	A-Frame	13,0/200	Schweres Hochwild	Standard- und Magnum-patronen
Swift	A-Frame	14,3/220	Schweres Hochwild	Standard- und Magnum-patronen
Swift	A-Frame	17,8/275	Schweres Hochwild	Standard- und Magnum-patronen
Winchester	Power Point	11,0/170	Hochwild	Standardpatronen
Woodleigh	HSB	11,1/170	Schweres Hochwild	Standard- und Magnum-patronen
Woodleigh	TMR	12,7/196	Schweres Hochwild	Standard- und Magnum-patronen
Woodleigh	TMS	14,3/220	Schweres Hochwild	Standard- und Magnum-patronen
Woodleigh	TMR	16,2/250	Schweres Hochwild	Standard- und Magnum-patronen

8x57 IS und 8x57 IRS

Die 8x57 ist ein echter Dauerbrenner, denn ihr Ursprung liegt im Jahre 1888 als die Patrone M/88 auf den Markt gebracht wurde. Ursprünglich war die Patrone mit einem kleineren Geschossdurchmesser ausgestattet, der dann durch das stärkere S-Geschoss abgelöst wurde. Die Vergrößerung des Geschossdurchmessers verbesserte die Präzision und erhöhte die Lebensdauer der Läufe. Es sind aber auch heute noch Waffen im engen Ursprungskaliber zu finden, sodass es wichtig ist, sich genau über das tatsächliche Kaliber der Waffe zu vergewissern. Aus Waffen im alten I-Kaliber dürfen auf keinen Fall die modernen S-Patronen verschossen werden. Die 8-mm-Kaliber sind eine fast rein europäische Angelegenheit. Zwar versuchten auch ausländische Konstrukteure das 8-mm-Kaliber zu übernehmen, etwa bei der 8 mm Remington Magnum oder neuen .325 WSM, aber mit wenig Erfolg.

Die 8x57 IS (R) ist eine sehr ausgewogene Patrone und das Verhältnis von Aufwand und Leistung, also die erzielte Mündungsgeschwindigkeit im Verhältnis zur eingesetzten Pulvermenge, ist hier hervorragend. Kaum eine andere Patrone kann hier heranreichen.

Das Hauptanwendungsgebiet liegt bei mittlerem und schwerem Hochwild. Besonders der Waldjäger schätzt die wildbretschonende und noch sehr angenehm zu schießende 8x57 IS und deren Randversion. Selbst stärkstes Hochwild lässt sich damit erlegen. Doch auch für die Rehwildjagd ist diese Patrone keineswegs überdimensioniert und richtet oft weniger Schaden an, als die kleinen, schnellen Rehwildkaliber. Unschöne Hämatome entstehen hier nur sehr selten und meist nur dann, wenn leichte Geschosse auf kurze Distanz eingesetzt werden. Als Drückjagdkaliber steht sie in der Beliebtheit noch vor der 9,3x62 und der 9,3x74 R, denn sie liefert auf Drückjagdentfernung mehr als genug Leistung und schießt sich wesentlich angenehmer als die dicken 9,3-mm-Kaliber. Aus der Doppelbüchse fällt der zweite Schuss hier einen Tick schneller, weil der weichere Rückschlag die Waffe nicht so weit aus der Ziellinie wirft. Auf engen Schneisen oft ein entscheidender Vorteil. Die angenehm zu schießende Patrone ist für den Liebhaber leichter Kipplaufwaffen eine ebenso gute Wahl, zumal die Verschlussbelastung der 8x57 IRS bei nur 2900 bar Gasdruck sehr gering ist.

Bei der Geschosswahl sollte die nicht sehr hohe Geschwindigkeit bedacht werden, wenn schwere Geschosse verladen werden. Harte Spezialgeschosse sind hier ungeeignet und liefern keine befriedigenden Ergebnisse. Für Drückjagden sind die guten alten Rundkopfgeschosse immer noch erste Wahl oder es werden speziell dafür entwickelte Konstruktionen wie etwa das HDB-Drückjagdgeschoss verladen, das auch bei geringer Zielgeschwindigkeit zuverlässig aufpilzt. Universell einsetzbar sind nicht zu harte Deformationsgeschosse, wie etwa das Norma Vulcan oder das RWS Kegelspitz in den mittleren Geschossgewichten.

Die beste Leistung bei sehr guter Präzision liefern die mittelschnell abbrennenden Pulversorten wie Rottweil R 903, R 907 oder Vihtavuori N 140. Auch bei schweren Geschossen ist hier mit progressiver abbrennenden Pulvern keine höhere V_0 zu erzielen. Magnum-Zündhütchen sind nicht erforderlich. Hülsen sind von den europäischen Munitionsherstellern in sehr guter Qualität erhältlich. Randlose Hülsen sind zudem von verschiedenen US-Firmen zu bekommen. Matrizensätze sind von allen Herstellern zu bekommen.

Ladedaten Kaliber 8x57 IS

Geschoss-hersteller	Geschoss-typ	Geschoss-gewicht Grains	Pulver-hersteller	Pulvertyp	Pulver-ladung Grains	Hülsen-fabrikat	Zünd-hütchen	Gesamt-länge (mm)	V_0 m/s
Hornady	TMS	125	Vihtavuori	N 135	53,0	RWS	CCI 200	69,5	920
RWS	Evo Green	139	Vihtavuori	N 133	49,0	Norma	CCI 200	74,5	892
Brenneke	TIG Nature	145	Rottweil	R 901	46,0	RWS	RWS 5341	76,3	878
Sierra	Pro Hunter	150	Vihtavuori	N 140	49,5	RWS	RWS 5341	73,0	860
Speer	Hot-Cor	170	Rottweil	R 907	55,0	RWS	CCI 200	74,5	818
Nosler	E-Tip	180	Hodgdon	Varget	48,2	RWS	RWS 5341	78,0	790
RWS	Doppelkern	180	Vihtavuori	N 140	50,0	RWS	RWS 5341	73,0	810
RWS	Kegelspitz	180	Rottweil	R 907	51,5	RWS	CCI 200	72,2	802
Barnes	TSX	180	Hodgdon	H 414	54,0	RWS	CCI BR 2	78,0	795
Reichen-berg	HDB	180	Vihtavuori	N 150	52,5	RWS	CCI BR 2	77,0	801
Norma	Vulcan	196	Vihtavuori	N 140	48,5	RWS	RWS 5341	78,0	765
Blaser	CDP	196	Hodgdon	H 414	53,0	RWS	CCI BR 2	77,0	780
Swift	A-Frame	200	Rottweil	R 903	45,4	RWS	RWS 5341	77,0	715
Nosler	Partition	200	Vihtavuori	N 150	47,5	RWS	CCI 200	77,0	725
Barnes	TSX	200	Hodgdon	Varget	46,0	RWS	CCI 200	80,0	730
Speer	Hot-Cor	200	Alliant	RL 15	46,5	RWS	CCI 200	77,0	719
Sierra	Game King	220	Rottweil	R 903	44,5	RWS	RWS 5341	78,0	700
Woodleigh	TMR	220	Vihtavuori	N 150	46,0	RWS	CCI 200	76,5	705
Degol	TMR	220	Vihtavuori	N 160	52,5	RWS	CCI 200	76,5	707
RWS	KS	224	Rottweil	R 904	52,0	RWS	RWS 5341	75,0	700

Zur Ermittlung der Ladedaten wurde eine Repetierbüchse mit 60 cm Lauflänge benutzt.

Ladedaten Kaliber 8x57 IRS

Geschoss-hersteller	Geschoss-typ	Geschoss-gewicht Grains	Pulver-hersteller	Pulvertyp	Pulver-ladung Grains	Hülsen-fabrikat	Zünd-hütchen	Gesamt-länge (mm)	V_0 m/s
Reichen-berg	HDB	139	Vihtavuori	N 135	51,2	RWS	CCI 200	73,0	825
RWS	Evo Green	139	Rottweil	N 135	51,0	RWS	RWS 5341	74,8	852
Blaser	CDP	140	Rottweil	R 902	45,0	RWS	CCI 200	73,0	815
Brenneke	TIG Nature	145	Rottweil	R 901	45,0	RWS	RWS 5341	76,4	810
Sierra	Pro Hunter	150	Vihtavuori	N 140	52,5	RWS	CCI 200	76,5	845
Hornady	InterLock	150	Norma	201	46,0	RWS	RWS 5341	75,0	795
Sierra	TM-semi-spitz	170	IMR	4895	47,0	RWS	Federal 215	75,0	760
Reichen-berg	HDB Drück-jagd	170	Vihtavuori	N 140	50,5	RWS	RWS 5341	74,0	775
RWS	Kegelspitz	180	Vihtavuori	N 140	48,0	RWS	RWS 5341	73,5	770
RWS	Doppelkern	180	IMR	4064	48,0	RWS	RWS 5341	73,5	765
Woodleigh	TMR	196	Rottweil	R 903	47,6	RWS	CCI 200	73,5	720
Swift	A-Frame	200	Rottweil	R 904	51,5	RWS	RWS 5333	77,0	725
Nosler	Partition	200	Rottweil	R 903	44,0	RWS	CCI 250	77,0	705
Barnes	TSX	200	Vihtavuori	N 550	46,0	RWS	Federal 215	79,5	675
Brenneke	TIG	196	Rottweil	R 907	47,6	RWS	RWS 5341	76,5	716
Sierra	Game King	220	Rottweil	R 904	48,0	RWS	CCI 200	76,5	660
Woodleigh	TMR	220	Rottweil	R 907	44,0	RWS	CCI 250	76,5	650
RWS	KS	224	Rottweil	R 904	49,0	RWS	Federal 215	75,0	672

Zur Ermittlung der Ladedaten wurde ein Drilling mit 63,5 cm Lauflänge benutzt.

8x60 S

Lange Zeit war es ruhig um die 8x60 S, doch seit einiger Zeit werden wieder vermehrt Repetierbüchsen für dieses Kaliber eingerichtet.

Die 8x60 S war keine Neuschöpfung, bei der es darum ging, die Leistung der 8x57 IS deutlich zu verbessern, sondern entstand aus einer Notwendigkeit heraus, die sich nach dem Friedensvertrag im Jahre 1918 ergab. Die Anzahl der Waffen im deutschen Militärkaliber 8x57 I und 8x57 IS war von den Siegermächten stark reglementiert worden. Selbst die Anzahl der zugehörigen Munition wurde festgelegt. Die Jagdbüchsen und Jagdpatronen in den beiden Militärkalibern wurden hier mitgerechnet und um eine Beschlagnahmung zu vermeiden, bot sich eine Änderung des Kalibers geradezu an. Um den Umbau möglichst kostengünstig und unproblematisch zu halten, wurde die 8x57 einfach um drei Millimeter verlängert. Die Hülsenmaße am Boden und an der Schulter wurden exakt beibehalten. So musste lediglich das Patronenlager und der Übergang um drei Millimeter verlängert werden und die Büchse hatte nicht mehr das Militärkaliber 8x57, sondern das zivile Jagdkaliber 8x60. Das 98er Magazin nahm die drei Millimeter längeren Patronen problemlos auf und auch die Zuführung funktionierte einwandfrei.

Die Patrone wurde in beiden 8-mm-Kalibern (.318 und .323) hergestellt. Heute werden nur noch Patronen mit dem weiteren S-Kaliber gefertigt und auch die neuen Waffen haben dieses Kaliber. Von beiden Patronen wurden ebenso Randversionen entwickelt.

Gegenüber der kürzeren 8x57 IS können etwa 3% mehr Mündungsgeschwindigkeit erzielt werden. Es gab auch Versuche, die Patronen leistungsmäßig hochzuzüchten, etwa die „Magnum Bombe“ von DWM oder die sogenannte „Magnum ohne Rand“ von RWS. Beide Patronen waren mit einem 12-g-Geschoss laboriert und sollen 890 m/s aus einem 72 cm langen Lauf erreicht haben. Diese Werte sind heute aus den üblichen 60er oder 65er Läufen unter Einhaltung des Höchstgasdruckes nicht mehr erreichbar.

Die 8x60 S kommt leistungsmäßig noch lange nicht in die Nähe der 8x68 S, schießt sich aber wesentlich angenehmer als die starke RWS-Patrone.

Mit den schweren Geschossen, besonders wenn die modernen Konstruktionen verwendet werden, ist die 8x60 S eine verlässliche Patrone für mittleres und starkes Hochwild auf nicht zu weite Distanzen. Ihr Vorteil gegenüber der 8x68 S oder einer 300er Magnum ist ihr wesentlich geringerer Rückschlag. Auch eine leichte Pirschbüchse ist in diesem Kaliber noch angenehm zu schießen. Gegenüber der 8x57 IS ist die Mehrleistung nicht besonders hoch und wird in der Praxis nicht sonderlich ins Gewicht fallen, selbst wenn die Befürworter der 8x60 S von einer wesentlich besseren Wirkung im Vergleich zur 8x57 IS sprechen. Mit den leichteren Geschossen kann die 8x60 S ebenso auf weitere Distanzen eingesetzt werden und eignet sich gut für die Jagd im Gebirge oder leichteres Plains Game. Sie ist eine sehr universelle Patrone, die auf der Jagdreise wie im heimischen Revier einsetzbar ist.

Fabrikmunition wird von RWS und von WR-Munition angeboten. RWS verlädt das Doppelkern mit 11,7 Gramm Gewicht und WR-Munition das Woodleigh Verbundkerngeschoss mit 13,0 Gramm sowie ein Halbspitz-Standardgeschoss mit 11,7 Gramm. Auch wenn keine Fabrikpatronen zur Hülsengewinnung verschossen werden sollen, ist die Hülsenbeschaffung kein großes Problem. Es sind Neuhülsen der Firmen Horneber und RWS im Handel. Hülsen aus der .30-06 ließen sich ebenfalls umformen.

Bei den Treibladungsmitteln sind besonders die mittelschnell abbrennenden Sorten geeignet. Vor allem Rottweil R 907 erwies sich als sehr gleichmäßig und brachte eine hohe Leistung. Progressivere Sorten waren zwar ebenfalls sehr präzise, aber lagen in der erreichbaren Mündungsgeschwindigkeit etwas zurück. Auch PRB PCL 511 ist sehr gut einsetzbar. Nur bei den ganz schweren Geschossen sind die langsam abbrennenden Pulversorten im Vorteil. Standardzündhütchen reichen zur sicheren Anzündung vollkommen aus. Die Werkzeugbeschaffung ist kein großes Problem, die meisten großen Hersteller haben das Kaliber im Programm. Matrizensätze gehören aber nicht zur preisgünstigen Standardkategorie.

Bei der Hirschjagd im Wald sind langsame, dicke Patronen gefragt, deren Geschosse auch bei kleinen Hindernissen noch die Richtung behalten.

Ladedaten Kaliber 8x60 S

Geschoss-hersteller	Geschoss-typ	Geschoss-gewicht Grains	Pulver-hersteller	Pulvertyp	Pulver-ladung Grains	Hülsen-fabrikat	Zünd-hütchen	Gesamt-länge (mm)	V_0 m/s
Sierra	Pro Hunter	150	PRB	PCL 511	55,0	RWS	RWS 5341	77,0	856
Hornady	InterLock	150	IMR	3031	49,0	RWS	CCI 200	77,0	858
Winchester	Power Point	170	PRB	PCL 511	54,0	RWS	RWS 5341	77,5	838
RWS	Doppelkern	180	Rottweil	R 907	54,5	RWS	RWS 5341	76,5	840
RWS	Kegelspitz	180	Vihtavuori	N 550	55,5	RWS	CCI 200	76,5	830
Barnes	X-Bullet	180	Rottweil	R 907	53,0	RWS	CCI BR 2	76,5	820
Reichen-berg	HDB	180	Rottweil	R 907	52,0	RWS	RWS 5341	78,0	810
RWS	ID-Classic	198	Rottweil	R 903	53,0	RWS	CCI 200	79,2	793
Woodleigh	TMR	196	IMR	4895	50,0	RWS	CCI BR 2	77,6	789
Swift	A-Frame	200	Rottweil	R 907	53,5	RWS	RWS 5341	79,0	808
Nosler	Partition	200	IMR	4350	53,0	RWS	CCI 200	79,0	812
Barnes	X-Bullet	200	Norma	N 203-B	53,6	RWS	CCI 200	78,5	810
Nosler	Accubond	200	Rottweil	R 903	53,8	RWS	CCI BR 2	78,8	805
Woodleigh	TMR	220	Rottweil	R 904	53,5	RWS	CCI 200	77,5	716
Swift	A-Frame	220	Rottweil	R 904	54,2	RWS	RWS 5341	78,2	725
Degol	TMR	220	Norma	N 204	53,6	RWS	CCI 200	77,5	722
Swift	A-Frame	220	Vihtavuori	N 550	52,0	RWS	CCI BR 2	78,0	724
RWS	KS	224	Rottweil	R 904	54,0	RWS	RWS 5341	78,0	719

Zur Ermittlung der Ladedaten wurde eine Repetierbüchse mit 60 Zentimeter Lauflänge benutzt

8x64 S

Die 8x64 S stammt aus dem Jahre 1912 und ist eine Konstruktion von Altmeister Wilhelm Brenneke. Es war das erste Hochleistungskaliber, das Brenneke entwickelt und zur Produktionsreife gebracht hat.

Die Patrone wurden in beiden 8-mm-Kalibern (.318 und .323) hergestellt, wobei sich das weitere S-Kaliber durchsetzte. Auch eine Randversion gab es. Brenneke wollte die Leistung der .30-06 Springfield kopieren, die zu dieser Zeit als Maß der Dinge galt. Das ist ihm mehr als gelungen, doch eine militärische Karriere machte die 8 x 64 trotzdem nicht. Die deutschen Militärdienststellen sahen keine Notwendigkeit, die 8 x 57 IS zu ersetzen. Die Jägerschaft nahm die leistungsstarke 8x64 S dagegen gern an. Zur damaligen Zeit entwickelte Brenneke auch das TIG-Geschoss und für die 8x64 S eine 14,5 Gramm schwere Version, die nicht zuletzt in Afrika auf schweres Wild erfolgreich eingesetzt wurde.

Die 8 x 64 S ist im Prinzip eine verlängerte 8 x 57 IS, wobei die Hülsenmaße am Boden und an der Schulter beibehalten wurden. Es ist daher kein großes Problem, eine Waffe im Kaliber 8 x 57 IS auf 8 x 64 S aufzureiben. Auch bei der Zuführung und der Magazinlänge gibt es keine Schwierigkeiten – zumindest beim 98er System nicht. Gegenüber der kürzeren 8 x 57 IS können etwa 40–50 m/s mehr Mündungsgeschwindigkeit erzielt werden. Die 8x64 S kommt damit zwar leistungsmäßig noch lange nicht in die Nähe der 8x68 S, schießt sich aber wesentlich angenehmer als die starke RWS-Patrone.

Mit den schweren Geschossen, besonders wenn die modernen Konstruktionen verwendet werden, ist die 8x64 S eine verlässliche Patrone für mittleres und starkes Hochwild auf nicht zu weite Distanzen. Ihr Vorteil gegenüber der 8x68 S oder einer 300er Magnum ist ihr wesentlich geringerer Rückschlag. Auch eine leichte Pirschbüchse ist in diesem Kaliber noch angenehm zu schießen. Mit den leichteren Geschossen kann die 8x64 S selbst auf weitere Distanzen eingesetzt werden und eignet sich gut für die Jagd im Gebirge oder leichteres Plains Game. Sie ist eine sehr universelle Patrone, die auf der Jagdreise wie im heimischen Revier einsetzbar ist.

Fabrikmunition wird von der Firma Sellier&Bellot, Brenneke und von WR-Munition angeboten. Brenneke verlädt das hauseigene TOG mit 14,2 Gramm Gewicht und das 12,8 g TIG, S&B ein 12,7 g TMR und WR-Munition das Woodleigh Verbundkerngeschoss mit 13,0 und 14,2 g. Auch wenn keine Fabrikpatronen zur Hülsengewinnung verschossen werden sollen, ist die Hülsenbeschaffung kein großes Problem. Es sind Neuhülsen der Firmen Horneber und S&B im Handel. Es wäre ebenfalls möglich, die Hülsen umzuformen. Dazu ist aber die 7x64, die sich eigentlich anbietet, nicht optimal geeignet. Ihr P2-Durchmesser ist kleiner und der hier erforderliche umfangreiche Aufweitvorgang produziert sehr viel Ausschuss. Mit der .280 Remington geht es wesentlich besser, aber auch hier ist der versierte Wiederlader gefragt.

Bei den Treibladungsmitteln sind mittelschnell bis langsam abbrennende Sorten geeignet. RWS R 907 und Vihtavuori N 140 bei den leichteren Geschossen sowie RWS R 904 und Vihtavuori N 160 für schwerere Geschosse erwiesen sich als sehr präzise. Standardzündhütchen reichen zur sicheren Anzündung vollkommen aus. Die Werkzeugbeschaffung ist kein großes Problem, die Matrizensätze gehören aber nicht zur preisgünstigen Standardkategorie.

Ladedaten Kaliber 8x64 S

Geschoss-hersteller	Geschoss-typ	Geschoss-gewicht Grains	Pulver-hersteller	Pulvertyp	Pulver-ladung Grains	Hülsen-fabrikat	Zünd-hütchen	Gesamt-länge (mm)	V_0 m/s
Brenneke	TIG Nature	145	Rottweil	R 907	57,0	RWS	RWS 5341	84,0	925
Sierra	Pro Hunter	150	Rottweil	R 903	58,7	S&B	RWS 5341	80,7	935
Speer	Hot-Cor	170	Rottweil	R 907	58,0	S&B	CCI 200	81,5	875
RWS	Doppelkern	180	Rottweil	R 904	62,0	S&B	RWS 5341	82,0	859
RWS	Kegelspitz	180	Vihtavuori	N 140	54,2	S&B	CCI 200	80,0	854
Barnes	X-Bullet	180	Rottweil	R 904	60,5	S&B	CCI BR 2	82,5	846
RWS	TIG	198	Rottweil	R 904	61,5	S&B	RWS 5341	83,0	828
Woodleigh	TMR	196	Norma	N 204	60,5	S&B	CCI BR 2	83,5	810
Swift	A-Frame	200	Rottweil	R 907	55,0	S&B	RWS 5341	83,0	812
Nosler	Partition	200	IMR	4064	51,0	S&B	CCI 200	83,5	809
Barnes	X-Bullet	200	Norma	N 204	59,5	S&B	CCI 200	83,5	805
Speer	Hot-Cor	200	Rottweil	R 904	61,0	S&B	CCI 200	83,0	825
Sierra	Game King	220	Vihtavuori	N 160	59,0	S&B	RWS 5341	83,5	771
Woodleigh	TMR	220	Rottweil	R 904	57,0	S&B	CCI 200	83,0	742
Swift	A-Frame	220	Rottweil	R 905	95,7	S&B	RWS 5341	83,5	752
Degol	TMR	220	Vihtavuori	N 160	59,2	S&B	CCI 200	83,5	760
Swift	A-Frame	220	Vihtavuori	N 160	59,0	S&B	CCI 200	83,5	758
RWS	KS	224	Norma	N 204	58,0	S&B	RWS 5341	83,0	761

Zur Ermittlung der Ladedaten wurde eine Repetierbüchse mit 65 Zentimeter Lauflänge benutzt

8x68 S

Die deutsche „8-mm-Magnum“, wie sie im Ausland auch genannt wird, ist eine beliebte Patrone für die Plainsgame-Jagd in Afrika und wird gleichermaßen in Nordamerika auf Elch und Bär von deutschen Gastjägern gern geführt.

Die 8x68 S ist eine Entwicklung der Firma RWS und wurde gegen Ende der 30er Jahre auf den Markt gebracht. Die neue Patrone sollte die schon vorhandenen 8 mm S-Kaliber 8x64 S und 8x75 S übertreffen. Das war nur durch eine Vergrößerung des Verbrennungsraumes möglich, um das neu entwickelte progressive Pulver unterzubringen. Auch um eine Verstärkung der Hülsenwandung kam man nicht herum.

Bei der Patronenlänge setzte das damals sehr beliebte Mauser 98er System die Grenzen. Länger als 84 mm durfte die Patrone nicht ausfallen. So wurde eine völlig neue Patrone konstruiert, die im Vergleich zu den geläufigen Patronen erheblich größere P- und R-Durchmesser aufweist. Am Mausersystem waren daher geringfügige Änderungen am Stoßboden und der Auflauframpe notwendig. Die 8x68 S ist aber für das Mausersystem maßgeschneidert und nutzt die Möglichkeiten dieses Systems konsequent aus.

Der bei S-Läufen übliche Drall erwies sich für die hohen Geschwindigkeiten der neuen Patrone als zu steil und man änderte die Dralllänge daher auf 28 cm. Die neue Patrone wurde schnell ein Erfolg und sehr beliebt als Hochleistungspatrone für starkes Wild. Deutsche Jäger brachten sie nach Afrika, wo sie sich einen guten Ruf bei der Bejagung der starken Antilopen erwarb und auch heute noch sehr beliebt ist. Sie wurde zu so etwas wie dem Markenzeichen des deutschen Waidmanns. Grundsätzlich ist die starke 8-mm-Patrone auf starkes Schalenwild weltweit einsetzbar und hat, was die Wirkung angeht, gegenüber den .30er Magnums die Nase sogar etwas vorn.

Zeitgleich wurde die auf gleicher Hülse basierende 6,5x68 herausgebracht, die ebenfalls leistungsmäßig zur internationalen Spitzenklasse gehört. Trotzdem beschränkt sich die Verbreitung der 8x68 S und der 6,5x68 auf den europäischen Raum, denn die amerikanischen 300er und 338er Magnumpatronen decken den gleichen Einsatzbereich ab. Die 8x68 S ist hier etwas benachteiligt, da sie nicht über das große Geschossangebot der zölligen Kaliber verfügt. Munition wird daher ausschließlich von europäischen Munitionsfirmen hergestellt. Das Laborierungsangebot reicht vom rasanten 11,7-Gramm-Geschoss, das auf über 950 m/s beschleunigt wird, bis hin zum schweren 14,5-Gramm-Geschoss, das noch auf gut 850 m/s kommt und bei entsprechend hartem Geschossaufbau eine sehr hohe Tiefenwirkung erzielt.

Gewehre im Kaliber 8x68 S sollten eine Lauflänge von 65 cm besitzen, um das Potential der starken Patrone auszunutzen. Durch die notwendigen sehr progressiv abbrennenden Pulver führen kurze Läufe hier zu starken Leistungsverlusten.

Die Hülsenbeschaffung ist bei diesem Kaliber kein großes Problem. Wird der Hülsenbedarf nicht durch das Verschießen von Fabrikpatronen gedeckt, so können auch neue Hülsen bezogen werden. Das Leistungsoptimum wird um den Geschossbereich von 200 Grains erreicht.

Bei den Treibladungsmitteln sind hauptsächlich die progressiv abbrennenden Sorten gut geeignet. RWS R 904 und R 905, Vihtavuori N 160 und IMR 4831 erwiesen sich als sehr präzise. Von reduzierten Ladungen sollte abgesehen werden, denn die beste Präzision erbringt die 8x68 S im oberen Geschwindigkeitsbereich, und bei den progressiv abbrennenden Pulvern ist eine Ladungsreduktion sehr gefährlich. Außerdem fiel auf, dass die 8x68 S sehr stark auf unterschiedliche Hülsenvolumen reagiert, wie sie bei den verschiedenen Hülsenfabrikaten immer wieder zu finden sind. Die in den Ladevorschlägen angegebenen Ladungen sollten nicht ohne weiteres in anderen Hülsenfabrikaten übernommen werden. Zur sicheren Anzündung der nicht unerheblichen Pulvermenge sind Magnum-Zündhütchen erforderlich. Die Werkzeugbeschaffung ist kein großes Problem, die Matrizensätze gehören aber nicht zur preisgünstigen Standardkategorie. Alle Hersteller von Wiederladewerkzeugen haben aber die 8x68 S im Programm.

Zebra direkt nach dem Schuss. Das Scharfrandgeschoss hat ein kreisrundes Loch gestanzt und der Schweiß kam noch über eine Minute aus dem Einschuss.

Ladedaten Kaliber 8x68 S

Geschoss-hersteller	Geschoss-typ	Geschoss-gewicht Grains	Pulver-hersteller	Pulvertyp	Pulver-ladung Grains	Hülsen-fabrikat	Zünd-hütchen	Gesamt-länge (mm)	V_0 m/s
Brenneke	TIG Nature	145	Vihtavuori	N 550	72,8	RWS	CCI 250	87,2	992
Sierra	Pro Hunter	150	Rottweil	R 907	70,0	RWS	CCI 250	76,0	964
Hornady	InterLock	150	Rottweil	R 904	76,0	RWS	RWS 5333	76,0	970
Speer	Hot-Cor	170	Vihtavuori	N 160	76,5	RWS	CCI 250	76,5	928
Nosler	E-Tip	180	Rottweil	R 905	77,0	RWS	CCI 250	84,0	940
RWS	Doppelkern	180	Rottweil	R 904	74,0	RWS	RWS 5333	84,0	922
RWS	Kegelspitz	180	Rottweil	R 905	77,8	RWS	Federal 215	84,0	946
Reichen-berg	HDB	180	Vihtavuori	N 160	77,0	RWS	Federal 215	84,0	950
Swift	A-Frame	200	Vihtavuori	N 160	71,5	RWS	Federal 215	86,0	872
Nosler	Partition	200	Rottweil	R 905	73,8	RWS	CCI 250	87,5	892
Barnes	X-Bullet	200	Vihtavuori	N 160	71,0	RWS	Federal 215	87,5	870
RWS	TIG	196	Rottweil	R 905	78,0	RWS	Federal 215	87,0	907
Speer	Hot-Cor	200	Vectan	TU 7000	71,5	RWS	RWS 5333	87,0	865
Sierra	Game King	220	Norma	MRP	73,2	RWS	CCI 250	87,0	861
Woodleigh	TMR	220	IMR	4831	68,5	RWS	CCI 250	87,5	838
Swift	A-Frame	220	Rottweil	R 905	72,0	RWS	Federal 215	87,0	848
Degol	TMR	220	IMR	4350	65,0	RWS	RWS 5333	87,5	820
Hornday	TMS	220	Vihtavuori	N 160	64,0	RWS	CCI 250	87,5	845
Swift	A-Frame	220	Norma	MRP	73,0	RWS	RWS 5333	87,5	859
RWS	KS	224	Rottweil	R 905	70,0	RWS	Federal 215	85,0	824

Zur Ermittlung der Ladedaten wurde eine Sauer 80 Magnum mit 66 Zentimeter Lauflänge benutzt.

8 x 75 RS

Die 8 x 75 RS stammt aus dem Jahre 1908 und wurde im Auftrag der „Behrs Waffenwerke Suhl“ entwickelt. Als Basishülse diente die 9,3 x 74 R. Gedacht war die Patrone für die damaligen deutschen Kolonien, wo Bedarf für eine leistungsstarke Hochwildpatrone bestand. Natürlich wollte man auch den englischen Waffen- und Munitionsfabriken Konkurrenz machen, die den dortigen Markt beherrschten. Die Kolonien waren zu dieser Zeit ein sehr lukratives Absatzgebiet.

Es gab zwei Versionen der Patrone und zwar als Version für das sogenannte „S“-Kaliber mit 8,20 mm Geschossdurchmesser und als 8 mm R für das kleinere 8,08-mm-Geschoss. Dazu kamen noch analoge Schwesterpatronen ohne Rand für den Gebrauch in Repetierbüchsen. Durchsetzen konnte sich nur die Randversion, die auch in Deutschland sehr erfolgreich wurde. Inwieweit es dabei eine Rolle spielte, dass sie die Lieblingspatrone des „Reichsjägermeisters“ war, mag dahingestellt bleiben. Bis zum Kriegsende gab es eine große Auswahl an Laborierungen mit verschiedenen Geschossgewichten. Nach dem Krieg war sie aus den Munitionskatalogen verschwunden und blieb es lange Zeit. Erst Mitte der 80er Jahre wurde sie von Heinz Knipp und Hartmut Böning „wiederbelebt“ und heute werden wieder Fabrikpatronen gefertigt.

Die 8 x 75 RS liegt im Leistungsbereich zwischen der 8 x 57 IRS und der 8 x 68 S und deckt diese Lücke sehr gut ab. Vor dem Krieg wurden Laborierungen publiziert, die ein 12-g-Geschoss auf über 900 m/s beschleunigten. Diese Leistungsangaben sind unrealistisch und sollten nicht als Maßstab genommen werden. Die 8 x 75 RS ist keine sehr moderne Patrone und durch die hohe, schlanke Pulversäule innenballistisch nicht unproblematisch. Der Arbeitsgasdruck sollte höchstens 85 % des maximal zulässigen Gasdruckes betragen. Die Verschlussbelastung ist sehr hoch und es sollten nur Kipplaufwaffen mit stabilen Verschlüssen für die 8 x 75 RS eingerichtet werden. Wer eine alte 8 x 57 IRS auf die 8 x 75 RS aufreiben lassen will, sollte sich vorher genau vergewissern, ob der Verschluss der Waffe hierfür auch geeignet ist, sonst kann es beim Neubeschuss zu bösen Überraschungen kommen.

Mit den heutigen modernen Nitropulvern lassen sich bei der 8 x 75 RS Leistungen von etwa 860 m/s mit einem 12,0-g-Geschoss und 830 m/s mit einem 13,0-g-Geschoss erzielen. Damit wird eine Mündungsenergie von gut 4500 Joule erreicht. Das Einsatzgebiet liegt bei starkem, mitteleuropäischem Hochwild und den afrikanischen Antilopen. Für diese Wildarten ist sie eine verlässliche Patrone auch auf größere Distanzen.

Fabrikmunition wird von Blaser, LFB (Labor für Ballistik) und Wolfgang Romey hergestellt. Frankonia hat dazu noch eine Laborierung des gewerblichen Wiederladers Hans Hasel im Programm.

Das Laborierungsangebot der Fabrikpatronen reicht von 12,7 bis 14,26 Gramm. Die Hülsenbeschaffung ist bei diesem Kaliber kein großes Problem. Wird der Hülsenbedarf nicht durch das Verschießen von Fabrikpatronen gedeckt, so können auch neue Leerhülsen erworben werden. Es ist allerdings nicht sehr schwierig, Hülsen aus der 9,3 x 74 R umzuformen. Die normale Kalibriermatrize reicht dazu aus. Das Leistungsoptimum wird um den Geschossbereich von 185 bis 200 Grains erreicht.

Bei den Treibladungsmitteln sind hauptsächlich die progressiv abbrennenden Sorten gut geeignet. RWS R 904 und R 905, Vihtavuori N 160 und Norma MRP erwiesen sich als sehr präzise. Zur sicheren Anzündung reichen bei den nicht ganz so progressiven Pulversorten Standardzündhütchen aus; die langsamen Pulver sollten mit Magnum-Zündern angezündet werden. Die Werkzeugbeschaffung ist kein großes Problem, die Matrizensätze gehören aber nicht zur preisgünstigen Standardkategorie.

Großkatzen wie Puma oder Leopard sind dünnhäutig. Hier sollten „weiche“ Geschosse eingesetzt werden, die schnell ansprechen.

Ladedaten Kaliber 8x75 RS

Geschoss-hersteller	Geschoss-typ	Geschoss-gewicht Grains	Pulver-hersteller	Pulvertyp	Pulver-ladung Grains	Hülsen-fabrikat	Zünd-hütchen	Gesamt-länge (mm)	V_0 m/s
Reichen-berg	HDB	139	Norma	N 204	73,0	WR	CCI 200	92,0	970
Sierra	Pro Hunter	150	Norma	N 204	59,5	WR	CCI 200	92,5	895
Hornady	InterLock	150	Vihtavuori	N 140	60,0	WR	RWS 5341	94,0	940
Sierra	TM-semi-spitz	170	Vihtavuori	N 160	69,0	WR	Federal 215	94,0	880
RWS	Kegelspitz	180	Rottweil	R 905	72,0	WR	RWS 5341	91,0	872
RWS	Doppelkern	180	Rottweil	R 904	68,0	WR	RWS 5341	91,0	855
Norma	Oryx	196	Vihtavuori	N 160	67,0	WR	CCI 200	92,5	810
RWS	TIG	196	Rottweil	R 905	69,5	WR	RWS 5341	94,0	822
Reichen-berg	HDB	198	Norma	MRP	70,0	WR	RWS 5341	94,0	830
Barnes	X-Bullet	200	Vihtavuori	N 160	66,0	WR	Federal 215	94,5	812
Nosler	Partition	200	Rottweil	R 905	68,0	WR	CCI 250	95,2	845
Swift	A-Frame	200	Norma	MRP	68,5	WR	RWS 5333	94,5	843
Sierra	Game King	220	Hercules	RL 22	73,0	WR	CCI 250	94,0	840
Woodleigh	TMR	220	Rottweil	R 905	67,5	WR	CCI 250	92,5	801
Swift	A-Frame	220	Norma	MRP	67,5	WR	Federal 215	94,0	799
Degol	TMR	220	Rottweil	R 905	67,5	WR	RWS 5333	92,0	794
RWS	KS	224	Rottweil	R 905	68,0	RWS	Federal 215	91,5	796

Zur Ermittlung der Ladedaten wurde ein Drilling Krieghoff Trumpf mit 63 Zentimeter Lauflänge benutzt.

8 mm Remington Magnum

Amerikanische Patronen mit metrischer Kaliberbezeichnung sind äußerst selten und es ist wohl nur dem großen Erfolg der 7 mm Remington Magnum zu verdanken, dass Remington im Jahre 1977 mit der 8 mm Remington Magnum eine zweite Patrone mit europäischem Geschossdurchmesser nachschob.

An den Erfolg der 7 mm Remington Magnum konnte die 8-mm-Patrone aber lange nicht anknüpfen und fristet bis heute ein Schattendasein. Verwunderlich ist das nicht, denn mit der .300 Winchester Magnum stand den amerikanischen Jägern schon seit 20 Jahren eine Hochleistungspatrone im gleichen Leistungsbereich zur Verfügung, die zudem auch noch wesentlich kompakter ist. Remington wählte als Ausgangshülse die .375 Holland&Holland Magnum und zwar mit voller Hülsenlänge. Dadurch wird für die 91,4 mm lange Patrone ein langes Repetierbüchsensystem benötigt. Nicht gerade verkaufsfördernd, wenn die Konkurrenzpatrone von Winchester mit einem Normalsystem auskommt. Auch bei den europäischen Jägern sorgte die amerikanische 8 mm nicht gerade für Begeisterung, denn hier stand ihr die bestens eingeführte 8x68 S gegenüber. Das es noch wesentlich kompakter geht, zeigte dann wieder Konkurrent Winchester mit der gerade auf den Markt gekommenen Kurzpatrone .325 WSM, bei der man zwar die metrische Kaliberbezeichnung vermied, die aber ebenfalls mit 8 mm S-Geschossen laboriert wird.

Trotzdem ist die 8 mm Remington Magnum keine schlechte Patrone – ganz im Gegenteil, sie ist sogar sehr leistungsstark und flexibel, was die Bandbreite der erzielbaren Leistung angeht. Mit schweren 220-Grains-Geschossen kratzt sie schon an der 6000-Joule-Grenze und die leichten 125-Grains-Geschosse lassen sich auf über 1000 m/s beschleunigen. Damit deckt die amerikanische 8-mm-S von der Bergjagd bis hin zu afrikanischen Großantilopen alles ab. Mit den mittelschweren Geschossen, besonders wenn die modernen Konstruktionen verwendet werden, ist die 8 mm Remington Magnum eine verlässliche Patrone für mittleres und starkes Hochwild auch auf weitere Distanzen. Sie ist eine sehr universelle Patrone, die auf der Jagdreise wie im heimischen Revier einsetzbar ist.

Die erreichbare Leistung hängt aber nicht zuletzt mit dem hohen Gasdruck der 8 mm Remington Magnum zusammen. Mit 4600 bar zulässigem Gasdruck ist sie eine der gasdruckstärksten Patronen überhaupt.

Fabrikmunition wird nur noch von Remington selbst und nur in einer einzigen Laborierung angeboten. Hülsen lassen sich aus der .375 H&H Magnum umformen. Die 8 mm Remington hat allerdings einen wesentlich schwächeren Hülsenkonus. Heute stehen hochwertige Spezialgeschosse zur Verfügung, was die 8 mm Remington gegenüber der Zeit ihrer Einführung aufwertet. Damals waren stabile Deformationsgeschosse noch Mangelware und die damals verwendeten Geschosskonstruktionen oft zu weich für die hohe Leistung der schnellen 8 mm, was ihr den Ruf brutaler Geschosswirkung eintrug.

Bei den Treibladungsmitteln sind hauptsächlich die langsam abbrennenden Sorten geeignet. RWS R 905 und Vihtavuori N 165 Alliant R 22 erwiesen sich als besonders geeignet. Bei den leichten Geschossen zeigte besonders Hodgdon 4350 eine gute Präzision. Zur Anzündung der hohen Pulverladung sind Magnum-Zündhütchen erforderlich. Die Werkzeugbeschaffung ist kein großes Problem, die Matrizensätze sind von allen großen Herstellern zu bekommen.

Ladedaten Kaliber 8 mm Remington Magnum

Geschoss-hersteller	Geschoss-typ	Geschoss-gewicht Grains	Pulver-hersteller	Pulvertyp	Pulver-ladung Grains	Hülsen-fabrikat	Zünd-hütchen	Gesamt-länge (mm)	V_0 m/s
Hornady	InterLock	125	Hodgdon	4350	86,5	Remington	RWS 5333	90,2	1054
Sierra	Pro Hunter	150	Hodgdon	4350	86,0	Remington	RWS 5333	91,4	989
Hornday	TMS	150	Vihtavuori	N 560	84,0	Remington	CCI 250	91,0	970
Federal	Hi-Shock	170	Vihtavuori	N 160	82,5	Remington	Federal 215	91,0	960
RWS	Doppelkern	180	Vihtavuori	N 165	87,0	Remington	Federal 215	91,0	970
Nosler	Ballistic Tip	180	Alliant	R 22	86,0	Remington	RWS 5333	91,4	965
Nosler	E-Tip	180	IMR	4350	75,0	Remington	RWS 5333	91,4	945
Barnes	X-Bullet	180	Hodgdon	4831	85,0	Remington	RWS 5333	91,4	952
Barnes	X-Bullet	180	Rottweil	R 905	81,0	Remington	RWS 5333	91,4	925
Woodleigh	TMR	196	Alliant	R 22	80,5	Remington	CCI 250	91,0	902
Swift	A-Frame	200	Vihtavuori	N 165	80,0	Remington	RWS 5333	91,4	895
Nosler	Partition	200	Rottweil	R 905	80,0	Remington	CCI 250	91,4	891
Barnes	X-Bullet	200	Hodgdon	4831	82,0	Remington	RWS 5333	91,4	892
Speer	Hot-Cor	200	Rottweil	R 905	80,5	Remington	Federal 215	91,4	890
Sierra	Game King	220	Norma	MRP	78,5	Remington	RWS 5333	91,4	870
Swift	A-Frame	220	Vihtavuori	N 560	78,0	Remington	CCI 250	91,4	870
Degol	TMR	220	Alliant	R 22	80,5	Remington	RWS 5333	91,0	885
Swift	A-Frame	220	Vihtavuori	N 165	79,5	Remington	RWS 5333	91,4	857
Sierra	Game King	220	Hodgdon	4831	81,0	Remington	CCI 250	91,4	853

Zur Ermittlung der Ladedaten wurde eine Repetierbüchse mit 61 cm Lauflänge benutzt.

.325 WSM

Amerikanische Patronen mit dem typisch deutschen S-Geschossdurchmesser .323 sind bis auf die 8 mm Remington Magnum, die Remington im Jahre 1977 auf den Markt brachte, nicht zu finden. 30 Jahre später kam mit der .325 WSM die zweite amerikanische 8-mm-Patrone, diesmal vom Konkurrenten Winchester.

Remingtons 8-mm-Patrone war nicht sehr erfolgreich, denn mit der .300 Winchester Magnum stand den amerikanischen Jägern schon seit 20 Jahren eine Hochleistungspatrone im gleichen Leistungsbereich zur Verfügung, die zudem auch noch wesentlich kompakter ist. Bei den europäischen Jägern konnte die amerikanische 8-mm-Patrone schon gar nicht punkten, denn hier stand ihr die bestens eingeführte 8 x 68 S gegenüber. Eigentlich sollte man meinen, dass das Kapitel „US 8 mm“ damit abgeschlossen wäre. Dass dies nicht so ist, zeigte sich im Jahre 2007, als Winchester mit der .325 WSM, die den Geschossdurchmesser .323 verwendet, erneut eine amerikanische 8-mm-Patrone auflegt und damit die WSM-Patronenserie nach oben hin abschließt. Die metrische Patronenbezeichnung wurde hier scheinbar bewusst vermieden und noch nicht mal der echte Geschossdurchmesser im Patronennamen genannt. Technisch ist zunächst verwunderlich, warum nicht der uramerikanische Geschossdurchmesser .338 gewählt wurde, um über der .300 WSM noch eine kalibergrößere Patrone anzusiedeln. Die .300 WSM (Dia .308) und die .325 WSM (Dia .323) liegen leistungsmäßig sehr nahe beieinander und überschneiden sich auch bei den Geschossgewichten sehr stark. .338 wäre hier schon interessanter gewesen. Der Grund ist wahrscheinlich, dass man sich bei Winchester keine Konkurrenz zur bestens eingeführten .338 Winchester Magnum schaffen wollte.

Trotzdem ist die .325 WSM keine schlechte Patrone und hat durchaus einige Vorteile. Sie basiert auf der Hülse der .300 WSM und profitiert von deren innenballistischen Vorteilen, die auf der Konfiguration der gürtellosen, kurzen, dicken Hülse mit steiler Schulter beruhen. Die Hülse hat einen 35-Grad-Winkel und keinen Gürtel. Sie arbeitet als Schulteranlieger, was nur Vorteile hat und präzisionsfördernd ist. Durch die nahezu zylindrische Hülse entsteht ein großes Innenvolumen, was trotz kurzer Hülsenlänge für reichlich Leistung sorgt. Die Gesamtlänge ist nur geringfügig größer als eine .308 Winchester, womit die .325 WSM auch für Kurzsysteme geeignet ist. Damit ist sie den anderen beiden etablierten 8-mm-Magnumpatronen und selbst der 8 x 57 IS voraus. Der Bodendurchmesser ist mit 13,51 mm aber etwas größer. Durch den sehr gleichmäßigen und schnellen Abbrand der kurzen Pulversäule hat die Patrone ein sehr hohes Präzisionspotential und schießt sich zudem noch sehr angenehm. Bei den Leistungen blieb man noch in vernünftigem Rahmen. Ein 12,7-g-Geschoss lässt sich auf 850 m/s bringen. Das sind gut 50–70 m/s mehr, als sich aus einer 8 x 57 IS herausholen lässt, aber auch deutlich weniger, als die 8 x 68 S zu leisten vermag, die auf deutlich über 900 m/s kommt.

Die .325 WSM ist sehr flexibel was die Bandbreite der erzielbaren Leistung angeht. Mit den leichten 150-Grains-Geschossen kratzt sie schon an der 1000-m/s-Marke und mit schweren 220-Grains-Geschossen kommt sie immerhin noch auf gut 800 m/s.

Damit deckt sie von der Bergjagd bis hin zu afrikanischen Großantilopen alles ab. Mit den mittelschweren Geschossen, besonders wenn die modernen Konstruktionen verwendet werden, ist die .325 WSM eine verlässliche Patrone für mittleres und starkes Hochwild auch auf weitere Distanzen. Geschossgewichte von 165 bis 180 Grains sind hier optimal.

Fabrikmunition wird zurzeit nur von Winchester selbst angeboten. Es sind zwei Laborierungen mit 180 und 200 Grains Geschossgewicht erhältlich. Hülsen lassen sich aus der .300 WSM einfach durch aufweiten des Hülsenhalses umformen. Neuhülsen sind zu normalen Preisen zu bekommen. Das Umformen lohnt sich damit kaum und die Hülse hat gleich den korrekten Bodenstempel. Die verwendbare Geschosspalette reicht von 125 bis 250 Grains und damit hat der Wiederlader eine Menge Möglichkeiten. Die leichteren Geschosse mit einfachem Teilmantelaufbau sollten nicht verwendet werden, denn sie sind bei den in der .325 WSM erzielbaren Geschwindigkeiten überfordert und zerlegen sich sehr schnell. Die Folge ist mangelnde Tiefenwirkung und kein Ausschuss. Für die überschweren Geschosse ist der Pulverraum zu klein und es ist keine befriedigende Leistung zu erzielen.

Bei den Treibladungsmitteln sind hauptsächlich die langsam abbrennenden Sorten geeignet. Vihtavuori N160, IMR 4350 und Alliant RL 19 erwiesen sich als besonders geeignet. Bei den mittelschweren Geschossen zeigte besonders Hodgdon 4350 eine gute Präzision. Zur Anzündung der hohen Pulverladung sind Magnum-Zündhütchen erforderlich. Die Werkzeugbeschaffung ist kein großes Problem, die Matrizensätze sind von allen großen Herstellern zu bekommen.

Die .325 WSM verwendet 323er Geschosse und ist neben der 8 mm Remington Magnum die zweite US-Patrone in diesem typisch deutschen Geschossdurchmesser.

Ladedaten Kaliber .325 WSM

Geschoss-Hersteller	Geschoss-typ	Geschoss-gewicht Grains	Pulver-hersteller	Pulvertyp	Pulver-ladung Grains	Hülsen-fabrikat	Zünd-hütchen	Gesamt-länge (mm)	V_0 m/s
Hornady	InterLock	125	Hodgdon	4895	60,5	Winchester	RWS 5333	68,8	1008
Speer	Hot Core	150	Vihtavuori	N 140	62,0	Winchester	RWS 5333	71,5	947
Winchester	Power Point	170	Vihtavuori	N 160	69,5	Winchester	CCI 250	69,5	880
Hornady	InterLock	170	IMR	4350	66,5	Winchester	CCI 250	69,5	873
Sierra	Pro Hunter	175	Hodgdon	Varget	60,2	Winchester	Federal 215	72,5	889
RWS	Doppelkern	180	Hodgdon	4350	65,0	Winchester	Federal 215	72,0	886
Nosler	Ballistic Tip	180	Vihtavuori	N 150	61,0	Winchester	RWS 5333	71,7	895
Barnes	TSX	180	Winchester	760	68,5	Winchester	RWS 5333	71,7	891
Barnes	TSX	180	Vihtavuori	N 550	62,0	Winchester	RWS 5333	71,7	882
Woodleigh	TMR	196	Vihtavuori	N 160	68,5	Winchester	CCI 250	71,5	861
Hornady	InterLock	195	Alliant	RL 19	70,0	Winchester	CCI 250	71,9	855
Swift	A-Frame	200	Vihtavuori	N 560	69,0	Winchester	RWS 5333	72,0	865
Nosler	Partition	200	Hogdgon	4350	64,0	Winchester	CCI 250	72,4	861
Nosler	Accubond	200	Vihtavuori	N 560	70,0	Winchester	RWS 5333	72,4	870
Speer	Hot-Cor	200	Alliant	RL 19	69,0	Winchester	Federal 215	72,0	869
Brenneke	TOG	220	IMR	4831	66,0	Winchester	CCI 250	71,5	815
Swift	A-Frame	220	IMR	4350	61,0	Winchester	RWS 5333	72,2	818
Sierra	Game King	220	Hodgdon	4895	51,8	Winchester	CCI 250	72,2	780

Zur Ermittlung der Ladedaten wurde eine Repetierbüchse System Mauser 98 mit 61 Zentimeter Lauflänge benutzt.

Dia .330

Ein sehr seltener Geschossdurchmesser, der sich nur bei zwei Patronen, der 8x56 R und der .318 Westley Richards findet, wobei nur die .318 WR jagdlich interessant ist. Das Geschossangebot ist dementsprechend gering. Alles Weitere daher bei den Ausführungen über die Patrone.

Geschosspalette:

Hersteller	Geschosstyp	Geschossgewicht g/Grains	Eignung	Patronen-empfehlung
Degol	Hohlspitz	13,4/207	Hochwild	.318 WR
Degol	TMR	13,6/210	Hochwild	.318 WR
Degol	Protected Point	16,2/250	Schweres Hochwild	.318 WR
Degol	TMR	16,2/250	Schweres Hochwild	.318 WR
Delsing	TMR	13,0/200	Hochwild	.318 WR
Woodleigh	TMR	16,2/250	Schweres Hochwild	.318 WR
Woodleigh	Vollmantel	16,2/250	-------------------	.318 WR

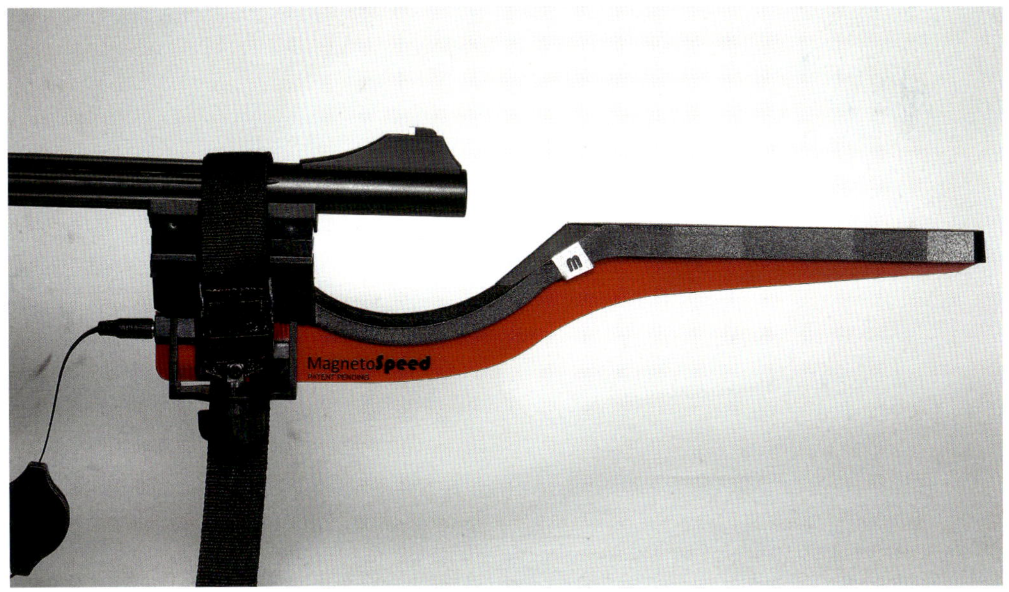

Das Geschwindigkeitsmessgerät von Magnetospeed wird direkt am Waffenlauf befestigt und misst die echte V_0.

.318 Westley Richards Nitro Express

Die schlanke .318 WR ist heute fast in Vergessenheit geraten. Sie wurde im Jahre 1910 von Westley Richards entwickelt und diente der Jagd auf Großantilopen in Afrika. Sie ist eine randlose Patrone, eigentlich gedacht für Repetierbüchsen, doch Westley Richards fertigte auch Blockbüchsen und Doppelbüchsen dafür. Es handelt sich hier um eine typische „Mittelpatrone“ – zumindest von den Abmessungen her. Trotzdem leistet sie Erstaunliches, denn ihre Konstrukteure setzten bei dieser Patrone nicht nur auf besonders schwere Geschosse, sondern statteten die Läufe zudem mit einem 8-Zoll-Drall aus.

Der Verfasser jagt seit Jahren mit dieser, sehr angenehm zu schießenden und extrem wirkungsvollen Patrone und kann hier aus dem Vollen schöpfen, was die praktischen Erfahrungen mit dieser Patrone angeht.

Von den Maßen her ist die .318 WR nichts anderes als eine 8 x 60. Es lassen sich sogar 8 x 60 S Patronen aus einem .318 WR Repetierer verschießen, auch wenn die Präzision nicht besonders hoch ist, denn die .318 WR benötigt einen Geschossdurchmesser von .330 Dia, während die 8 mm S-Geschosse lediglich .323 Dia durchmessen. Das Besondere der .318 WR ist aber ihr Geschossgewicht, das 250 Grains, also 16,2 Gramm, beträgt. Eine 8 x 60 S oder die in der Leistung sehr ähnliche .30-06 kann mit maximal 14,5 Gramm schweren Geschossen laboriert werden. Schwerere Geschosse würden nicht mehr ausreichend stabilisiert, denn die Standarddralllänge bei diesen Kalibern liegt bei 10 oder 12 Zoll. Die .318 WR hat einen 8-Zoll-Drall und stabilisiert daher auch die schweren Geschosse.

In der Praxis hat das große Auswirkungen. Die Tiefenwirkung ist aufgrund der enormen Querschnittsbelastung extrem hoch, und die .318 WR produziert selbst bei sehr schwerem Wild noch Ausschüsse. In alter englischer Jagdliteratur ist von Ausschüssen bei 700 Kilogramm schweren Elandbullen auf 150 Meter die Rede. Auch viele Elefantenjäger, darunter Karamojo Bell, benutzten die .318 WR und erlegten eine Menge Großwild damit. Dazu ist die Patrone natürlich nicht gedacht und auch nicht zu empfehlen.

Westley Richards laborierte die .318 WR mit sogenannten „Cape Bullets“, die speziell für diese Patrone entwickelt wurden und eine enorme Tiefenwirkung erbrachten. In alten Katalogen sind durchschossene Stahlplatten von 1,4 Zentimeter Dicke abgebildet. Durch die nur bei 700 bis 730 m/s liegende Mündungsgeschwindigkeit ist die Wildbretentwertung sehr gering. Hämatome kommen kaum vor und die Ausschüsse sind nicht sehr groß. Vom Rückstoßverhalten her liegt die .318 WR auf dem Niveau der 8 x 60 S oder .30-06.

Schaut man sich die Werte an, wird schnell klar, dass es sich hier um eine ideale Mittelpatrone für europäisches Wild handelt. Brauchbar von der Drückjagd bis zur Ansitzjagd auf Rehwild, denn selbst bei unserer kleinsten Schalenwildart ist die .318 WR sehr wildbretschonend. Der Neubau eines Repetierers im Kaliber .318 WR ist zudem kein großes Problem, denn ein Standardsystem reicht völlig und die passenden Läufe mit 8-Zoll-Drall sind von Lothar Walther zu bekommen. Dort lässt auch die englische Firma Westley Richards, die heute noch Repetierer in diesem Kaliber baut, die Läufe fertigen.

Von der Ballistik sehr ähnlich ist die .338-06, eine auf das Kaliber .338 aufgeweitete .30-06, dic dadurch ebenfalls den Vorteil des hohen Geschossgewichtes bekommt.

Die Hülsenbeschaffung ist bei diesem Kaliber sehr eingeschränkt. Wer seinen Hülsenvorrat nicht unbedingt durch das Verschießen der teuren Fabrikpatronen anlegen will, kann aber auch 8 x 60 S Hülsen verwenden – muss dann aber mit dem nicht passenden Bodenstempel leben. Neue Hülsen sind bei Reimer Johannsen, Neumünster, zu bekommen. Johannsen bietet zudem Umformwerkzeug an, mit dem sich .318 WR-Hülsen aus .30-06 herstellen lassen. Solche Arbeiten sind aber nur dem versierten Wiederlader zu empfehlen.

Bei den Geschossen sieht es noch schlechter aus. Der .330er Geschossdurchmesser ist bei den Geschossherstellern so gut wie nicht vertreten. Lediglich die 8 x 56 R Ungarisch benötigt noch diese Geschosse – und die ist auch nicht gerade häufig zu finden. Das Angebot beschränkt sich auf Geschosse vom australischen Geschosshersteller Woodleigh und dem belgischen Custom Geschosshersteller Wim Degol. Degol bietet auch leichtere Geschosse von 207 und 210 Grains an, die für die 8 x 56 R Ungarisch gedacht sind, aber sich genauso in der .318 WR verladen lassen. Mit den leichteren Geschossen lässt sich die .318 in eine 8 x 60 S oder .30-06 verwandeln. Ihre ballistischen Vorteile spielt sie aber nur mit den schweren 250-Grains-Geschossen aus.

Bei den Treibladungsmitteln sind die mittelschweren bis langsamen Pulver brauchbar. Besonders Vihtavuori N 560, Vihtavuori N 150, Rottweil R 903, Rottweil R 907 und Rottweil R 904 erwiesen sich als geeignet. Standardzündhütchen reichen aus. Die Werkzeugbeschaffung ist ein weiteres Problem, wenn ein Originalmatrizensatz gewünscht wird. Der ist von RCBS oder Triebel zwar zu bekommen, aber entsprechend der Seltenheit des Kalibers teuer. Die .318 WR lässt sich aber ohne weiteres auch mit einem 8 x 60 S oder sogar 8 x 57 IS Matrizensatz laden, wenn lediglich der Innenkalibrierkern geändert wird. Es ist kein großes Problem, den kleinen Knopf vom gängigen Durchmesser .338 auf 330 abzudrehen. Fabrikpatronen gibt es nur von Wolfgang Romey und von LFB. Bei der Gesamtlänge muss bei den schweren Geschossen unbedingt das Maximum von 84,5 mm ausgeschöpft werden – das ist die Länge, die sich in einem 98er Magazin unterbringen lässt und sicher zugeführt wird. Wird das Geschoss tiefer in die Hülse gesetzt, verringert sich der Pulverraum und es kommt zu gefährlichen Gasdrucksteigerungen.

Ladedaten Kaliber .318 Westley Richards

Geschoss-hersteller	Geschoss-typ	Geschoss-gewicht Grains	Pulver-hersteller	Pulvertyp	Pulver-ladung Grains	Hülsen-fabrikat	Zünd-hütchen	Gesamt-länge (mm)	V_0 m/s
Degol	Hohlspitz	207	PRB	PCL 507	53,0	Romey	RWS 5341	84,0	810
Degol	TMR	210	Vihtavuori	N 150	52,5	Romey	RWS 5341	84,0	812
Degol	TMR	210	Rottweil	R 907	53,5	Romey	RWS 5341	84,0	807
Degol	TMR	210	Hodgdon	H 450	57,0	Romey	RWS 5341	84,0	815
Woodleigh	TMR	250	PRB	PCL 511	46,0	Romey	RWS 5341	84,5	695
Woodleigh	TMR	250	Rottweil	R 907	48,0	Romey	RWS 5341	84,5	704
Woodleigh	TMR	250	Vihtavuori	N 150	52,0	Romey	RWS 5341	84,5	715
Woodleigh	VM	250	Rottweil	R 907	48,0	Romey	RWS 5341	84,5	707
Degol	TMR	250	Vihtavuori	N 560	57,0	Romey	RWS 5341	84,5	718
Degol	Prot. Point	250	Norma	MRP	57,0	Romey	RWS 5341	84,5	709
Degol	TMR	250	Vihtavuori	N 150	50,9	Romey	RWS 5341	84,5	704
Degol	Prot. Point	250	Vihtavuori	N 560	55,5	Romey	RWS 5341	84,5	705

Zur Ermittlung der Ladedaten wurde eine Repetierbüchse mit 63 cm Lauflänge benutzt.

Dia .338

Patronen, die Geschosse mit .338er Durchmesser verwenden, sind in den USA recht häufig zu finden, während die europäischen Konkurrenzpatronen, die etwa den gleichen Leistungsbereich abdecken, meist mit den etwas dickeren .366er Geschossen aufwarten. Lediglich die deutsche 8,5 x 63 sowie deren Randversion benutzen diesen Geschossdurchmesser. Die stärkeren .338er Patronen werden hauptsächlich für weite Schüsse auf starkes Wild eingesetzt, hier können sie ihre Stärken voll ausspielen. Wegbereiter war die .338 Winchester Magnum, die sich in den nordamerikanischen Jagdgebieten schnell einen guten Ruf bei der Jagd auf Bär, Elch und Wapiti erwarb. Die später auf den Markt gebrachten Patronen hatten meist eine durchweg höhere Leistung, wie etwa die .340 Weatherby Magnum oder die .338 Lapua, die schon an der Obergrenze einer sinnvollen Jagdpatrone liegen und nur eingesetzt werden sollten, wenn mit wirklich weiten Schussentfernungen zu rechnen ist. Das Geschossangebot im Durchmesser .338 ist erfreulich groß und es sind reichlich Spezialgeschosse zu finden, die für die starken .338er Patronen konstruiert wurden. Nur mit einem ausreichend stabilen und außenballistisch günstig geformten Geschoss macht eine Weitschusspatrone wie die .338 Lapua überhaupt Sinn.

.338 WM – .338 RUM – .338 Lapua – .340 Weatherby – .330 Dakota – 8,5 x 63

Geschosspalette:

Hersteller	Geschosstyp	Geschoss-gewicht g/Grains	Eignung	Patronen-empfehlung
Barnes	TTSX-Bullet	10,4/160	Hochwild	Hochleistungspatronen
Barnes	X-Bullet	10,4/160	Hochwild	Hochleistungspatronen
Barnes	X-Bullet	11,3/175	Hochwild	Hochleistungspatronen
Barnes	MRX-Bullet	12,0/185	Hochwild	Hochleistungspatronen
Barnes	TSX-Bullet	12,0/185	Hochwild	Hochleistungspatronen
Barnes	Vollmantel	13,0/200	----------------------	Hochleistungspatronen
Barnes	X-Bullet	13,0/200	Schweres Hochwild	Hochleistungspatronen
Barnes	Vollmantel	13,6/210	----------------------	Hochleistungspatronen
Barnes	TTSX-Bullet	13,6/210	Schweres Hochwild	Hochleistungspatronen
Barnes	X-Bulet	13,6/210	Schweres Hochwild	Hochleistungspatronen
Barnes	MRX-Bullet	14,6/225	Schweres Hochwild	Hochleistungspatronen
Barnes	TTSX-Bullet	14,6 /225	Schweres Hochwild	Hochleistungspatronen
Barnes	Vollmantel	14,6/225	----------------------	Hochleistungspatronen
Barnes	X/TSX-Bullet	14,6/225	Schweres Hochwild	Hochleistungspatronen
Barnes	Banded Solid	16,2/250	----------------------	Hochleistungspatronen
Barnes	Vollmantel	16,2/250	----------------------	Hochleistungspatronen
Barnes	X-Bullet	16,2/250	Schweres Hochwild	Hochleistungspatronen
Barnes	TMR	19,4/300	Schweres Hochwild	Standardpatronen
Barnes	VMR	19,4/300	----------------------	Standard- und Hoch-leistungspatronen
Degol	TMS	14,6/225	Hochwild	Standard- und Hoch-leistungspatronen
Degol	TMR	16,2/250	Schweres Hochwild	Standard- und Hoch-leistungspatronen
Degol	TMS	19,4/300	Schweres Hochwild	Hochleistungspatronen
Federal	Bear Claw	14,6/225	Schweres Hochwild	Hochleistungspatronen
Hornady	GMX	12,0/185	Schweres Hochwild	Hochleistungspatronen
Hornady	InterLock	13,0/200	Hochwild	Standardpatronen
Hornady	SST	13,0/200	Schweres Hochwild	Standard- und Mag-numpatronen
Hornady	TM-flach	13,0/200	Leichtes Hochwild	Standardpatronen
Hornady	InterLock	14,6/225	Hochwild	Standardpatronen
Hornady	InterLock RN	16,2/250	Schweres Hochwild	Standardpatronen
Hornady	TMS	16,2/250	Schweres Hochwild	Standardpatronen
Impala	Solid	10,7/165	Rehwild/ Hochwild	Standard- und Hoch-leistungspatronen
Lapua	Mira	16,2/250	Schweres Hochwild	Standardpatronen
Nosler	Accubond	11,7/180	Hochwild	Standard- und Mag-numpatronen
Nosler	Accubond	13,0/200	Schweres Hochwild	Hochleistungspatronen
Nosler	Bal. Tip	13,0/200	Hochwild	Standardpatronen
Nosler	E-Tip	13,0/200	Schweres Hochwild	Hochleistungspatronen

Hersteller	Geschosstyp	Geschoss-gewicht g/Grains	Eignung	Patronen-empfehlung
Nosler	Accubond	13,6/210	Hochwild	Hochleistungspatronen
Nosler	Partition	13,6/210	Hochwild	Standard- und Hoch-leistungspatronen
Nosler	Accubond	14,6/225	Schweres Hochwild	Hochleistungspatronen
Nosler	Partition	14,6/225	Schweres Hochwild	Standard- und Hoch-leistungspatronen
Nosler	Partition	16,2/250	Schweres Hochwild	Standard- und Hoch-leistungspatronen
Reichenberg	HDB	9,7/150	Berg-Hochwild	Hochleistungspatronen
Reichenberg	HDB	11,0/170	Hochwild	Standard- und Hoch-leistungspatronen
Reichenberg	HDB	12,3/190	Schweres Hochwild	Standardpatronen Drückjagd
Reichenberg	HDB	13,0/200	Schweres Hochwild	Hochleistungspatronen
Reichenberg	HDB	14,3/220	Schweres Hochwild	Hochleistungspatronen
Remington	Core-Lokt	14,6/225	Hochwild	Standardpatronen
Remington	Core-Lokt	16,2/250	Schweres Hochwild	Standardpatronen
Sako	Hammerhead	16,2/250	Schweres Hochwild	Standard- und Hoch-leistungspatronen
Sierra	Game King	13,9/215	Hochwild	Standardpatronen
Sierra	Game King	16,2/250	Schweres Hochwild	Standardpatronen
Speer	TMS	13,0/200	Hochwild	Standardpatronen
Speer	TM-Semispitz	16,2/250	Schweres Hochwild	Standardpatronen
Speer	Grand Slam	16,2/250	Schweres Hochwild	Standard- und Hoch-leistungspatronen
Swift	A-Frame	14,6/225	Schweres Hochwild	Standard- und Hoch-leistungspatronen
Swift	A-Frame	16,2/250	Schweres Hochwild	Standard- und Hoch-leistungspatronen
Swift	A-Frame	17,8/275	Schweres Hochwild	Standard- und Hoch-leistungspatronen
Swiss	CDP-Scharfrand	12,3/190	Hochwild	Standard- und Hoch-leistungspatronen
Swiss	CDP-Semispitz	13,6/210	Schweres Hochwild	Standard- und Hoch-leistungspatronen
Woodleigh	HSB	11,6/185	Schweres Hochwild	Hochleistungspatronen
Woodleigh	HSB	14,6/225	Schweres Hochwild	Hochleistungspatronen
Woodleigh	TMR	14,6/225	Schweres Hochwild	Standardpatronen
Woodleigh	Protec. Point	16,2/250	Schweres Hochwild	Standard- und Hoch-leistungspatronen
Woodleigh	TMR	16,2/250	Schweres Hochwild	Standard- und Hoch-leistungspatronen
Woodleigh	TMR	19,4/300	Schweres Hochwild	Standard- und Hoch-leistungspatronen

.338 Winchester Magnum

Die .338 Winchester Magnum wurde im Jahre 1958 zusammen mit der .264 Winchester Magnum auf den Markt gebracht. Ursprung beider Patronen ist die zwei Jahre früher vorgestellte .458 Winchester Magnum. Aufgabe der neuen Patrone war es, die Lücke zwischen den .300er Magnums und der .375 Holland&Holland zu schließen. Winchester wollte eine Patrone für die Waldjagd auf schweres Schalenwild schaffen. Diese Vorgabe ist auch sehr gut erfüllt. Die .338 Winchester Magnum wurde in den Staaten und in Kanada sehr schnell bekannt und hat bis heute einen festen Platz auf dem Markt. In Europa war das etwas anders, denn unsere 9,3-mm-Patronen sind zu ähnlich.

Vorteil der .338er Geschosse ist aber die höhere Querschnittsbelastung, wodurch sie eine etwas bessere Tiefenwirkung haben. Wie auch die 9,3 x 62 passt die .338 Winchester Magnum ohne Probleme in normale Standardsysteme, wodurch der Bau preiswerter Büchsen sehr unproblematisch ist. Fabrikpatronen gibt es reichlich und es werden auch moderne Spezialgeschosse von den Munitionsherstellern verladen. Es sind Patronen mit Geschossen von 13 bis hin zu 16,2 Gramm erhältlich. Die .338 Winchester Magnum ist eine hervorragende Patrone für die Jagd auf schweres Rot-, Schwarz- oder Elchwild, aber auch Bären oder afrikanische Großantilopen, wenn die Schussentfernung nicht zu groß ist. Der Wiederlader hat die Möglichkeit, sich maßgeschneiderte Patronen für den jeweiligen Verwendungszweck zu schaffen, denn das Geschossangebot ist breit gefächert.

Die Hülsenbeschaffung ist bei diesem Kaliber kein Problem. Wird der Hülsenbedarf nicht durch das Verschießen von Fabrikpatronen gedeckt, so können von vielen Munitionsherstellern Hülsen bezogen werden. Natürlich können auch .264 Winchester-Magnum-Hülsen aufgeweitet oder .458 Winchester-Hülsen eingezogen werden, aber bei dem doch recht günstigen Hülsenpreis lohnt die Mühe kaum.

Der .338er Geschossdurchmesser ist bei fast allen Geschossherstellern vertreten, sehen wir von den deutschen Firmen mal ab. Die Geschosspalette reicht von 200 bis 300 Grains und damit hat der Wiederlader eine Menge Möglichkeiten. Überschwere Geschosse sind aber bei der begrenzten Hülsenkapazität der .338 Winchester Magnum nicht sehr sinnvoll. 200- bis 250-Grains-Geschosse bringen die beste Leistung. Mit 185-Grains-Geschossen lassen sich recht rasante Laborierungen für weite Schüsse auf leichtes und mittelschweres Hochwild laden.

Bei den Treibladungsmitteln sind hauptsächlich die progressiv abbrennenden Sorten gut geeignet. RWS R 905, Vihtavuori N 160 und IMR 4831 erwiesen sich als sehr präzise und Vihtavuori N 560 brachte bei den 250-Grains-Geschossen die höchste Leistung. Für die .338 Winchester Magnum lassen sich aber auch noch mit einer Vielzahl anderer Pulversorten gut schießende Laborierungen herstellen. Die .338 Winchester Magnum reagiert sehr stark auf unterschiedliche Hülsenvolumen, wie sie bei den verschiedenen Hülsenfabrikaten immer wieder zu finden sind. Die in den Ladevorschlägen angegebenen Ladungen sollten nicht ohne weiteres in anderen Hülsenfabrikaten übernommen werden. Sicherheitshalber sollten zunächst Testpatronen mit leicht abgebrochener Ladung verschossen und auf Anzeichen eines zu hohen Gasdruckes untersucht werden.

Der sicherste Weg ist es natürlich, Gasdruckmessungen bei einem Beschussamt oder der DEVA durchführen zu lassen. Für die langsam abbrennenden Treibladungsmittel sollten Magnum-Zündhütchen gesetzt werden. Die Werkzeugbeschaffung ist kein Problem und die Matrizensätze gehören zu der preisgünstigen Standardkategorie. Alle Hersteller von Wiederladewerkzeugen haben die .338 Winchester Magnum im Programm.

Safaribüchse Kaliber 8,5 x 63 mit Lochschaft. Eine Präzisionsbüchse für den weiten Schuss in der Ebene.

Ladedaten Kaliber .338 Winchester Magnum

Geschoss-hersteller	Geschoss-typ	Geschoss-gewicht Grains	Pulver-hersteller	Pulvertyp	Pulver-ladung Grains	Hülsen-fabrikat	Zünd-hütchen	Gesamt-länge (mm)	V_0 m/s
Nosler	Accubond	180	Vihtavuori	N 150	67,0	Sako	CCI 250	84,0	955
Barnes	TSX	185	IMR	4350	71,0	Federal	RW 5333	84,0	950
Hornady	GMX	185	Vihtavuori	N 560	73,5	Federal	Federal 215	84,0	922
Nosler	Bal. Tip	200	Vihtavuori	N 160	78,0	Winchester	Federal 215	84,2	884
Nosler	Bal. Tip	200	Winchester	AA 3100	75,5	Winchester	Federal 215	84,2	880
Barnes	X-Bullet	200	Rottweil	R 905	75,0	Sako	CCI 250	84,2	896
Hornady	InterLock	200	Alliant	RL 22	79,0	Winchester	Federal 215	84,0	900
Barnes	TSX BT	210	IMR	4831	68,5	Sako	CCI 250	84,5	886
Degol	TMS	225	Hogdgon	H4831	74,0	Sako	Federal 215	84,0	844
Woodleigh	TMS	225	Vihtavuori	N 560	73,4	Winchester	RWS 5333	84,7	855
Hornday	SST	225	Vihtavuori	N 160	69,5	Sako	CCI 250	84,5	860
Nosler	Partition	225	Vectan	Tu 7000	69,5	Federal	CCI 250	84,2	830
Winchester	Fail Safe	230	Rottweil	R 905	74,0	Sako	CCI 250	84,0	831
Swift	A-Frame	250	Hogdgon	H 4831	71,0	Winchester	Federal 215	84,0	801
Woodleigh	TMS	250	Rottweil	R 905	72,5	Sako	RWS 5333	84,5	806
Woodleigh	TMS	250	Norma	MRP	72,0	Sako	RWS 5333	84,5	802
Sierra	SPBT	250	Vihtavuori	N 165	75,0	Federal	Federal 215	84,2	792
Speer	Grand Slam	250	Alliant	RL 19	74,0	Sako	Federal 215	84,0	819
Hornady	Rundkopf	250	Vihtavuori	N 160	71,5	Winchester	CCI 250	85,0	794
Degol	TMS	250	Rottweil	R 905	74,5	Federal	RWS 5333	84,2	816
Barnes	X-Bullet	250	Vihtavuori	N 560	76,0	Federal	Federal 215	84,6	836
Lapua	Forex	260	Vihtavuori	N 560	75,2	Winchester	RWS 5333	85,1	831
Swift	A-Frame	275	PB	PCL 517	75,3	Norma	Federal 215	82,3	768
Woodleigh	TMR	300	PB	PCL 517	75,0	Norma	Federal 215	84,5	754
Degol	TMS	300	PB	PCL 517	75,0	Norma	Federal 215	84,5	756

Zur Ermittlung der Ladedaten wurde eine Sauer 90 Magnum mit 66 Zentimeter Lauflänge benutzt.

.338 Blaser Magnum

2009 brachte die deutsche Waffenfirma Blaser eine eigene Patronenfamilie auf den Markt, die vier Patronen mit den Geschossdurchmessern 7 mm, .300, .338 und .375 umfasst. Entwickelt wurden die Blaser-Patronen in Zusammenarbeit mit der schwedischen Munitionsfirma Norma, von der auch die einzigen Fabrikpatronen kommen.

Ziel der Entwicklung war, dass die neuen Blaser-Patronen in ihrer Kaliberklasse mindestens die gleiche Leistung erbringen sollen wie Mitbewerberpatronen, aber Vorteile bei Präzision, Funktion und Rückstoßverhalten haben. Dafür wurden völlig neue Hülsen konstruiert, in deren Design die aktuellen ballistischen Erkenntnisse einfließen. Die Blaser Magnums haben keinen Gürtel, sondern arbeiten als Schulteranlieger. Der Verschlussabstand entsteht hier an der Hülsenschulter und die immer zentrische Schulteranlage erbringt Präzisionsvorteile. Auf einen übertrieben dicken Hülsenkörper, der in manchen Repetierbüchsen zu Funktionsproblemen führen kann, wurde ebenfalls verzichtet. Bei der Patronenlänge hatte man die eigenen Waffenmodelle im Auge und die Patronen passen perfekt zu den Blaser Repetierbüchsenmodellen R 93 und R8. Nach der CIP-Tafel sind die Patronen auf 4200 bar (piezzo) Höchstgasdruck festgelegt. Für moderne Patronen recht moderat, zumal der Arbeitsgasdruck deutlich darunterliegen sollte. Die hier vorgestellte .338 Blaser Magnum ist für starkes Hochwild in Europa und die Plainsgame-Jagd in Afrika gedacht. Auch in den kanadischen Wäldern auf Bär und Elch wird sie sicher gut einsetzbar sein. Die günstigsten Geschossgewichte liegen bei dieser Patrone zwischen 200 und 250 Grains. Ein 200-Grains-Geschoss lässt sich auf etwa 930 m/s bringen und selbst ein schweres 250-Grains-Geschoss kommt noch auf eine Mündungsgeschwindigkeit von 820 m/s. Damit liegt sie im Leistungsbereich der .338 Winchester Magnum und deckt den gleichen Anwendungsraum ab. Der Pulverraum der .338 Blaser ist gegenüber der Winchester Magnum etwas größer, damit lässt sich die gleiche Leistung bei geringerem Druck erzielen. Original Blaser-Patronen werden bei Norma geladen und Norma fertigt Hülsen in sehr guter Qualität. Hülsen allein sind leider noch nicht erhältlich und so bleibt nur, einen Hülsenvorrat durch das Verschießen von Fabrikpatronen anzulegen. Matrizensätze sind bereits erhältlich.

Die Geschosspalette reicht von 160 bis 300 Grains und damit hat der Wiederlader eine Menge Möglichkeiten. Für die schnellen .338 Blaser Magnum-Laborierungen sollten für den Jagdeinsatz nur hochwertige und entsprechend stabile Geschosse gewählt werden, sonst ist die Zielballistik unbefriedigend. Die modernen homogenen Deformationsgeschosse wie das Barnes Triple Shock, Lapua Naturalis oder Hornady GMX, Verbundkerngeschosse wie Oryx, Accubond oder Scirocco und stabile Zweikammergeschosse wie das Nosler Partition oder Swift A-Frame sind hier erste Wahl. Bei den Treibladungsmitteln bringen die langsam abbrennenden Pulver die besten Ergebnisse. Magnum-Zündhütchen sind zur Anzündung der erheblichen Pulvermenge unbedingt erforderlich.

Ladedaten Kaliber .338 Blaser Magnum

Geschoss-Hersteller	Geschoss-typ	Geschoss-gewicht Grains	Pulver-hersteller	Pulvertyp	Pulver-ladung Grains	Hülsen-fabrikat	Zünd-hütchen	Gesamt-länge (mm)	V_0 m/s
Nosler	Accubond	180	IMR	4350	77,8	Blaser	CCI 250	84,6	940
Nosler	Accubond	200	Vihtavuori	N 550	75,0	Blaser	RWS 5333	84,6	912
Hornady	InterLock	200	Norma	N 204	77,0	Blaser	RWS 5333	84,5	905
Speer	TMS	200	Hodgdon	H 414	75,5	Blaser	Federal 215	84,3	909
Nosler	Partition	210	Rottweil	R 904	77,5	Blaser	CCI 250	84,6	880
Barnes	TTSX	210	Vihtavuori	N 550	72,3	Blaser	CCI 250	84,6	885
Nosler	Partition	210	Alliant	RL 17	70,5	Blaser	Federal 215	84,5	890
Nosler	Accubond	225	Norma	MRP	77,0	Blaser	RWS 5333	84,6	861
Hornady	InterLock	225	IMR	4350	71,6	Blaser	CCI 250	84,5	850
Nosler	Partition	225	Vihtavuori	N 550	70,8	Blaser	CCI 250	84,6	855
Swift	A-Frame	225	Norma	N 204	72,5	Blaser	RWS 5333	84,5	845
Woodleigh	TMR	225	IMR	4831	69,5	Blaser	Federal 215	83,8	825
Barnes	TSX	225	Vihtavuori	N 550	69,8	Blaser	RWS 5333	84,6	849
Woodleigh	RN	250	Vihtavuori	N 550	67,5	Blaser	RWS 5333	84,0	810

Zur Ermittlung der Ladedaten wurde eine Repetierbüchse Blaser R 8 mit 65 cm langem Lauf benutzt.
Die Geschwindigkeit wurde drei Meter vor der Laufmündung gemessen.

.338 Federal

Die .338 Federal stammt aus dem Jahre 2006 und soll den .338er Geschossdurchmesser auch für Kurzsysteme erschließen. Ballistisch schließt sie die Lücke zwischen Patronen wie der .30-06 und .338 Winchester Magnum oder auch 9,3 x 62. Die .338 Federal ist die erste „Hauspatrone" des Munitionsherstellers Federal und entstand in Zusammenarbeit mit den Waffenherstellern Sako/Tikka. Als Basishülse dient die .308 Winchester, deren Hülsenhals auf .338 aufgeweitet wird. Alle anderen Hülsenmaße sind identisch, was den Vorteil hat, vorhandene Büchsensysteme der .308 Winchester ohne Veränderungen auch für die .338 Federal verwenden zu können. Eine .308 Winchester Repetierbüchse kann nur durch den Wechsel des Laufes auf das neue Kaliber umgebaut werden. Damit können preiswerte Büchsen mit Kurzsystem für die ballistisch interessante neue Patrone gebaut werden. Immerhin hat die .338 Federal eine der .30-06 entsprechende Außenballistik, verfügt aber über ein dickeres und schwereres Geschoss. Der Rückstoß liegt ebenfalls im Bereich der .30-06. Der Anwendungsbereich liegt bei mittelschwerem Wild auf Entfernungen bis etwa 250 Meter. Die .338 Federal ist eine gute Patrone in einer leichten handlichen Pirschbüchse für den Afrikajäger auf Plainsgame oder für Nordamerika auf Elch, Karibu oder Schwarzbär. Auch bei der Jagd in Europa auf Hirsch und Sau ist die kleine, aber recht leistungsstarke .338 gut einsetzbar. Federal fertigt schon sechs Laborierungen und verlädt hochwertige Jagdgeschosse, die den Anwendungsbereich der Patrone gut abdecken. Das 180 Grains Nosler Accubond kommt auf 840 m/s und das 185 Grains Barnes TSX ist mit 825 m/s nur wenig langsamer. Für schweres Wild ist die Laborierung mit dem 210 Grains Nosler Partition gedacht, die 760 m/s erreicht. Daneben werden noch ein 200 Grains Trophy Bonded und zwei einfache Teilmantelgeschosse mit 185 und 200 Grains Gewicht angeboten. Für den Wiederlader bleibt aber noch genug Spielraum, denn das Geschossangebot im Dia .338 ist sehr groß.

In diesem in den USA beliebten Kaliberbereich sind zudem viele moderne Spezialgeschosse erhältlich. Schwere Geschosse sind für die kleine Hülse aber ungeeignet, da sie nicht auf eine vernünftige Leistung gebracht werden können. Das optimale Geschossgewicht für die .338 Federal liegt zwischen 180–225 Grains. Hier gibt es auch genügend Auswahl für jeden Zweck. Hülsen können durch das Verschießen von Fabrikmunition gewonnen werden, lassen sich aber genauso einfach aus der Ausgangshülse .308 Winchester umformen. Dazu reicht der normale Matrizensatz. Das ist ein großer Vorteil, denn .308er Hülsen sind in guter Qualität billig zu bekommen. Ladewerkzeuge sind bereits bei allen großen Herstellern erhältlich und dazu preiswert, denn sie gehören zur Standardkategorie.

Bei den Treibladungsmitteln hat sich besonders Vihtavuori N 140, IMR 4895 und Hodgdon Varget bewährt. Mit diesem Pulver wurde nicht nur eine ausgezeichnete Präzision, sondern auch eine sehr hohe Leistung erzielt. In Anbetracht des kleinen Hülsenvolumens sind nur die offensiven, allenfalls noch mittelschnell brennenden Pulver brauchbar. Standardzündhütchen reichen vollkommen aus. Durch die kleine Hülse ist es auch kein Problem, reduzierte Ladungen zu fertigen und die Patrone in den Leistungsbereich der .308 Winchester zu bringen. Für reduzierte Ladungen hat sich besonders Hodgdon 4198 als sehr brauchbar erwiesen.

Ladedaten Kaliber .338 Federal

Geschoss-Hersteller	Geschoss-typ	Geschoss-gewicht Grains	Pulver-hersteller	Pulver-typ	Pulver-ladung Grains	Hülsen-fabrikat	Zünd-hütchen	Gesamt-länge (mm)	V_0 m/s
Barnes	X-Bullet	160	Hodgdon	Varget	48,0	Federal	Federal 210	70,2	835
Nosler	Bal. Tip	180	Hodgdon	H 335	47,0	Federal	Federal 210	71,3	838
Nosler	Accubond	180	Vihtavuori	N 140	47,2	Federal	RWS 5341	71,3	822
Nosler	Accubond	180	IMR	4895	45,8	Federal	Federal 210	71,3	795
Nosler	Accubond	200	Hodgdon	H 335	41,5	Federal	RWS 5341	71,7	731
Hornady	InterLock	200	Hodgdon	Varget	44,5	Federal	RWS 5341	71,5	756
Reichen-berg	HDB	200	IMR	3031	42,0	Federal	Federal 210	70,5	740
Nosler	Partition	210	Vihtavuori	N 140	44,0	Federal	RWS 5341	71,5	745
Barnes	TSX	210	Alliant	RL 7	35,6	Federal	RWS 5341	71,7	731
Nosler	Partition	210	Hodgdon	Varget	45,5	Federal	Federal 210	71,4	770
Nosler	Accubond	225	Vihtavuori	N 135	41,8	Federal	Federal 210	71,7	730
Hornady	InterLock	225	IMR	4895	43,0	Federal	Federal 210	71,2	732
Nosler	Partition	225	Hodgdon	Varget	43,7	Federal	RWS 5341	71,5	735
Swift	A-Frame	225	IMR	4895	43,0	Federal	RWS 5341	71,5	738
Woodleigh	TMR	225	Vihtavuori	N 135	41,5	Federal	Federal 210	71,5	722
Barnes	TSX	225	IMR	4895	43,5	Federal	Federal 210	71,7	730
Barnes	MRX	225	Hodgdon	H 335	41,0	Federal	Federal 210	71,5	725
Woodleigh	RN	250	Hodgdon	Varget	42,8	Federal	RWS 5341	72,6	695

Zur Ermittlung der Ladedaten wurde eine Repetierbüchse mit 58 cm Lauflänge benutzt.
Die Geschwindigkeit wurde drei Meter vor der Laufmündung gemessen.

.338-06

Die .338-06 gibt es schon seit vielen Jahren, sie war aber lange Zeit eine reine Wiederladeangelegenheit. Wer sie wann zuerst umformte, ist nicht mehr nachzuvollziehen. Eine ganz ähnliche Patrone mit der Bezeichnung .333 OKH gab es sogar schon 1946. Es dauerte recht lange, bis die „Wildcat" zur Fabrikpatrone wurde. 1995 hat A-Square die Patrone standardisiert und als .338-06 A-Square vermarktet. Auch Weatherby nahm die .338-06 dann ins Programm. Bei amerikanischen Jägern ist sie sehr beliebt und wird dort „Poor Mans Magnum" genannt.

Als Basishülse diente die .30-06 Springfield, deren Hülsenhals auf .338 aufgeweitet wird. Eine .30-06-Repetierbüchse kann nur durch den Wechsel des Laufes auf das neue Kaliber umgebaut werden. Es ist auch möglich, einen ausgeschossenen .30-06-Lauf auf das größere .338er Kaliber aufzuziehen und so mit geringen Kosten wieder eine neuwertige Büchse zu bekommen.

Durch den größeren Geschossdurchmesser können schwerere Geschosse verladen werden, als dies bei der .30-06 möglich ist. Für das starke nordamerikanische Wild war die .338-06 gegenüber der .30-06 dadurch im Vorteil. Der Anwendungsbereich für den Jagdreisenden liegt aber eher bei mittelschwerem Wild auf kurze und mittlere Distanzen. Die .338-06 ist oft in den Händen amerikanischer Bären- und Elchjäger zu finden, ist aber auch eine gute Patrone für eine leichte handliche Pirschbüchse für den Afrikajäger. In Europa ist die Patrone auf Hirsch und Sau einsetzbar. Hier hat sie Konkurrenz in der 8,5 x 63, die bei ähnlicher Leistung den gleichen Anwendungsbereich abdeckt. Die 8,5 x 63 hat aber eine steile Schulter, während die .338-06 nur einen Schulterwinkel von 35 Grad aufweist.

Für den Wiederlader steht ein großes Geschossangebot zur Verfügung, denn der .338er Durchmesser ist gut bestückt.

In diesem in den USA beliebten Kaliberbereich sind auch viele moderne Spezialgeschosse erhältlich. Zu schwere Geschosse sind nicht ideal, da sie nicht auf eine vernünftige Leistung gebracht werden können. Das optimale Geschossgewicht für die .338-06 liegt zwischen 180–250 Grains. Hier gibt es auch genügend Auswahl für jeden Zweck. Hülsen können durch das einfache Aufweiten der .30-06 preisgünstig hergestellt werden. Dazu reicht der normale Matrizensatz. Das ist ein großer Vorteil, denn .30-06 Hülsen sind in guter Qualität billig zu bekommen. Ladewerkzeuge sind bereits bei allen großen Herstellern erhältlich und dazu preiswert, denn sie gehören zur Standardkategorie.

Bei den Treibladungsmitteln haben sich besonders Vihtavuori N 150 und N 140 sowie IMR 4895 bewährt. Mit diesem Pulver wurde nicht nur eine ausgezeichnete Präzision, sondern auch eine sehr hohe Leistung erzielt. In Anbetracht des beschränkten Hülsenvolumens sind nur die mittelschnell brennenden Pulver wirklich brauchbar. Standardzündhütchen reichen aus, Magnum-Zünder verbessern aber manchmal die Präzision. Durch die kleine Hülse ist es zudem kein Problem, reduzierte Ladungen zu fertigen und die Patrone in den Leistungsbereich der .308 Winchester zu bringen. Für reduzierte Ladungen hat sich besonders Hodgdon 322 als sehr brauchbar erwiesen.

Das Angebot an Fabrikpatronen ist sehr klein, zumal die A-Square-Patronen in Deutschland kaum zu bekommen sind.

Ladedaten Kaliber .338-06

Geschoss-Hersteller	Geschoss-typ	Geschoss-gewicht Grains	Pulver-hersteller	Pulver-typ	Pulver-ladung Grains	Hülsen-fabrikat	Zünd-hütchen	Gesamt-länge (mm)	V_0 m/s
Barnes	X-Bullet	160	Hodgdon	4895	57,2	RWS	Federal 210	82,5	934
Barnes	X-Bulet	175	Hodgdon	H 322	49,0	RWS	Federal 210	82,5	830
Nosler	Accubond	180	IMR	4895	55,0	RWS	RWS 5341	84,0	878
Nosler	Bal. Tip	180	Hodgdon	Varget	57,2	RWS	Federal 210	84,0	864
Barnes	TSX	185	IMR	4895	53,4	Federal	Federal 210	82,5	870
Nosler	Accubond	200	Vihtavuori	N 150	53,0	RWS	RWS 5333	84,0	803
Hornady	InterLock	200	Hodgdon	4350	61,0	RWS	RWS 5341	83,5	835
Reichen-berg	HDB	200	Vihtavuori	N 140	52,5	Winchester	Federal 210	83,0	831
Speer	TMS	200	IMR	4064	53,0	Federal	RWS 5333	83,2	828
Nosler	Partition	210	IMR	4895	50,3	Winchester	RWS 5341	84,0	799
Barnes	TSX	210	Vihtavuori	N 550	54,0	Winchester	RWS 5341	83,6	770
Nosler	Partition	210	Vihtavuori	N 150	53,8	Winchester	Federal 210	84,0	781
Sierra	Game King	215	Hodgdon	Varget	54,2	Federal	RWS 5333	84,0	804
Nosler	Accubond	225	Vihtavuori	N 150	53,0	RWS	Federal 210	84,0	782
Hornady	InterLock	225	IMR	4895	50,5	RWS	Federal 210	83,6	780
Nosler	Partition	225	Rottweil	R 903	53,0	Remington	RWS 5341	84,0	774
Swift	A-Frame	225	Hodgdon	380	58,0	Remington	RWS 5341	84,0	802
Woodleigh	TMR	225	Vihtavuori	N 540	52,5	Winchester	Federal 210	83,2	770
Barnes	TSX	225	Vihtavuori	N 150	54,8	Winchester	Federal 210	83,8	790
Barnes	MRX	225	Winchester	760	58,3	RWS	Federal 210	84,5	801
Degol	RN	250	Vihtavuori	N 150	48,5	RWS	RWS 5333	83,2	729
Nosler	Partition	250	IMR	4350	55,0	Federal	Federal 210	84,0	732

Zur Ermittlung der Ladedaten wurde eine Repetierbüchse mit 61 Lauflänge benutzt.
Die Geschwindigkeit wurde drei Meter vor der Laufmündung gemessen.

.338-378 Weatherby Magnum

Die .338-378 Weatherby Magnum ist eine echte Supermagnum und wohl schon als Overbore-Kaliber zu bezeichnen. Weatherby brachte die Patrone im Jahre 1998 als Fabrikpatrone auf den Markt, doch die Entstehungsgeschichte ist viel älter. Der bekannte amerikanische Ballistiker Elmer Keith begann bereits in den 40er Jahren mit der Entwicklung von 338er Magnumpatronen und schuf die .333 OKH. Als dann im Jahre 1953 die .378 Weatherby Magnum herauskam, nahm er die neue Hülse sofort begeistert auf und entwickelte daraus die 338-378 KT (Keith-Thompson). Seine experimentellen Ladungen brachten ein 250-Grains-Geschoss auf deutlich über 900 m/s. Bei Magnum-Fans wurden die .338-378 KT zu einer festen Größe und ein Maßstab, an dem sich andere Patronen messen mussten. Auch Roy Weatherby selbst zog die .378 Weatherby auf .338 ein und schuf schon in den 60er Jahren eine .338-378. Sie kam aber nicht auf den Markt, weil die .340 Weatherby Magnum bestens lief.

Dass solche Leistung nur mit einem erheblichen, eigentlich wenig rationellem Aufwand an Treibladungsmittel möglich ist, stört von den Hardcore Magnumschützen kaum jemanden. Weatherby entschloss sich dann 1998 dazu, die .338-378 als Weatherby-Patrone doch ins Programm zu nehmen. Die .340 Weatherby Magnum mit gleichem Geschossdurchmesser wird in ihrer Leistung deutlich übertroffen. Auch die .338 Lapua Magnum, die in der .338er Klasse schon als recht flott gilt, wird übertroffen und die noch recht junge .338 Remington Ultra Magnum kommt an die .338-378 Weatherby ebenfalls nicht heran. Sinn macht eine solche Patrone nur, wenn wirklich weite Schüsse geplant sind – und damit sind Distanzen über die 400-Meter-Marke hinaus gemeint. Hier ist die .338er Supermagnum dann in ihrem Element. Geführt wird sie vornehmlich von amerikanischen Schafsjägern, die die ersehnte Trophäe auch schon mal „etwas weiter“ erlegen. Erstaunlich ist das Präzisionspotential der .338-378 Weatherby Magnum. Sorgfältig laboriert und mit hochwertigen Geschossen versorgt, sind sehr kleine Streukreise möglich. Der Rückschlag ist deutlich, aber aus der Testwaffe, einer Weatherby Accumark mit der integrierten Mündungsbremse, durchaus erträglich – auch wenn längere Serien damit nicht wirklich Spaß machen. Fabrikpatronen gibt es von Weatherby, geladen bei Norma, in drei Laborierungen. Für den Wiederlader bleibt aber noch genug Spielraum, denn das Geschossangebot im Dia .338 ist sehr groß.

In diesem in den USA beliebten Kaliberbereich sind auch viele moderne Spezialgeschosse erhältlich. Ideal sind Geschosse zwischen 200 und 250 Grains. Hier gibt es auch genügend Auswahl für jeden Zweck. Hülsen können durch das Verschießen von Fabrikmunition gewonnen werden, lassen sich aber ebenso durch Einziehen der .378 Weatherby Magnum gewinnen. Die liegen aber auf deutschen Schießständen nur höchst selten im Hülsenkorb. Neue Hülsen von Weatherby oder Norma kosten fast 100 € die 20er Packung. Ladewerkzeuge sind bei allen großen Herstellern erhältlich, gehören aber in die Kategorie der selten gefertigten Kaliber. Bei den Treibladungsmitteln eignen sich nur die ganz langsam abbrennenden Sorten. Besonders Hodgdon H 1000 und Vihtavuori N 170 haben sich bestens bewährt. Mit diesem Pulver wurde nicht nur eine ausgezeichnete Präzision, sondern auch eine sehr hohe Leistung erzielt. Es sind unbedingt Magnum-Zündhütchen zu verwenden. Versuche mit reduzierten Ladungen sollte man besser erst gar nicht anfangen, dafür ist die Patrone völlig ungeeignet. Bestenfalls lässt sie sich leicht reduzieren und auf das Niveau einer .338 Lapua laden.

Ladedaten Kaliber .338-378 Weatherby

Geschoss-Hersteller	Geschoss-typ	Geschoss-gewicht Grains	Pulver-hersteller	Pulver-typ	Pulver-ladung Grains	Hülsen-fabrikat	Zünd-hütchen	Gesamt-länge (mm)	V_0 m/s
Barnes	MRX	185	Alliant	RL 22	106,0	Norma	RWS 5333	93,0	1011
Hornady	GMX	185	Alliant	RL 25	113,0	Norma	CCI 250	93,0	1007
Nosler	Accubond	200	Vihtavuori	N 165	105,2	Norma	CCI 250	94,8	959
Reichen-berg	HDB	220	Vihtavuori	N 165	101,0	Norma	Federal 215	94,0	928
Hornady	SST	200	Winchester	WMR	108,3	Norma	CCI 250	94,8	981
Nosler	Accubond	225	Hodgdon	H 1000	110,0	Norma	RWS 5333	94,5	945
Hornady	SST	225	Alliant	RL 25	109,0	Norma	Federal 215	94,8	970
Nosler	Accubond	250	IMR	7828	100,5	Norma	CCI 250	94,8	918
Nosler	Partition	250	Hodgdon	H 1000	105,5	Norma	RWS 5333	94,9	912
Barnes	TSX	250	Hodgdon	H 1000	99,8	Norma	Federal 215	95,0	870
Hornady	InterLock	250	Vihtavuori	N 170	108,5	Norma	CCI 250	94,2	903
Swift	A-Frame	250	Vihtavuori	N 170	107,0	Norma	Federal 215	94,7	891
Sierra	Game King	250	Hodgdon	H 1000	107,5	Norma	CCI 250	94,8	866
Barnes	MRX	250	Vihtavuori	N 165	97,5	Norma	RWS 5333	95,0	841
Swift	A-Frame	275	Vihtavuori	N 170	102,0	Norma	RWS 5333	94,8	851

Zur Ermittlung der Ladedaten wurde eine Weatherby Accumark mit 66 cm Lauflänge benutzt.
Die Geschwindigkeit wurde drei Meter vor der Laufmündung gemessen.

8,5x63 und 8,5x63 R

Die 8,5 x 63 und die Randversion sind nicht sehr bekannt, obwohl sie schon 25 Jahre alt sind. Entwickelt vom Forstmann und leidenschaftlichen Jäger Werner Reb sollte die zuerst erschienene 8,5 x 63 R bei den Randpatronen die Lücke zwischen der 8 x 57 IRS und der 9,3 x 74 R schließen – und das schafft sie auch mühelos. Schon längst in die CIP-Liste aufgenommen und von mehreren Kipplaufwaffenherstellern in die Kaliberliste integriert, hat sie heute einen kleinen, aber beständigen Kreis von Anhängern. Etwas später folgte die randlose Version mit etwas höherem Gasdruck. Interessanter ist aber die Randpatrone, denn außer der alten 8 x 75 RS und der später entstandenen, aber nicht sehr verbreiteten .30 R Blaser, hat sie keine Konkurrenz.

Ausgangshülse der 8,5 x 63 R ist die 7 x 65 R, die aufgeweitet und mittels Feuerformladung in die endgültige Form „geblasen" wird. Die Patrone ist für einen 254-mm-Drall des Laufes ausgelegt und stabilisiert am besten die mittelschweren und schweren Geschosse. Das Geschossangebot im Durchmesser .338 ist reichlich und reicht von 9 bis 20 g. In diesem beliebten Kaliberbereich sind auch viele moderne Spezialgeschosse erhältlich. Fertige Munition gibt es heute von gewerblichen Wiederladern wie etwa Bernhard Klaus, Erding, oder vom Labor für Ballistik. Hülsen lassen sich aus Neuhülsen 7 x 65 R selbst formen oder es werden gleich die aus Horneber Produktion stammenden Hülsen 8,5 x 63 R verwendet, dann stimmt auch sofort der Bodenstempel. Ladewerkzeuge sind bei den großen Herstellern wie RCBS oder Triebel erhältlich.

Werner Reb hat die 8,5 x 63 R zwar als Mittelpatrone konzipiert, aber wenn man die Leistung dieser Patrone, die ein 13,0-g-Geschoss auf 850 m/s beschleunigt und damit eine Mündungsenergie von 4701 Joule erbringt, mit sogenannten „Magnums" vergleicht, wird schnell klar, dass diese Patrone alles andere als „mittel" ist. So bringt die randlose .338 Winchester Magnum bei deutlich höherem Druck auch nicht wesentlich mehr und die brandneue .300 WSM hat sogar gut 700 Joule weniger.

Die 8,5 x 63 R ist eine hervorragende Patrone für die Jagd auf schweres Rot-, Schwarz- oder Elchwild, aber genauso Bären oder afrikanische Großantilopen. Der Wiederlader hat die Möglichkeit, sich maßgeschneiderte Patronen für den jeweiligen Verwendungszweck zu schaffen, denn das Geschossangebot ist breit gefächert, und so kann die gutmütige Universal-Patrone für Rehe und Frischlinge gleichermaßen wildbretschonend verladen werden.

Bei den Treibladungsmitteln sind für die leichteren Geschosse die mittelschnellen Pulver wie RWS R 902 und R 903 ideal, während die schweren Geschosse nach langsam abbrennendem Pulver wie Vihtavuori N 560 oder Rottweil R 905 verlangen.

Ladedaten Kaliber 8,5x63

Geschoss-hersteller	Geschoss-typ	Geschoss-gewicht Gramm	Pulver-hersteller	Pulvertyp	Pulver-ladung Grains	Hülsen-fabrikat	Zünd-hütchen	Gesamt-länge (mm)	V_0 m/s
Reichen-berg	HDB	170	Rottweil	R 907	67,0	Horneber	CCI 250	78,3	940
Barnes	X-Bullet	175	Rottweil	R 907	64,5	Horneber	RWS 5333	82,8	910
Nosler	Accubond	180	Vihtavuori	N 150	61,2	Horneber	CCI 250	83,8	840
Reichen-berg	HDB Drück-jagd	190	Rottweil	R 903	61,0	Horneber	CCI 250	78,3	880
Barnes	X-Bullet	200	Vihtavuori	N 150	59,0	Horneber	RWS 5333	83,8	816
Nosler	Bal. Tip	200	Accurate	4350	61,2	Horneber	CCI 250	83,8	819
Reichen-berg	HDB	200	Rottweil	R 907	61,8	Horneber	RWS 5333	81,8	825
Hornady	TMS	200	Rottweil	R 903	61,0	Horneber	RWS 5333	83,8	861
Barnes	TTSX	210	Rottweil	R 903	60,0	Horneber	RWS 5333	83,8	840
Barnes	TTSX	210	PRB	PCL 507	55,9	Horneber	CCI 250	83,8	845
Barnes	TS-X	210	IMR	4895	56,0	Horneber	CCI 250	83,8	822
Swift	A-Frame	225	Norma	N 204	60,5	Horneber	CCI 250	83,8	760
Woodleigh	PP	225	Rottweil	R 903	58,5	Horneber	RWS 5333	83,8	809
Nosler	Partition	225	Norma	N 204	61,0	Horneber	CCI 250	83,8	769
Winchester	Fail Safe	230	Vihtavuori	N 160	61,8	Horneber	RWS 5333	83,8	780
Swift	A-Frame	250	Rottweil	R 907	57,0	Horneber	CCI 250	83,8	742
Barnes	X-Bullet	250	Norma	N 204	58,6	Horneber	CCI 250	83,8	720
Speer	Grand Slam	250	Rottweil	R 907	57,5	Horneber	CCI 250	83,8	745
Degol	TMR	250	Vihtavuori	N 160	62,0	Horneber	RWS 5333	83,8	729
Degol	TMR	300	Rottweil	R 907	52,5	Horneber	CCI 250	83,8	690

Zur Ermittlung der Ladedaten wurde eine 98er Repetierbüchse mit 65 cm Lauflänge benutzt. Die Gesamtlänge wurde auf 83,8 mm begrenzt, weil das Magazin dieser Waffe keine längeren Patronen aufnimmt. Wird eine Büchse mit größerem Magazin verwendet, kann das Geschoss auf 84,0 mm herausgesetzt werden.

Ladedaten Kaliber 8,5x63 R

Geschoss-hersteller	Geschoss-typ	Geschoss-gewicht Gramm	Pulver-hersteller	Pulvertyp	Pulver-ladung Grains	Hülsen-fabrikat **	Zünd-hütchen	Gesamt-länge (mm)	V_0 m/s
Reichen-berg	HDB	9,7	Rottweil	R902	62,0	Klaus	RWS 5341	80,5	985
Barnes	X	10,4	Rottweil	R903	64,5	RWS 7x65R	RWS 5341	82,5	965
Impala	Solid	10,7	Vihtavuori	N150	60,0	Klaus	RWS 5341	84,0	915
Barnes	X	11,3	Rottweil	R907	64,0	RWS 7x65R	RWS 5341	84,0	940
Barnes	X	11,3	Rottweil	R903	63,0	RWS 7x65R	RWS 5341	84,0	935
Barnes	TSX	12,0	Hodgdon	H380	62,5	Klaus	Fed. 215M	84,0	870
Hornady	TMS	13,0	Rottweil	R903	54,0	Klaus	RWS 5341	84,0	750*
Hornady	TMS	13,0	Rottweil	R903	59,4	Klaus	RWS 5341	84,0	850
Hornady	TMS	13,0	Hodgdon	4350	60,2	Klaus	CCI BR	84,0	775*
Hornady	TMS	13,0	Hodgdon	4350	64,0	Klaus	CCI BR	84,0	850
Reichen-berg	HDB	14,3	Rottweil	R903	58,6	Klaus	RWS 5341	84,0	815
Nosler	Accubond	14,6	Rottweil	R903	53,3	RWS 7x65R	CCI BR2	84,0	750F
Nosler	Accubond	14,6	Hodgdon	H380	57,0	Klaus	Fed. 215M	84,0	770
Hornady	TMS	14,6	Rottweil	R903	58,6	RWS 7x65R	RWS 5341	84,0	810
Woodleigh	TMR	16,2	Rottweil	R904	62,5	Klaus	RWS 5341	84,0	770
Rhino	Solid Shank	16,2	Rottweil	R904	61,7	Klaus	RWS 5341	84,0	770
Speer	TMS	17,8	Vihtavuori	N560	62,5	Klaus	RWS 5341	84,0	710
Speer	TMS	17,8	Rottweil	R904	60,1	Klaus	RWS 5341	84,0	730
Barnes	TMR/VMR	19,4	Rottweil	R905	60,2	Klaus	RWS 5333	83,5	705

* Minimumladung [ca. 2500 bar], ansonsten „max.“,
** Klaus = Neuhülse Fa. Bernhard Klaus Erding, RWS = sprengverformt aus neuer Hülse 7x65R (außer „F“!)
F= Feuerformladung (Sprengverformung): Nosler Accubond 14,6 g auf neue Hülse RWS 7x65 R gesetzt;
Zur Ermittlung der Ladedaten wurde eine BBF mit 63 cm Lauflänge eingesetzt.

.330 Dakota

Die in Sturgis, South Dakota, beheimatete Firma Dakota Arms ist bekannt für ihre praxisgerechten Custom- und Semi-Custom Repetierbüchsen. Neben der Waffenherstellung vertreibt Dakota Arms aber auch Einzelteile wie Systeme, Magazinkästen oder Kammerstengel an Büchsenmacher. Nach dem Vorbild berühmter Waffenfirmen, wie Holland&Holland oder Rigby, brachte der Firmeninhaber Dan Allen dann vor einigen Jahren eine eigene Patronenserie heraus, die von der 7 mm Dakota bis hin zur .450 Dakota reicht. Als Basishülse dient bei allen Patronen, mit Ausnahme der .450 Dakota, die Hülse der .404 Jeffery. Die .330 Dakota ist wohl das universellste der Dakota-Kaliber.

Als Basishülse die gürtellose .404 Jeffery zu wählen, ist sehr vorteilhaft, was Präzision und Zuverlässigkeit betrifft. Bekanntlich sind gürtellose Patronen hinsichtlich der Präzision im Vorteil, weil die Zentrierung des Geschosses zur Laufseelenachse hier günstiger ist. Außerdem sind gürtellose Patronen bei der Verwendung in Repetierbüchsen gegenüber Gürtel-, Rand- oder Patronen mit eingezogenem Rand bei der Zuführung und dem Ausziehen der abgefeuerten Hülse viel unproblematischer.

Die Basishülse .404 Jeffery ist „ausgeblasen“, das heißt, sie hat eine bis zur Schulter fast zylindrische Hülsenform, was eine Vergrößerung des Pulverraumes zur Folge hat. In der .330 Dakota lassen sich so gut 12 Grains Pulver mehr unterbringen als in einer .338 Winchester Magnum, was sich natürlich in der Leistung widerspiegelt. Durch den Schulterwinkel von 30 Grad und die günstige Hülsenform wird zudem ein optimaler Pulverabbrand erreicht. Die Eigenpräzision der .330 Dakota ist entsprechend hoch.

Leistungsmäßig liegt sie in einer Klasse mit der .340 Weatherby Magnum. Ein 200-Grains-Geschoss wird auf über 970 m/s gebracht, was eine Mündungsenergie von gut 6000 Joule ergibt. Der große Vorteil der .330 Dakota ist, dass sie problemlos in normal lange Büchsensysteme passt und kein teures Magnumsystem braucht. Das ermöglicht den Bau von preiswerten Repetierbüchsen.

Die .330 Dakota ist eine hervorragende Patrone für die Jagd auf schweres Schalenwild auf weite Distanzen. Großantilopen in den weiten Steppen Afrikas oder die großen Schafarten im Gebirge sind die bevorzugte Beute der schnellen .338er Patrone. Sie kombiniert die Energie einer .375 Holland&Holland Magnum mit der rasanten Flugbahn einer 7 mm Remington Magnum.

Die Hülsenbeschaffung ist bei diesem Kaliber sehr eingeschränkt. Wer seinen Hülsenvorrat nicht unbedingt durch das Verschießen der teuren Fabrikpatronen anlegen will, kann auch .404 Jeffery-Hülsen umformen, was aber schon etwas Sachkenntnis beim Feuerformen verlangt.

Für die schnelle .330 Dakota sollten keine zu weichen Geschosse gewählt werden, sonst ist die Zielballistik unbefriedigend. Die modernen homogenen Deformationsgeschosse, Verbundkerngeschosse oder stabilen Zweikammergeschosse sind hier erste Wahl. Geschosse mit einem höheren Gewicht als 250 Grains brachten bei den Laborierungsversuchen eine zu geringe Mündungsgeschwindigkeit. Das optimale Geschossgewicht der .330 Dakota liegt zwischen 200 und 250 Grains.

Bei den Treibladungsmitteln sind nur die langsam abbrennenden Pulver brauchbar. Besonders Vihtavuori N 160, Hodgdon 4831 und Alliant RL 19 erwiesen sich als geeignet. Von reduzierten Ladungen sollte abgesehen werden. Sie erbringen kaum befriedigende Präzision und bei den progressiven Pulvern kann es zu gefährlichen Drucksprüngen kommen. Magnum-Zündhütchen sind zur Anzündung der erheblichen Pulvermenge unbedingt erforderlich. Die Werkzeugbeschaffung ist kein großes Problem, aber entsprechend teuer. Matrizensätze sind von RCBS, Redding oder Triebel zu bekommen. Fabrikpatronen gibt es nur von Dakota selbst.

Patronen für kurzläufige Nachsuchebüchsen sollten mit offensiverem Pulver laboriert werden.

Ladedaten Kaliber .330 Dakota

Geschoss-hersteller	Geschoss-typ	Geschoss-gewicht Grains	Pulver-hersteller	Pulvertyp	Pulver-ladung Grains	Hülsen-fabrikat	Zünd-hütchen	Gesamt-länge (mm)	V_0 m/s
Barnes	X-Bullet	165	Vihtavuori	N 150	78,0	Dakota	CCI BR 2	85,0	1020
Barnes	X-Bullet	175	Hodgdon	4895	73,5	Dakota	Federal 215	85,0	986
Nosler	Accubond	180	Hodgdon	Varget	72,5	Dakota	CCI 250	85,0	967
Barnes	TSX	185	Winchester	760	81,0	Dakota	CCI BR 2	85,0	970
Hornady	GMX	185	Vihtavuori	N 160	78,5	Dakota	CCI 250	85,0	952
Nosler	Bal. Tip	200	Vihtavuori	N 160	81,0	Dakota	CCI 250	85,0	921
Nosler	Partition	210	Alliant	RL 19	80,0	Dakota	Federal 215	85,5	907
Barnes	TSX	225	Hodgdon	H 4831	86,0	Dakota	CCI BR 2	85,5	870
Hornady	InterLock	225	Hodgdon	H 4831	85,0	Dakota	Federal 215	85,5	864
Degol	TMS	225	Vihtavuori	N 160	75,0	Dakota	CCI BR 2	85,0	850
Nosler	Partition	225	Rottweil	R 905	74,0	Dakota	Federal 215	85,5	848
Hornady	SST	225	Vihtavuori	N 160	74,5	Dkkota	CCI 25	85,0	872
Barnes	XFB	225	Alliant	RL 19	79,0	Dakota	RWS 5333	85,0	870
Swift	A-Frame	250	Hodgdon	H 4831	82,0	Dakota	CCI 250	85,5	824
Woodleigh	TMS	250	Vihtavuori	N 160	74,0	Dakota	CCI 250	85,0	821
Nosler	Partition	250	IMR	4350	78,0	Dakota	CCI 250	85,0	818
Speer	Grand Slam	250	Accurate	3100	78,0	Dakota	CCI 250	85,0	823
Degol	TMS	250	Vihtavuori	N 170	84,0	Dakota	CCI 250	85,0	792
Barnes	X-Bullet	250	Norma	N 204	74,0	Dakota	CCI 250	85,0	790

Zur Ermittlung der Ladedaten wurde eine Dakota Repetierbüchse benutzt.

.340 Weatherby Magnum

Die .340 Weatherby Magnum stammt aus dem Jahre 1962 und ist damit eine der jüngeren Weatherby-Patronen. Sie basiert auf der Hülse der .300 Holland&Holland Magnum und ist natürlich wie die anderen Weatherby-Kaliber eine Gürtelpatrone und hat die typische Doppelradiusschulter. Weatherby brachte diese Patrone als Konkurrenz zur beliebten .338 Winchester Magnum, die vier Jahre früher entstand, auf dem Markt. Obwohl die .340 Weatherby Magnum gut 40 m/s mehr Mündungsgeschwindigkeit liefert, konnte sie an der Popularität der .338 Winchester Magnum nicht viel ändern. Die kleinere Winchester-Patrone passt in Standardsysteme und schießt sich wesentlich angenehmer als die Weatherby, die ein längeres Magnumsystem benötigt. Die .340 Weatherby Magnum entwickelt einen wirklich harten und unangenehmen Rückstoß, vor allem wenn sie aus normalen Jagdbüchsen, wie etwa der Weatherby Mark V, verschossen wird. Dafür zeigt die Patrone eine sehr hohe Eigenpräzision und erweitert den Anwendungsbereich der .338 Winchester Magnum natürlich beträchtlich. Ein 210-Grains-Geschoss kann auf 978 m/s beschleunigt werden, was eine Mündungsenergie von 6517 Joule ergibt. Auf 300 Meter bringt die Patrone dann noch gut 3700 Joule ins Ziel. Für die jagdlichen „Normaldistanzen“ ist sie damit kaum sinnvoll einsetzbar, aber wer wirklich weit schießen will, findet hier die Erfüllung seiner Wünsche.

Sehr weit verbreitet ist die .340 Weatherby Magnum heute nicht mehr, denn mit zahlreichen neuen Kalibern in der .338er Klasse wie .338 Lapua Magnum, .338 Remington Ultra Magnum, .338 A-Square oder .330 Dakota Magnum findet sie starke Konkurrenz. Zudem schuf Weatherby mit der .338-378 Weatherby Magnum, die auf der riesigen Hülse der .378 Weatherby Magnum basiert, Konkurrenz im eigenen Hause. Diese Supermagnum übertrifft die Leistung der .340 Weatherby Magnum deutlich. Trotzdem ist die .340 Weatherby Magnum auch heute noch eine hervorragende Patrone für die Jagd auf schweres Schalenwild auf weite Distanzen. Es sollte aber nochmals auf den Rückstoß der .340 Weatherby Magnum hingewiesen werden. Besonders bei Bergjagden, wo bisweilen steil nach oben oder unten geschossen werden muss, hat sich schon mancher Jäger den berüchtigten „Weatherby-Kiss“ eingefangen.

Die Hülsenbeschaffung ist bei diesem Kaliber sehr eingeschränkt. Weatherby-Patronen werden bei Norma geladen und Norma fertigt Hülsen in sehr guter Qualität. Wer seinen Hülsenvorrat nicht unbedingt durch das Verschießen der teuren Fabrikpatronen anlegen will, kann auch leere Hülsen kaufen. Bei den Geschossen sieht es weitaus besser aus. Der .338er Geschossdurchmesser ist bei den Geschossherstellern gut vertreten. Die Geschosspalette reicht von 160 bis über 300 Grains und damit hat der Wiederlader eine Menge Möglichkeiten. Für die schnelle .340 Weatherby Magnum sollten aber, wie schon bei der .330 Dakota ausgeführt, keine zu weichen Geschosse gewählt werden, sonst ist die Zielballistik unbefriedigend.

Bei den Treibladungsmitteln sind nur die langsam abbrennenden Pulver brauchbar. Besonders Vihtavuori N 165, Hodgdon 4831 und Norma MRP erwiesen sich als geeignet. Bei den ganz schweren Geschossen zeigten die Accurate Arms Pulver AA 3100 und

AA 8700 Vorteile. Von reduzierten Ladungen sollte abgesehen werden. Sie erbringen kaum befriedigende Präzision und bei den progressiven Pulvern kann es zu gefährlichen Drucksprüngen kommen. Magnum-Zündhütchen sind zur Anzündung der erheblichen Pulvermenge unbedingt erforderlich. Die Werkzeugbeschaffung ist kein Problem, aber entsprechend teuer. Matrizensätze sind von RCBS, Redding oder Triebel zu bekommen.

Pirsch im afrikanischen Dornbusch. Eine Herausforderung für Jäger und Ausrüstung.

Ladedaten Kaliber .340 Weatherby Magnum

Geschoss-hersteller	Geschoss-typ	Geschoss-gewicht Grains	Pulver-hersteller	Pulvertyp	Pulver-ladung Grains	Hülsen-fabrikat	Zünd-hütchen	Gesamt-länge (mm)	V_0 m/s
Nosler	Accubond	180	IMR	4350	88,0	Weatherby	CCI 250	93,5	1012
Barnes	MRX	185	Vihtavuori	N 550	83,2	Weatherby	CCI 250	93,5	975
Hornady	GMX	185	Vihtavuori	N 165	95,5	Weatherby	CCI 250	93,5	994
Nosler	Bal. Tip	200	IMR	4831	85,0	Weatherby	CCI 250	93,5	932
Nosler	Accubond	200	Norma	MRP	94,5	Weatherby	CCI 250	93,5	982
Nosler	E-Tip	200	Alliant	RL 19	83,5	Weatherby	CCI 250	93,5	955
Nosler	Partition	210	Norma	MRP	93,0	Weatherby	Federal 215	93,5	978
Barnes	MRX	225	Hodgdon	4831	86,0	Weatherby	CCI 250	93,4	889
Hornady	InterLock	225	Alliant	RL 19	83,0	Weatherby	Federal 215	93,5	883
Degol	TMS	225	Norma	MRP	92,0	Weatherby	Federal 215	93,5	900
Woodleigh	TMS	225	Norma	MRP	92,0	Weatherby	CCI 250	93,5	904
Nosler	Partition	225	Vihtavuori	N 165	88,0	Weatherby	Federal 215	93,5	875
Swift	A-Frame	250	IMR	4831	82,0	Weatherby	CCI 250	93,4	838
Woodleigh	TMS	250	Norma	MRP	90,5	Weatherby	CCI 250	93,4	881
Sierra	SPBT	250	Rottweil	R 905	81,0	Weatherby	CCI 250	93,4	841
Speer	Grand Slam	250	Vihtavuori	N 165	85,0	Weatherby	CCI 250	93,5	845
Degol	TMS	250	Alliant	RL 22	84,0	Weatherby	CCI 250	93,3	852
Barnes	TSX	250	IMR	4831	85,0	Weatherby	CCI 250	93,5	843
Lapua	Forex	260	Accurate	3100	80,0	Weatherby	CCI 250	93,0	828
Swift	A-Frame	275	Alliant	RL 22	80,0	Weatherby	CCI 250	93,5	810

Zur Ermittlung der Ladedaten wurde eine Weatherby Mark V mit 66 cm langem Lauf benutzt.

.338 Remington Ultra Magnum

Die .338 RUM ist die zweite Patrone der neuen Remington Ultra Magnum Baureihe. Das hier der traditionelle amerikanische Geschossdurchmesser .338 gewählt wurde, war zu erwarten, denn gerade dieses Kaliber ist auf dem amerikanischen Markt hart umkämpft.

Seinen Ursprung hatte das .338er Kaliber aber auf englischem Boden mit der .333 Rimless NE, besser bekannt als .333 Jeffery, die bereits 1911 eingeführt wurde und sich besonders in Afrika schnell einen Namen als „Medium-Bore"-Patrone machte. Unerschrockene Jäger erlegten damit aber sogar Elefanten. Amerikanische „Wildcatter" nahmen sich schnell des Kalibers an und entwickelten Patronen wie die .33 OKH, die auf der .30-06 Hülse basierte. Winchester gelang 1958 mit der .338 Winchester Magnum ein ganz großer Wurf in der Munitionsentwicklung. Bereits 1962 brachte Roy Weatherby seine .340 Weatherby Magnum und legte die Latte, was die erzielbare Leistung anbelangt, ein ganzes Stück höher. Die nächste Runde im ballistischen Wettrüsten läutete dann 1978 Art Alphin von A-Square ein und schuf die .338 A-Square. Damit war es möglich, ein 250-Grains-Geschoss auf 959 m/s zu beschleunigen, was eine Mündungsenergie von satten 7449 Joule ergab. Eigentlich genug, aber hier nur eine Herausforderung für die amerikanischen Ballistikexperten, die dann mit der .338/50 Talbot zeigten, wo der Hammer hängt. Die auf .338 eingezogene .50 BMG(Browning Machine Gun)-Hülse hat so viel Pulverraum, dass das 250-Grains-Geschoss den Lauf mit 1128 m/s verlässt und 10326 Joule erzielt. Damit dürfte das Ende der Fahnenstange erreicht und eine Leistungssteigerung kaum das Ziel neuer Patronenentwicklungen sein. So begnügte sich Lapua dann bei der .338 Lapua Magnum auch mit lediglich 896 m/s für das 250-Grains-Geschoss und 6502 Joule und setzte auf hohe Eigenpräzision und Patronenabmessungen, die den Bau von Waffen mit normalen Abmessungen ermöglichten. Auch die folgenden Neuentwicklungen wie die .338 Excalibur, .330 Dakota und .338-378 Weatherby bewegten sich unter 1000 m/s. Eigentlich sollte es damit genügend .338er Patronen geben, um das gesamte Leistungsspektrum und jeden Einsatzbereich abzudecken. Das hielt Remington aber nicht davon ab, ein eigenes .338er Kaliber zu schaffen. Ziel war hier nicht ballistische Höchstleistung, sondern eine auf die Remington-Büchsen zugeschnittene Patrone.

Die Hülse ist der .404 Jeffery ähnlich, hat aber einen 0,4 mm kleineren Durchmesser am Hülsenrand. Damit passt sie vom Stoßbodendurchmesser genau zum Remington-700-Verschluss. Damit hat die .338 RUM einen minimal zurückgesetzten Rand und keinen Gürtel. Der Verschlussabstand wird also auf der Schulter gebildet und nicht auf dem Gürtel, was die Präzision verbessert und die Lebensdauer der Hülse erhöht. Mit einer Gesamtlänge von 91,44 mm passt die .338 RUM genau in den langen Remington-700-Verschluss und schöpft mit der großvolumigen Hülse das Leistungspotential voll aus. Ein 250-Grains-Geschoss kann auf 890 m/s gebracht werden, was 6430 Joule ergibt. Damit ist die neue RUM eine klassische Medium-Bore-Patrone für die nordamerikanischen Wildarten wie Elch, Bär oder Wapiti, aber auch in Afrika für Großantilopen ideal. Das .338er Kaliber hat im Geschossgewicht zwischen 215 bis 300 Grains einen ungewöhnlich guten ballistischen Koeffizienten und ist damit für Weitschüsse sehr gut geeignet. Durch ihre Maße bringen die .338er Geschosse selbst auf größeren Schussdistanzen genügend Energie für die schweren Wildarten ins Ziel. Mit den relativ preisgünstigen und technisch ausgereiften Remington Repetierbüchsen stehen zudem attraktive Waffen zur Verfügung.

Das Geschossangebot im Durchmesser .338 ist reichlich und reicht von 9 bis 20 g. In diesem beliebten Kaliberbereich sind auch viele moderne Spezialgeschosse erhältlich. Fertige Munition gibt es zurzeit nur von Remington. Hülsen können durch das Verschießen von Fabrikmunition gewonnen werden. Es wäre zwar möglich .300 RUM-Hülsen aufzuweiten, aber dieses neue Kaliber ist genauso selten. Das Umformen aus der Mutterhülse .404 Jeffery dagegen ist sehr aufwendig, es müsste sogar der Rand abgedreht werden, und nicht zu empfehlen. Ladewerkzeuge sind bereits bei allen großen Herstellern erhältlich.

Der Wiederlader hat die Möglichkeit, sich maßgeschneiderte Patronen für den jeweiligen Verwendungszweck zu schaffen, denn das Geschossangebot ist breit gefächert.

Bei den Treibladungsmitteln hat sich besonders Hodgdon 1000 bewährt. Mit diesem Pulver wurde nicht nur eine ausgezeichnete Präzision, sondern auch eine sehr hohe Leistung erzielt. Die anderen langsam abbrennenden Sorten wie Vihtavuori N 560, Norma MRP oder IMR 7828 sind aber genauso brauchbar. Zur sicheren Zündung der erheblichen Pulvermenge sind Magnum-Zündhütchen erforderlich.

Wurde die Büchse im Flugzeug transportiert, muss in jedem Fall vor der Jagd ein Kontrollschuss gemacht werden.

Ladedaten Kaliber .338 Remington Ultra Magnum

Geschoss-hersteller	Geschoss-typ	Geschoss-gewicht Grains	Pulver-hersteller	Pulvertyp	Pulver-ladung Grains	Hülsen-fabrikat	Zünd-hütchen	Gesamt-länge (mm)	V_0 m/s
Barnes	X-Bullet	160	Hodgdon	1000	99,0	Remington	CCI 250	91,5	958
Barnes	X-Bullet	175	Hodgdon	1000	96,0	Remington	CCI 250	91,5	922
Barnes	MRX	185	Hodgdon	1000	98,0	Remington	RWS 5333	91,5	942
Nosler	Partition	210	Hodgdon	1000	96,0	Remington	Federal 215	91,5	910
Barnes	TSX BT	210	Alliant	RL 25	91,0	Remington	CCI 250	91,5	918
Nosler	Accubond	225	Vihtavuori	N 560	90,0	Remington	CCI 250	91,5	916
Sierra	Game King	215	Hodgdon	1000	96,0	Remington	CCI 250	91,5	925
Nosler	Accubond	225	Norma	MRP	96,5	Remington	RWS 5333	91,5	948
Hornady	InterLock	225	IMR	7828	92,0	Remington	RWS 5333	91,5	951
Hornady	SST	225	Vihtavuori	N 165	91,5	Remington	RWS 5333	91,5	967
Nosler	Partition	225	IMR	4831	84,2	Remington	RWS 5333	91,2	896
Nosler	Accubond	250	Norma	MRP	89,2	Remington	CCI 250	91,5	875
Woodleigh	TMR	250	Vihtavuori	N 560	90,0	Remington	CCI 250	91,5	840
Sierra	Game King	250	IMR	4831	83,2	Remington	CCI 250	91,6	869
Swift	A-Frame	250	IMR	7828	88,1	Remington	RWS 5333	91,5	859
Speer	Grand Slam	250	Hodgdon	1000	92,0	Remington	Federal 215	91,6	845
Degol	TMR	250	IMR	7872	88,0	Remington	CCI 250	91,2	852
Swift	A-Frame	275	Hodgdon	1000	86,2	Remington	CCI 250	91,5	810
Swift	A-Frame	275	Hodgdon	4831	80,2	Remington	CCI 250	91,5	781
Woodleigh	TMR	300	Alliant	RL 25	89,3	Remington	CCI 250	91,5	825

Zur Ermittlung der Ladedaten wurde eine Repetierbüchse mit 63 cm Lauflänge benutzt.

.338 Lapua Magnum

Die .338 Lapua Magnum ist eine recht neue Patrone und eine eigentlich militärische Entwicklung. Die Geschichte der weitreichenden .338er begann 1983, als in den USA eine neue, weitreichende Scharfschützenpatrone gesucht wurde. Die Vorgabe lautete, ein Geschoss von 250 Grains/16,2 Gramm auf eine Mündungsgeschwindigkeit von über 900 m/s zu bringen. Nach militärischen Versuchen ist eine solche Patrone noch auf Entfernungen von 1000 bis 1500 Metern effektiv. Um in diesen Leitungsbereich vorzustoßen, ist natürlich eine entsprechend große Hülse notwendig, um die benötigte Menge an Treibladungsmittel unterzubringen. Die Wahl fiel schließlich auf die Hülse der .416 Rigby, die auf das Kaliber .338 eingezogen wurde. Ab 1987 nahm die finnische Firma Lapua, die wesentlich an der Entwicklung beteiligt war, die neue Patrone in ihr Fertigungsprogramm auf. Die in sie gesetzten Erwartungen erfüllt die große .338er voll. Sie ist eine echte Long-Range-Patrone und eigentlich erst ab Entfernungen von über 300 Metern sinnvoll. Wie viele militärische Entwicklungen wurde die .338 Lapua Magnum auch im zivilen Bereich begeistert aufgenommen. Beim sportlichen Gewehrschießen auf große Distanzen zeigte sie schnell ihre Qualitäten und auch Jäger entdeckten schnell die Möglichkeiten der leistungsstarken Patrone. Für die jagdlichen „Normaldistanzen“ ist sie natürlich kaum sinnvoll einsetzbar, aber wer wirklich weit schießen will, findet hier die Erfüllung seiner Wünsche. Dazu kommt noch ein zweiter Vorteil, der die Patrone sehr interessant macht: Eine Take-Down- oder wechsellauffähige Büchse im Kaliber .416 Rigby lässt sich ohne großen Aufwand mit einem Wechsellauf Kaliber .338 Lapua Magnum ausstatten. Beide Kaliber basieren auf der gleichen Hülse und damit sind Stoßbodendurchmesser und Magazinabmessungen identisch. Für den Jagdreisenden ist eine solche Kombination eine feine Sache, die fast alle Möglichkeiten abdeckt. Universeller geht es kaum.

Fabrikpatronen werden von Lapua, W. Romey und Norma gefertigt, wobei Norma sich auf Patronen für den behördlichen Bereich beschränkt, die für den Jäger kaum zu gebrauchen sind. Auch bei den Lapua-Laborierungen findet sich nicht viel Auswahl. Lediglich die Laborierung mit dem Mirageschoss ist jagdlich einsetzbar. Soll die Patrone jagdlich genutzt werden, ist der Wiederlader gefordert.

Die Hülsenbeschaffung ist bei diesem Kaliber zwar nicht schwierig, aber dafür teuer. Es sollten Originalhülsen benutzt werden. Umformen aus der .416 Rigby ist zwar möglich, aber nicht einfach und die in diese Richtung durchgeführten Versuche befriedigten nicht. Die originale .338er Lapua-Hülse ist stärker dimensioniert, um dem hohen Druckniveau standzuhalten. Bei den Geschossen sieht es dafür besser aus. Der .338er Geschossdurchmesser ist durch die beliebte .338 Winchester Magnum und auch die .340 Weatherby bei den Geschossherstellern gut vertreten.

Bei den Treibladungsmitteln sind nur die langsam abbrennenden Pulver brauchbar. Besonders Vihtavuori N 160 und N 165 sowie Norma MRP und IMR 7828 erwiesen sich als geeignet. Vor reduzierten Ladungen muss unbedingt gewarnt werden. In Anbetracht des großen Hülsenvolumens sind Versuche in diese Richtung gefährlich, da es zu erheblichen Drucksprüngen kommen kann. Magnum-Zündhütchen sind zur Anzündung der erheblichen Pulvermenge unbedingt erforderlich. Die Werkzeugbeschaffung ist kein Problem, aber entsprechend teuer. Matrizensätze sind von RCBS, Redding, Hornady oder Triebel zu bekommen.

Ladedaten Kaliber .338 Lapua Magnum

Geschoss-hersteller	Geschoss-typ	Geschoss-gewicht Grains	Pulver-hersteller	Pulvertyp	Pulver-ladung Grains	Hülsen-fabrikat	Zünd-hütchen	Gesamt-länge (mm)	V_0 m/s
Barnes	TSX BT	185	Alliant	RL 25	99,5	Lapua	RWS 5333	90,0	1005
Nosler	Bal. Tip	200	Norma	MRP	92,0	Lapua	CCI 250	91,5	985
Nosler	Accubond	200	Vihtavuori	N 165	98,5	Lapua	CCI 250	91,5	970
Nosler	Partition	210	Vihtavuori	N 560	87,3	Lapua	CCI 250	91,5	952
Barnes	TSX	225	Norma	MRP	90,5	Lapua	CCI 250	88,7	930
Degol	TMS	225	Vihtavuori	N 165	100,0	Lapua	CCI 250	90,0	945
Woodleigh	TMS	225	Norma	MRP	90,0	Lapua	CCI 250	90,5	920
Hornady	SST	225	Hodgdon	4831	94,8	Lapua	CCI 250	91,5	930
Winchester	Fail Safe	230	Vihtavuori	N 165	92,0	Lapua	CCI 250	93,5	890
Swift	A-Frame	250	IMR	7828	94,0	Lapua	CCI 250	88,5	900
Woodleigh	TMS	250	Norma	MRP	91,0	Lapua	CCI 250	89,0	880
Sierra	SPBT	250	IMR	7828	93,0	Lapua	CCI 250	93,5	880
Speer	Grand Slam	250	Vihtavuori	N 165	98,0	Lapua	CCI 250	90,5	900
Degol	TMS	250	Norma	MRP	92,0	Lapua	CCI 250	92,0	895
Barnes	X-Bullet	250	IMR	7828	92,0	Lapua	CCI 250	89,0	880
Lapua	Mira	250	Vihtavuori	N 165	90,0	Lapua	CCI 250	93,5	895
Hornady	TMS	250	Alliant	RL 22	88,2	Lapua	CCI 250	91,5	882
Lapua	Forex	260	Hodgdon	H 870	102,0	Lapua	CCI 250	91,0	902
Swift	A-Frame	275	Accurate	8700	104,0	Lapua	CCI 250	88,0	840
Woodleigh	TMR	300	Accurate	8700	101,0	Lapua	CCI 250	93,2	810
Degol	TMS	300	Accurate	8700	101,0	Lapua	CCI 250	93,5	812

Zur Ermittlung der Ladedaten wurde eine Ruger Blockbüchse mit 66 cm langem Heym-Lauf benutzt.

Dia .366

Mit den 366er Geschossen werden ausschließlich die deutschen 9,3-mm-Patronen versorgt. Früher gab es einige dieser Kaliber, heute spielen nur noch die beiden randlosen Patronen 9,3 x 62 und 9,3 x 64 sowie die Randpatrone 9,3 x 74 R eine Rolle. Neu hinzugekommen ist die 9,3 x 66 von Sako, die aber noch nicht sehr verbreitet ist. Die alten Patronen wie 9,3 x 57 oder 9,3 x 72 R sind kaum noch zu finden und von der Leistung her auch nicht mit den moderneren 9,3-mm-Kalibern zu vergleichen. Das Geschossangebot ist in Anbetracht der wenigen Patronen erfreulich groß und hochwertig. Selbst die großen amerikanischen Hersteller wie Nosler, Swift oder Barnes haben Geschosse für die deutschen 9,3-mm-Patronen im Programm.

9,3 x 62 – 9,3 x 64 – 9,3 x 74 R – 9,3 x 66

Hersteller	Geschoss-typ	Geschoss-gewicht g/Grains	Eignung	Patronenempfehlung
Woodleigh	Protected Point	18,5/286	Schweres Hochwild	alle 9,3-mm-Patronen
Woodleigh	HSB	18,5/286	Schweres Hochwild	Standard- und Magnum-patronen
Woodleigh	TMR	18,5/285	Schweres Hochwild	alle 9,3-mm-Patronen
Woodleigh	Vollmantel	18,5/285	Dickhäuter	alle 9,3-mm-Patronen
Woodleigh	TMR	20,7/320	Schweres Hochwild	Hochleistungspatronen
Woodleigh	Vollmantel	20,7/320	Dickhäuter	Hochleistungspatronen

Bei der Jagd auf sibirische Rehböcke wird oft weit geschossen und brauchbare Hunde für die Nachsuche sind selten. Eine leistungsstarke Patrone kann hier Ärger ersparen.

9,3 x 62

Die 9,3 x 62 wurde im Jahre 1905 von dem Berliner Büchsenmacher Otto Bock entwickelt. Der Grundgedanke war, eine mittelstarke Patrone für die Jagd in den damaligen afrikanischen Kolonien zu schaffen. Sie war als Konkurrenz zu den englischen Patronen .350 Rigby und .400/350 NE gedacht und hier ein voller Erfolg. Sie schlug die alten englischen Kaliber in kürzester Zeit aus dem Felde und war zwischen den beiden Weltkriegen die beliebteste Großwildpatrone der Mittelklasse in Afrika. Grund war hier sicher auch, dass die 9,3 x 62 die kostengünstige Verwendung des normalen 98er Mauser-Systems zuließ und dieses System sich bei der Großwildjagd schnell einen legendären Ruf verschaffte.

Die 9,3 x 62 besitzt den gleichen Boden wie die anderen Mauser-Patronen und ist genau auf das Mauser-System zugeschnitten. Doch auch in heimischen Revieren war die 9,3 x 62 schnell bekannt und bei der Jagd auf europäisches Elch, Rot- und Schwarzwild weit verbreitet. In den Nachkriegsjahren lief ihr dann zunächst die kalibergleiche, aber stärkere 9,3 x 64 Brenneke den Rang ab. Das änderte sich wieder, denn die druckschwache und noch angenehm zu schießende 9,3 x 62 ist für unser heimisches Wild völlig ausreichend und hat wesentlich weniger „Nebenwirkungen“. Heute ist sie eine der beliebtesten Drückjagdpatronen und besonders bei den Waldjägern sehr beliebt. Doch auch für die Auslandsjagd, wenn es um mittelschweres Wild in dicht bewachsenem Gelände geht, ist sie eine gute Wahl. Die Schussentfernung sollte gute 160 Meter nicht überschreiten, denn danach fällt das Geschoss doch ziemlich stark. Dafür ist die Stoppwirkung auf kurze Distanz sehr hoch und die Wildbretentwertung hält sich in erträglichen Grenzen.

Die 9,3 x 62 eignet sich sehr gut für den Bau kurzläufiger Büchsen, da die mittelschnellen Pulver, die bei dieser Patrone zum Einsatz kommen, in Verbindung mit den relativ schweren Geschossen, auch in kürzeren Läufen nahezu vollständig abbrennen und der Leistungsverlust daher sehr gering ist. Die 9,3 x 62 ist eine zwar leistungsstarke, aber trotzdem sehr ausgewogene und angenehm zu schießende Patrone. Viele moderne Patronen verlieren schnell ihren „Magnum-Glanz“, wenn die echten Werte, also aus der Waffe und nicht aus Messläufen, mit denen der 9,3 x 62 verglichen werden.

Die Hülsenbeschaffung ist bei diesem Kaliber unproblematisch. Theoretisch lassen sich zwar 9,3 x 62 Hülsen durch Umformen aus 7 x 64 oder .30-06 gewinnen, doch die originalen 9,3-Hülsen sind im P 1-Bereich stärker gehalten. Umgeformte Hülsen führen daher zu einer stärkeren Verschlussbelastung. Bei dem großen Angebot an Herstellern lohnt sich das kaum. Bei den Geschossen sieht es sehr gut aus und das Angebot ist reichhaltig. Durch die im Vergleich zu anderen Großwildpatronen kleine Hülse ist mit progressiven Pulvern keine ausreichende Leistung zu erzielen. Zum Einsatz kommen daher die offensiven bis mittelschnellen Pulver. Reduzierte Ladungen sind kein Problem. Auch die Werkzeugbeschaffung ist einfach. Die meisten Hersteller von Wiederladematrizen haben die 9,3 x 62 im Programm. Standardzündhütchen reichen für die mittelschnellen Pulver völlig aus.

Ladedaten Kaliber 9,3x62

Geschoss-hersteller	Geschosstyp	Geschoss-gewicht Grains	Pulver-hersteller	Pulvertyp	Pulver-ladung Grains	Hülsen-fabrikat	Zünd-hütchen	Gesamt-länge (mm)	V_0 m/s
RWS	TMF	193	Rottweil	R 901	51,0	RWS	RWS 5341	74,6	718
Brenneke	TUG Nature	220	Rottweil	R 902	62,0	RWS	RWS 5341	83,0	805
Reichenberg	HDB Drückjagd	220	Vihtavuori	N135	60,0	RWS	RWS 5341	74,0	775
Norma	Oryx	231	Vihtavuori	N 135	60,2	Norma	CCI 200	79,0	808
Norma	PPC	231	Rottweil	R 902	59,5	RWS	CCI 200	78,0	785
RWS	KS	247	Rottweil	R 903	61,5	RWS	RWS 5341	80,5	754
Geco	TMR	255	Rottweil	R 907	62,5	RWS	RWS 5341	79,5	752
Barnes	TSX	250	Vihtavuori	N 140	58,0	Norma	CCI 200	84,0	748
Swift	A-Frame	250	Rottweil	R 903	60,3	Lapua	CCI 200	79,2	752
Barnes	TSX	250	Hodgdon	H 380	58,5	RWS	Federal 210	84,0	750
Nosler	Accubond	250	Hodgdon	Varget	53,0	RWS	Federal 210	83,5	735
RWS	HMKH	258	Rottweil	R 903	60,5	RWS	CCI 200	81,7	758
Speer	Spitzer	270	Hodgdon	H 380	59,0	Norma	CCI BR 2	83,2	758
Norma	Alaska	285	IMR	3031	55,0	Norma	CCI BR 2	80,5	712
Lapua	Forex	270	Alliant	Rel. 15	59,0	RWS	CCI 200	80,6	715
Woodleigh	TMR	285	Norma	202	58,0	RWS	RWS 5341	80,0	717
Lapua	Forex	270	Vihtavuori	N 150	60,0	Lapua	RWS 5341	80,6	722
Woodleigh	Vollmantel	285	IMR	4320	55,7	RWS	CCI 200	80,0	715
Norma	Alaska	285	Vihtavuori	N 150	59,5	Norma	RWS 5341	80,5	720
Barnes	X-Bullet	285	Vihtavuori	N 140	58,0	Norma	CCI 200	84,0	716
Lapua	Mega	285	Vihtavuori	N 135	55,0	Lapua	CCI 200	80,0	705
Woodleigh	TMR	285	IMR	4320	56,0	RWS	RWS 5341	80,0	716
Blaser	CDP	285	Vihtavuori	N 135	55,3	Norma	CCI 200	82,0	704
Nosler	Partition	285	Rottweil	R 903	58,0	RWS	RWS 5341	83,2	699
Brenneke	TUG	293	Rottweil	R 903	58,2	RWS	RWS 5341	82,0	714
Brenneke	TUG	293	Norma	202	55,0	Norma	CCI BR 2	82,0	674
Swift	A-Frame	300	Rottweil	R 903	57,5	RWS	RWS 5341	82,2	702

Zur Ermittlung der Ladedaten wurde eine Repetierbüchse mit 60 cm Lauflänge benutzt.

9,3 x 74 R

Die Randpatrone 9,3 x 74 R gilt als Schwesterpatrone der im Jahre 1905 vorgestellten randlosen 9,3 x 62 und stammt aus der gleichen Zeit. Als Vorlage dürfte hier wohl die englische .400/.360 Nitro Express gedient haben, die mit der 9,3 x 74 R eine starke Ähnlichkeit aufweist. Obwohl die Hülsenform der beiden deutschen 9,3-mm-Patronen stark voneinander abweicht, ist ihre Leistung bei gleichem Druck nahezu identisch.

Bei den Fabriklaborierungen erreicht die 9,3 x 74 R nicht ganz die Werte der 9,3 x 62, da ihr Druck mit Rücksicht auf die einfachen Kipplaufverschlüsse der damaligen Zeit später auf 3000 bar begrenzt wurde. Die 9,3 x 74 R wird auch „Königin der Randpatronen“ genannt und ist eine der beliebtesten Drückjagdpatronen im deutschsprachigen Raum. Durch die schlanke Hülse ist es möglich, elegante und schmale Waffen zu bauen und der auf 3000 bar begrenzte Gasdruck ist gerade bei Kipplaufwaffen ein großer Vorteil und garantiert eine lange Lebensdauer des Verschlusses. Sie ist eine erstklassige Hochwildpatrone und hat eine sehr gute Wirkung auf mittleres und schweres Hochwild. Die einzige ernst zu nehmende Konkurrenz mit Rand wäre die wenig verbreitete .375 Holland&Holland Flanged.

Auch für die Auslandsjagd, wenn es um mittelschweres Wild in dicht bewachsenem Gelände geht, ist sie eine gute Wahl. Der Jagdreisende schätzt die starke 9,3, wenn der Vorteil einer zerlegbaren Kipplaufwaffe genutzt werden soll. Mit den schweren Geschossen lassen sich die afrikanischen Antilopen ebenso zuverlässig erlegen wie Elch und Bär in Nordamerika.

Die 9,3 x 74 R ist eine zwar leistungsstarke, aber trotzdem sehr ausgewogene und angenehm zu schießende Patrone. Dazu kommt, dass die Wildbretentwertung der schweren, aber trotzdem relativ langsamen Geschosse nicht sehr groß ist. Daher wird die 9,3 x 74 R auch gern zur Bejagung von leichterem Wild eingesetzt.

Bei den Fabrikpatronen ist die Auswahl zwar auf wenige, ausschließlich europäische Hersteller beschränkt, aber dafür hat allein RUAG sechs Laborierungen im Programm.

Mit den progressiven Pulvern ist wie bei der 9,3 x 62 keine ausreichende Leistung zu erzielen. Zum Einsatz kommen daher die offensiven bis mittelschnellen Pulver. Reduzierte Ladungen sind also auch kein Problem und die 9,3 x 74 R lässt sich bis auf die Leistung der alten Försterpatrone 9,3 x 72 R herunterladen. Die Werkzeugbeschaffung ist einfach. Die meisten Hersteller von Wiederladematrizen haben die 9,3 x 74 R im Programm. Standardzündhütchen reichen für die mittelschnellen Pulver völlig aus.

Ladedaten Kaliber 9,3 x 74 R

Geschoss-hersteller	Geschosstyp	Geschoss-gewicht Grains	Pulver-hersteller	Pulvertyp	Pulver-ladung Grains	Hülsen-fabrikat	Zünd-hütchen	Gesamt-länge (mm)	V_0 m/s
RWS	TMF	193	Rottweil	R 901	51,0	RWS	RWS 5341	87,0	720
Brenneke	TUG Nature	220	Rottweil	R 903	63,0	RWS	RWS 5341	95,3	795
Reichenberg	HDB Drückjagd	220	Vihtavuori	N 140	63,0	RWS	RWS 5341	89,0	760
Norma	Oryx	231	Vihtavuori	N 135	58,5	Norma	CCI 200	91,0	774
RWS	KS	247	Rottweil	R 903	61,5	RWS	RWS 5341	92,5	730
Barnes	X-Bullet	250	Rottweil	R 907	60,5	Norma	CCI 200	92,0	746
Swift	A-Frame	250	Vihtavuori	N 140	61,0	RWS	CCI 200	92,5	750
Barnes	X-Bullet	250	Rottweil	R 902	54,0	RWS	Federal 210	93,0	720
Geco	TMR	255	Rottweil	R 903	63,0	RWS	RWS 5341	93,0	734
Degol	TMR	255	Rottweil	R 907	63,5	RWS	RWS 5341	93,0	736
RWS	HMKH	258	Rottweil	R 903	59,0	RWS	CCI 200	94,5	742
Speer	Spitzer	270	Vihtavuori	N 135	57,5	Norma	CCI BR 2	94,0	700
Lapua	Naturalis	270	Rottweil	R 907	61,0	RWS	CCI 200	93,0	721
Woodleigh	TMR	285	Rottweil	R 903	59,0	RWS	RWS 5341	95,0	723
Woodleigh	Vollmantel	285	Rottweil	R 903	59,0	RWS	RWS 5341	95,0	720
RWS	TMR	285	IMR	4895	55,0	RWS	RWS 5341	94,0	712
Norma	Alaska	285	Vihtavuori	N 140	58,0	Norma	RWS 5341	93,5	665
Barnes	X-Bullet	285	Vihtavuori	N 140	58,0	Norma	CCI 200	94,0	668
Woodleigh	TMR	285	Rottweil	R 907	57,5	RWS	RWS 5341	95,0	652
RWS	VM	285	Rottweil	R 902	54,5	RWS	RWS 5341	94,0	681
Degol	TMR	285	Hodgdon	4895	54,0	RWS	RWS 5341	94,0	671
Blaser	CDP	285	Vihtavuori	N 140	54,5	Blaser	CCI 200	94,0	664
Nosler	Partition	285	Rottweil	R 903	61,0	Blaser	RWS 5341	94,5	682
RWS	Universal	293	Rottweil	R 903	56,5	RWS	RWS 5341	95,5	674
RWS	Universal	293	IMR	4350	61,0	Norma	CCI BR 2	96,5	686

Zur Ermittlung der Ladedaten wurde ein Drilling mit 63,5 Zentimeter Lauflänge benutzt.

9,3x64 Brenneke

Die 9,3 x 64 ist die stärkste Patrone Wilhelm Brennekes und kam bereits 1927 auf den Markt. Die Hülse wurde auf dem Reißbrett völlig neu konstruiert und die Hülsenmaße wurden so festgelegt, dass ein möglichst großer Pulverraum entstand, die Patrone aber noch in das Mauser 98er-System passte. Brenneke stattete die neue Patrone mit einem 19,65 g schweren „Spezial-Jagdgeschoss Torpedo Ideal“ für schweres Wild und einem 17 Gramm leichten Starkmantelgeschoss, wahlweise mit Blei-, Bronze- oder Kupferblechhohlspitze für die leichteren Wildarten aus. Später kam noch ein „Spezial TIG“ mit Bronzespitze und ein 18,5 g Vollmantelgeschoss für Dickhäuter hinzu, und als Abschluss entwickelte Brenneke das 19,0 g TUG mit Scharfrand und Bleispitze, das bis heute mit kleinen Änderungen gefertigt wird. Nach dem zweiten Weltkrieg wurden nur noch das TUG und das Vollmantelgeschoss gefertigt und später durch ein 18,5 g Teilmantelrundkopf-Geschoss ergänzt. In dieser Kombination hat sich die Patrone gut bewährt. Sie liegt im gleichen Leistungsbereich wie die .375 Holland&Holland Magnum und verbraucht für die gleiche Leistung sogar weniger Pulver. Die 19,0 g TUG-Laborierung der 9,3 x 64 von RWS, heute Universal Classik genannt, hat eine Mündungsgeschwindigkeit von 785 m/s und damit eine Mündungsenergie von 5854 Joule. Das 19,4 g Uni-Classik aus der .375 Holland&Holland ist nach RWS-Angabe lediglich 5 m/s schneller.

Altmeister Brenneke hat mit der 9,3 x 64 eine sehr effektive Patrone geschaffen und gezeigt, dass sich aus einer relativ kleinen Hülse eine erstaunliche Leistung herausholen lässt. Das größte Manko der 9,3 x 64 ist ihr Geschossdurchmesser. In vielen afrikanischen Jagdländern ist für den Schuss auf Großwild ein Mindestkaliber von 9,5 mm (Dia .375) vorgeschrieben, wodurch die 9,3 x 64 trotz ihrer der .375 H&H ebenbürtigen Leistung illegal wird. Bevor eine Großwildbüchse in diesem Kaliber angeschafft wird, sollten also genau die jagdlichen Bestimmungen im Jagdland geprüft werden.

Bei den Fabrikpatronen sieht es heute schlecht aus. Obwohl die Patrone nach dem zweiten Weltkrieg recht beliebt war, beschränkt sich das Angebot heute auf die RWS- und Brenneke-Laborierungen. Lediglich A-Square hat die deutsche 9,3 noch im Programm, doch dürfte die Beschaffung der drei A-Square-Laborierungen nicht einfach sein.

Auch die Hülsenbeschaffung ist bei diesem Kaliber ein Problem. Wird der benötigte Hülsenvorrat nicht durch das Verschießen von Fabrikpatronen gewonnen, so bleibt nur der Kauf von neuen Hülsen. Durch die unüblichen Hülsenmaße ist ein Umformen nicht möglich.

Bei der Ladungsermittlung hat der Wiederlader eine Menge Spielraum, denn die 9,3 x 64 ist recht flexibel. Durch die im Vergleich zu anderen Großwildpatronen kleine Hülse sind auch reduzierte Ladungen kein großes Problem. Es ist ohne weiteres möglich, die starke 9,3 x 64 in den Leistungsbereich einer 9,3 x 74 R herunterzuladen, was den Anwendungsbereich erheblich erweitert. Mit dem alten 12,5 g Teilmantel-Flachkopf-Geschoss der 9,3 x 72 lässt sich sogar eine leichte Rehwildlaborierung bauen. Für heimische Wildarten ist die 9,3 x 64 unnötig stark und reduzierte Ladungen sind eine gute Möglichkeit, Wildbretzerstörung und Rückstoß herabzusetzen.

Bei den Treibladungsmitteln sind die mittelschnell abbrennenden Pulver und die langsameren Sorten einsetzbar. Werden die progressiven Sorten wie Vihtavuori N 160 oder Rottweil R 904 verwandt, kommt es unter Umständen zu Pressladungen, was nicht weiter schlimm ist, aber entsprechende Vorkehrungen beim Befüllen der Hülse erforderlich macht. Die Werkzeugbeschaffung ist kein großes Problem. Die meisten Hersteller von Wiederladematrizen haben die starke Brenneke-Patrone im Programm. Obwohl Standardzündhütchen für die mittelschnellen Pulver ausreichen, haben sich starke Magnum-Zünder als vorteilhaft für die Präzision erwiesen.

Starke Keiler haben nicht nur ein hohes Gewicht, sondern sind auch schusshart. Hier wird ein starkes Kaliber benötigt.

Ladedaten Kaliber 9,3 x 64 Brenneke

Geschoss-hersteller	Geschoss-typ	Geschoss-gewicht Grains	Pulver-hersteller	Pulvertyp	Pulver-ladung Grains	Hülsen-fabrikat	Zünd-hütchen	Gesamt-länge (mm)	V_0 m/s
RWS	TMF	193	Rottweil	R 901	58,0	RWS	CCI 250	76,4	765
Brenneke	TUG Nature	220	Vihtavuori	N 540	71,5	RWS	CCI 250	85,5	871
Norma	PPC	231	Vihtavuori	N 140	70,5	RWS	RWS 5333	80,5	872
Norma	PPC	231	Rottweil	R 903	69,5	RWS	CCI 200	80,5	830
Reichenberg	HDB	240	Rottweil	R 904	76,0	RWS	CCI 200	81,5	868
RWS	KS	247	Rottweil	R 907	71,0	RWS	CCI 250	83,0	848
Barnes	TSX	250	Vihtavuori	N 140	64,5	RWS	RWS 5333	82,5	810
Swift	A-Frame	250	Rottweil	R 903	72,0	RWS	CCI 250	82,3	820
Nosler	Accubond	250	Vihtavuori	N 140	65,0	RWS	RWS 5333	82,5	815
RWS	TMR	255	Rottweil	R 903	72,5	RWS	CCI 250	82,0	818
RWS	HMKH	258	Rottweil	R 907	69,5	RWS	CCI 200	85,0	805
Lapua	Forex	270	Vihtavuori	N 140	65,0	RWS	CCI 250	85,4	753
RWS	TMR	285	IMR	4064	66,5	RWS	RWS 5333	84,5	809
Woodleigh	TMR	285	Rottweil	R 904	73,0	RWS	RWS 5333	84,0	782
Woodleigh	Vollmantel	285	Rottweil	R 904	73,0	RWS	CCI 250	84,0	779
Barnes	TSX	285	Vihtavuori	N 140	66,0	RWS	CCI 250	84,6	765
Lapua	Mega	285	IMR	4895	65,0	RWS	CCI 250	85,4	770
RWS	Vollmantel	285	Rottweil	R 904	75,0	RWS	CCI BR2	84,5	778
Lapua	Mega	285	Vihtavuori	N 150	67,5	RWS	CCI BR2	85,4	775
Woodleigh	TMR	285	IMR	4350	75,5	RWS	RWS 5333	84,0	780
Nosler	Partition	285	Rottweil	R 904	72,7	RWS	RWS 5333	84,5	785
Brenneke	TUG	293	Rottweil	R 904	74,2	RWS	RWS 5333	85,5	780
Brenneke	TUG	293	Vihtavuori	N 160	73,0	RWS	Federal 215	85,5	762
Swift	A-Frame	300	Rottweil	R 904	74,5	RWS	RWS 5333	84,2	770
Swift	A-Frame	300	Vihtavuori	N 160	73,0	RWS	CCI 250	84,2	763

Zur Ermittlung der Ladedaten wurde eine Repetierbüchse mit 65 cm Lauflänge benutzt.

9,3x66 Sako

Die 9,3x66 Sako entstand zwar erst im Jahre 1989, hat aber schon eine bewegte Vergangenheit hinter sich, zumindest was den Namen anbelangt. Konstrukteur der starken 9,3-mm-Patrone ist Erkki Kauppi, der beim finnischen Munitionshersteller Sako als Produktmanager arbeitet. Nach einer Nachsuche auf einen starken Elchbullen, der trotz bestem Treffer mit der .30-06 noch eine gehörige Fluchtstrecke hinlegte, machte Erkki Kauppi sich Gedanken über eine neue Elchpatrone. Die neue Patrone sollte sich problemlos in das normale Sako-75-System unterbringen lassen und die 9,3x62, die Sako ja im Programm hat, an Leistung noch übertreffen. Mit der deutschen 9,3x64 Brenneke gibt es eine solche Patrone im Prinzip zwar schon, aber die hat den Nachteil des größeren Bodendurchmessers, der bei Zylinderverschlüssen erhebliche Modifikationen erforderlich macht. So entstand die 9,3x66 EK, die eine Verlängerung der 9,3x62-Hülse ist, damit den gängigen Bodendurchmesser von 12,1 mm aufweist und ohne weiteres in Sako-75-Büchsen aus der laufenden Produktion unterzubringen war. Der Schulterwinkel beträgt 34,55 Grad und der maximale Gasdruck ist auf 4150 bar festgelegt. Ein 18,5 g schweres Geschoss wird auf eine Mündungsgeschwindigkeit von 780 m/s beschleunigt, was eine Energie von 5628 Joule ergibt. Das reicht zwar nicht ganz, um an der Leistung der 9,3x64 Brenneke zu kratzen, ist aber über 15% mehr als eine 9,3x62 und liegt in etwa auf der Höhe der .375 Holland&Holland Magnum.

In Anbetracht der Tatsache, dass die Patrone ohne großen Aufwand in Serienbüchsen verwandt werden kann, also eine gute Konstruktion. Das erkannte auch Sako und übernahm im Jahre 2002 die Patrone als 9,3x66 Sako ins Fertigungsprogramm. Für Europa soweit in Ordnung, aber in den USA verkaufen sich Patronen mit metrischer Kaliberbezeichnung anscheinend nicht so gut. Das lässt sich aber einfach ändern und so wird die 9,3x66 Sako in den Staaten als .370 Sako Magnum vermarktet. Das brachte dann sogar Federal dazu, die Patrone ins Programm zu nehmen.

Der zweite Vorteil der Patrone ist, dass sich eine 9,3x62 leicht auf 9,3x66 umändern lässt. So kann ein 9,3x62-Lauf mit ausgebranntem Übergangskegel ohne großen Aufwand auf 9,3x66 geändert werden.

Die 9,3x66 Sako ist eine starke Hoch- und Großwildpatrone im Leistungsbereich der .375 Holland&Holland Magnum und deckt den gleichen Anwendungsbereich ab. In den afrikanischen Staaten, wo ein gesetzliches Minimalkaliber von .375 nicht vorgeschrieben ist, kann sie auch auf Büffel oder Elefant eingesetzt werden.

Bei den Fabrikpatronen ist die Auswahl zwar auf Sako und Federal begrenzt, aber allein Sako hat bereits vier Laborierungen im Programm. Die Geschossauswahl im Kaliberdurchmesser .366 ist zwar nicht so umfangreich wie bei den .375ern, aber es gibt eine gute Auswahl von hochwertigen Spezialgeschossen.

Je nach Geschossgewicht kommen die mittelschnellen bis langsam abbrennenden Pulver in Betracht, wobei sich bei den Ladeversuchen besonders Vihtavuori N 550 als präzise und leistungsstark herausstellte. Dieses Pulver wird von Sako auch bei den Fabrikpatronen eingesetzt. N 550 ist ein hoch energetisches NC-Treibladungsmittel, dem bei der Herstellung Nitroglycerin beigemischt wird. Auch IMR 4350 und Alliant Reloader 19 lassen sich gut einsetzen, doch N 550 bringt die höhere Leistung bei gleichem Gasdruck. Die Werkzeugbeschaffung ist kein großes Problem, bei RCBS ist der Matrizensatz bereits als Standardkaliber gelistet. Zur Anzündung sollten Magnum-Zündhütchen verwendet werden. Die relativ hohe Pulversäule braucht zum gleichmäßigen Durchzünden ein kräftiges Zündhütchen.

Ein schneller Schuss vom Pirschstock. Das sollte zu Hause reichlich geübt werden.

Ladedaten Kaliber 9,3 x 66 Sako

Geschoss-hersteller	Geschoss-typ	Geschoss-gewicht Grains	Pulver-hersteller	Pulvertyp	Pulver-ladung Grains	Hülsen-fabrikat	Zünd-hütchen	Gesamt-länge (mm)	V_0 m/s
Norma	Oryx	231	Vihtavuori	N 140	66,5	Sako	CCI 250	85,0	851
Barnes	TSX	250	Vihtavuori	N 550	73,2	Sako	CCI 250	85,0	836
Swift	A-Frame	250	Vihtavuori	N 550	74,0	Sako	RWS 5333	85,0	840
Degol	Starkmantel	263	Vihtavuori	N 140	61,5	Sako	CCI 250	85,0	770
Lapua	Naturalis	270	Vihtavuori	N 550	72,5	Sako	CCI 250	85,0	795
Woodleigh	TMR	285	Alliant	RL 19	67,3	Sako	RWS 5333	85,0	712
Woodleigh	Vollmantel	285	Vihtavuori	N 550	71,0	Sako	RWS 5333	85,0	778
Barnes	TSX	285	IMR	4350	63,0	Sako	RWS 5333	85,0	734
Blaser	CDP	285	Vihtavuori	N 560	70,0	Sako	RWS 5333	85,0	720
Nosler	Partition	285	Alliant	RL 19	68,0	Sako	RWS 5333	85,0	702
RWS	Uni	293	Vihtavuori	N 550	67,5	Sako	CCI 250	85,0	730
Swift	A-Frame	300	Vihtavuori	N 150	52,5	Sako	CCI 250	85,0	668
Woodleigh	TMR	320	Vihtavuori	N 550	65,2	Sako	RWS 5333	85,0	730
Woodleigh	Vollmantel	320	Vihtavuori	N 150	58,5	Sako	RWS 5333	85,0	700

Zur Ermittlung der Ladedaten wurde eine Repetierbüchse mit 65 cm Lauflänge benutzt.

Dia. 375

Beim .375er Geschossdurchmesser fangen die eigentlichen Großwildkaliber an – zumindest, wenn wir die moderneren Patronen nehmen. In vielen afrikanischen Jagdländern ist zudem ein Mindestkaliber von .375 bei der Bejagung der „Big Five“ vorgeschrieben. Dazu kommt, dass die neueren .375er Patronen eine gute Rasanz haben und sich so auch auf größere Schussentfernungen einsetzen lassen. Hier sind sie den dickeren Kalibern, die zwar eine bessere Stoppwirkung haben, klar überlegen. Ihr Rückstoß ist, zumindest wenn die „normalen“ .375er Patronen wie die .375 Holland&Holland gewählt werden und nicht etwa „heiße“ Patronen wie die .378 Weatherby, noch gut beherrschbar und erlaubt den Bau von nicht zu schweren Waffen. Dadurch gelten die .375er Kaliber gemeinhin als „Universalpatronen“ für schweres Hochwild und Großwild. Mit ihnen lässt sich vom Bär bis zum Elefanten alles erlegen.

Zwar liegt ihre Stoppkraft für Dickhäuter an der unteren Grenze, aber dafür sind sie auch gut bei der Plains-Game-Jagd einsetzbar und haben sich im dichten Busch ebenso bewährt wie bei der Elchjagd im hohen Norden. Selbst in heimischen Revieren lässt sich ein .375 bei der Jagd auf Rot- oder Schwarzwild noch sinnvoll einsetzen.

Die Patronenpalette mit diesem Geschossdurchmesser ist entsprechend groß und es lässt sich für jeden Einsatzzweck eine geeignete Patrone finden. Ebenso verhält es sich bei den Geschossen. Alle großen Anbieter – und dazu noch eine Menge von Kleinherstellern – haben Geschosse im .375er Durchmesser im Programm und der Wiederlader hat eine gute Auswahl auch an Spezialgeschossen. Die Geschossgewichte reichen von 200 bis 350 Grains.

.375 H&H – .375 FL – .375 RUM – .375 Dakota – 9,5x66 – .375 Weatherby – .450-400 liegend

Geschosspalette:

Hersteller	Geschosstyp	Geschoss-gewicht g/Grains	Eignung	Patronen
A-Square	Dead Tough	19,4/300	schweres Wild	Hochleistungspatronen
A-Square	Lion Load	19,4/300	Raubkatzen	alle Patronen
A-Square	Monol. Solid	19,4/300	Dickhäuter	alle Patronen
Barnes	X-Bullet	13,6/210	starkes Wild, weite Schüsse	alle Patronen
Barnes	TM-Flachkopf	14,3/220	reduzierte Ladungen	Standardpatronen
Barnes	Solid	15,2/235	Dickhäuter	alle Patronen
Barnes	X-Bullet	15,2/235	starkes Wild, weite Schüsse	alle Patronen
Barnes	Solid	16,2/250	Dickhäuter	alle Patronen
Barnes	X-Bullet	16,2/250	schweres Wild, weite Schüsse	Hochleistungspatronen
Barnes	TM-Flachkopf	16,5/255	reduzierte Ladungen	Standardpatronen
Barnes	Solid	17,5/270	Dickhäuter	alle Patronen
Barnes	Triple Shock	17,5/270	schweres Wild	Hochleistungspatronen
Barnes	X-Bullet	17,5/270	schweres Wild, weite Schüsse	Hochleistungspatronen
Barnes	Solid	19,4/300	Dickhäuter	alle Patronen
Barnes	Triple Shock	19,4/300	schweres Wild	Hochleistungspatronen
Barnes	X-Bullet	19,4/300	schweres Wild	Hochleistungspatronen
Brenneke	TOG	17,5/270	schweres Wild	alle Patronen
Degol	TMS	17,5/270	schweres Wild	alle Patronen
Degol	TMS	19,4/300	schweres Wild	alle Patronen
Degol	Vollmantel	19,4/300	Dickhäuter	alle Patronen
Degol	TMR	21/325	schweres Wild	Hochleistungspatronen
Degol	Prot. Point	22,7/350	schweres Wild	Hochleistungspatronen
Degol	TMR	22,7/350	schweres Wild	Hochleistungspatronen
Degol	Vollmantel	22,7/350	Dickhäuter	alle Patronen
Federal	Hi Shok	19,4/300	mittelstarkes Wild	Standardpatronen
Federal	Sledgehammer	19,4/300	schweres Wild	Hochleistungspatronen
Federal	Trophy Bonded	19,4/300	schweres Wild	Hochleistungspatronen
GPA	GPA	13,2/212	mittelstarkes WIld	Standardpatronen
GPA	GPA	16,5/255	schweres Wild	alle Patronen
Hirtenberger	ABC	17,65/272	schweres Wild	alle Patronen
Hornady	TM-Flachkopf	14,3/220	reduzierte Ladungen	Standardpatronen
Hornady	GMX	16,2/250	schweres Wild	Hochleistungspatronen
Hornady	TMR	17,5/270	reduzierte Ladungen	Standardpatronen
Hornady	TMS	17,5/270	reduzierte Ladungen	Standardpatronen
Hornady	DGS	19,4/300	Dickhäuter	Hochleistungspatronen
Hornady	DGX	19,4/300	schweres Wild	Hochleistungspatronen
Hornady	TMR	19,4/300	schweres Wild	alle Patronen

Hersteller	Geschosstyp	Geschoss-gewicht g/Grains	Eignung	Patronen
Hornady	TMS-Boattail	19,4/300	schweres Wild, weite Schüsse	alle Patronen
Hornady	Vollmantel	19,4/300	Dickhäuter	alle Patronen
Impala	Impala	13,0/200	mittelschweres Wild, weite Schüsse	Hochleistungspatronen
Möller	KJG	13,0/200	leichtes WIld	alle Patronen
Norma	Oryx	19,4/300	schweres Wild	Hochleistungspatronen
Norma	Teilmantel	19,4/300	schweres Wild	Standardpatronen
Norma	TXP	19,4/300	schweres Wild	Hochleistungspatronen
Nosler	Accubond	16,8/260	starkes Wild, weite Schüsse	Hochleistungspatronen
Nosler	Partition	16,8/260	starkes Wild, weite Schüsse	alle Patronen
Nosler	Solid	16,8/260	Dickhäuter	alle Patronen
Nosler	Accubond	19,4/300	schweres Wild	Hochleistungspatronen
Nosler	Partition	19,4/300	schweres Wild	Hochleistungspatronen
Nosler	Solid	19,4/300	Dickhäuter	alle Patronen
PMP	Solid	18,5/286	Dickhäuter	alle Patronen
PMP	TMR	19,4/300	schweres Wild	Standardpatronen
Reichenberg	HDB	12,0/185	mittelstarkes Wild	alle Patronen/Weit-schüsse
Reichenberg	HDB	13,0/200	mittelstarkes Wild	alle Patronen/Weit-schüsse
Reichenberg	HDB	15,8/245	mittelstarkes Wild	alle Patronen
Reichenberg	HDB	17,5/270	schweres Wild	Hochleistungspatronen
Reichenberg	HDB	19,4/300	schweres Wild	Hochleistungspatronen
Reichenberg	Super Penetrator	19,4/300	Dickhäuter	alle Patronen
Remington	TMR	17,5/270	reduzierte Ladungen	Standardpatronen
RWS	Kegelspitz	19,4/300	mittelstarkes Wild	Standardpatronen
RWS	Universal Classik	19,4/300	schweres Wild	alle Patronen
RWS	Vollmantel	19,4/300	Dickhäuter	Standardpatronen
Sako	Powerhead	17,5/270	schweres Wild	Standardpatronen
Sierra	Hohlspitz	13,0/200	reduzierte Ladungen	Standardpatronen
Sierra	TMS	16,2/250	starkes Hochwild, weite Schüsse	alle Patronen
Sierra	Game King	19,4/300	schweres Wild	alle Patronen
Speer	Semispitz	15,2/235	reduzierte Ladungen	Standardpatronen
Speer	TMS	17,5/270	reduzierte Ladungen	Standardpatronen
Speer	Grand Slam	18,5/285	schweres Wild	alle Patronen
Speer	Grand Slam	19,4/300	schweres Wild	Hochleistungspatronen
Speer	Vollmantel	19,4/300	Dickhäuter	alle Patronen
Swift	A-Frame	16,2/250	schweres Wild	Hochleistungspatronen
Swift	A-Frame	17,5/270	schweres Wild	Hochleistungspatronen

Hersteller	Geschosstyp	Geschoss-gewicht g/Grains	Eignung	Patronen
Swift	A-Frame	19,4/300	schweres Wild	Hochleistungspatronen
Winchester	Fail Safe	17,5/270	schweres Wild	Hochleistungspatronen
Winchester	Fail Safe	19,4/300	schweres Wild	Hochleistungspatronen
Winchester	Silvertip	19,4/300	schweres Wild	Standardpatronen
Winchester	Vollmantel	19,4/300	Dickhäuter	alle Patronen
Woodleigh	Prot. Point	15,2/235	mittelschweres Wild, weite Schüsse	Hochleistungspatronen
Woodleigh	Semi Point	15,2/235	mittelschweres Wild, weite Schüsse	Hochleistungspatronen
Woodleigh	Prot. Point	17,5/270	starkes Wild	alle Patronen
Woodleigh	Semi Point	17,5/270	starkes Wild	alle Patronen
Woodleigh	TMR	17,5/270	starkes Wild	alle Patronen
Woodleigh	HSB	19,4/300	schweres Wild	Hochleistungspatronen
Woodleigh	Prot. Point	19,4/300	schweres Wild	Hochleistungspatronen
Woodleigh	Semi Point	19,4/300	schweres Wild	Hochleistungspatronen
Woodleigh	TMR	19,4/300	schweres Wild	alle Patronen
Woodleigh	Vollmantel	19,4/300	Dickhäuter	Hochleistungspatronen
Woodleigh	TMR	22,7/350	schweres Wild	alle Patronen
Woodleigh	Vollmantel	22,7/350	Dickhäuter	alle Patronen
WR	Solid	19,4/300	Dickhäuter	alle Patronen

Steinböcke werden oft auf große Distanzen erlegt. Eine rasante Patrone ist hier sehr hilfreich.

.375 A-Square

Die .375 A-Square stammt aus dem Jahre 1975 und wurde entwickelt, um die Leistung der .387 Weatherby Magnum aus einer kürzeren Hülse zu duplizieren. Die Patrone sollte in Repetierbüchsensysteme und Magazinkästen passen, die für die .375 Holland&Holland Magnum konzipiert wurden. Der damalige A-Square Inhaber Art B. Alphin kürzte die Hülse der .387 Weatherby auf die Länge der Holland&Holland (72,39 mm) und verlegte die Schulter etwas nach vorn, um mehr Pulverraum zu bekommen. Die .375 A-Square beschleunigt ein 300-Grains-Geschoss auf 890 m/s und ist damit ein ballistischer Clon der .378 Weatherby Magnum. Natürlich produziert sie auch deren Nebenwirkungen in Form eines kurzen, ultraharten Rückstoßes. Der ist gefühlt wesentlich heftiger als bei den echten Großkalibern wie .500 NE oder .577 NE. Die A-Square braucht etwas weniger Pulver, um die gewünschte Leistung zu erzielen, ist damit also etwas effizienter gegenüber der Weatherby, die aber auch aus den 50er Jahren stammt. Der Vorteil der .375 A-Square ist die Möglichkeit, Repetierbüchsen mit normalem Magnum-System dafür einzurichten oder aber Büchsen im Kaliber .375 Holland&Holland Magnum „aufzurüsten“. Wer glaubt, 120 m/s mehr Mündungsgeschwindigkeit sinnvoll nutzen zu können, liegt hier richtig.

Wird das Potential der A-Square voll ausgenutzt, sind entsprechend stabile Geschosse notwendig. Diese Erfahrung musste schon Roy Weatherby mit der .378 Weatherby Magnum machen, denn die in den 50er Jahren zur Verfügung stehenden Jagdgeschosse waren für die hohe Zielgeschwindigkeit im Aufbau zu weich. Die Weatherby musste viel Kritik wegen der zu geringen Tiefenwirkung einstecken. Durch die heute zu Verfügung stehenden harten Verbundkerngeschosse und die monolithisch aufgebauten Konstruktionen ohne Bleikern ist dieses Problem aber behoben. Außenballistisch sind die .375 A-Square, wie auch die Weatherby, eine Klasse für sich. Mit einem Jagdgeschoss mit günstigen ballistischen Koeffizienten, etwa dem 300 Grains Sierra Game King oder dem Barnes TSX, ist die Patrone ideal für den wirklich weiten Schuss auf großes Wild. Ratsam ist eine Mündungsbremse, auch wenn sich der Geschossknall dann in den schmerzhaften Bereich steigert und nicht ohne Gehörschutz geschossen werden sollte. Patronen sind nur von A-Square erhältlich. A-Square-Munition ist aber in Deutschland kaum zu bekommen. Der Wiederlader hat hier eine Menge Möglichkeiten, denn bei den Geschossen sieht es sehr gut aus. Der Geschossdurchmesser von .375 ist recht beliebt und es besteht eine reiche Auswahl. Die Geschosspalette reicht von 200 bis 350 Grains. Bei vielen Geschossen ist aber zu bedenken, dass sie oft für wesentlich schwächere Patronen gedacht sind und für die .375 A-Square, wenn die volle Leistung gewünscht wird, nicht geeignet sind. Beim Einsatz auf Wild ist dann mit völlig unzureichender Tiefenwirkung zu rechnen. Der Wiederlader kann bei Bedarf leicht reduzierte Laborierungen anfertigen, die dann im Bereich der .375 Holland&Holland liegen. Für den Jagdeinsatz in Europa reicht das in der Regel aus und diese Patronen schießen sich wesentlich angenehmer. Wegen der großen Gefahr von Nachbrennern und dem detonationsartigen Abbrand dürfen die in der Tabelle angegebenen reduzierten Ladungen auf keinen Fall unterschritten werden. Die .375 A-Square ist hier sehr empfindlich.

Wegen der ausgefallenen Maße können nur Originalhülsen verwandt werden. Lediglich das Umformen aus der .378 Weatherby Magnum ist möglich, aber diese Hülsen sind genauso selten zu bekommen. Für die Ermittlung der Ladedaten wurden neue .378 Weatherby-Hülsen umgeformt, da .375 A-Square-Hülsen nicht zu bekommen waren.

Bei den Treibladungsmitteln sind für volle Leistung nur die langsam abbrennenden Pulver wie Alliant RL-22, Vihtavuori N 165 oder Hodgdon 4831 einsetzbar. Augenmerk gilt den Zündhütchen. Für eine gleichmäßige Anzündung der großen Pulvermenge sind besonders starke Magnum-Zünder notwendig. Die besten Ergebnisse wurden mit dem Federal 215 und dem RWS 5333 erzielt. Matrizensätze sind von RCBS zu bekommen und kosten die Kleinigkeit von 339,- €.

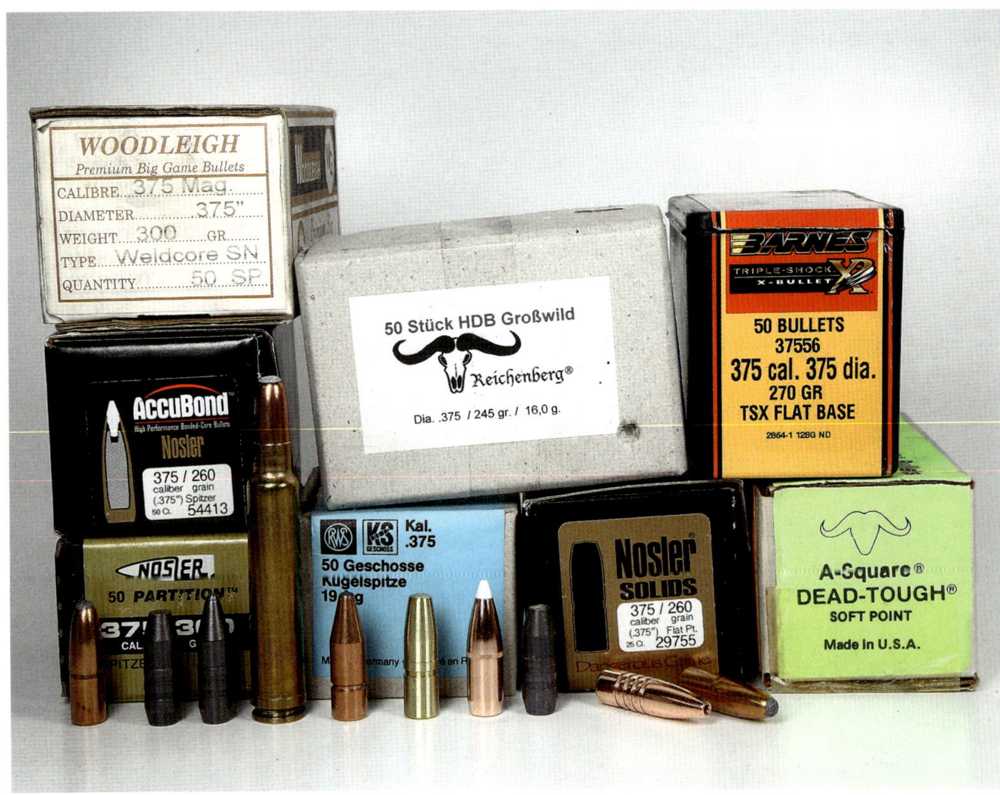

Die .378 A-Square wird mit .375er Geschossen geladen, die häufig zu finden sind. Fabrikpatronen sind dagegen eine echte Rarität. Eine typische Patrone für den Wiederlader.

Ladedaten Kaliber .375 A-Square

Geschoss-hersteller	Geschoss-typ	Geschoss-gewicht Grains	Pulver-hersteller	Pulvertyp	Pulver-ladung Grains	Hülsen-fabrikat	Zünd-hütchen	Gesamt-länge (mm)	V_0 m/s
Barnes	TSX	235	Vihtavuori	N 550	114,0	Weatherby	Federal 215	91,5	1045
Reichen-berg	HDB	245	Rottweil	R 905	116,0	Weatherby	Federal 215	91,0	941
Swift	A-Frame	250	Hodgdon	H4831	114,5	Weatherby	CCI 250	91,5	965
Barnes	Solid	250	Alliant	RL 22	111,5	Weatherby	CCI 250	91,5	970
Nosler	Partition	260	Vihtavuori	N 165	114,0	Weatherby	RWS 5333	91,5	932
Sierra	Game King	300	IMR	4831	101,0	Weatherby	RWS 5333	91,5	886
Hornady	Vollmantel	300	Hodgdon	4831	107,0	Weatherby	Federal 215	91,5	874
Woodleigh	TMR	300	Alliant	RL 22	108,0	Weatherby	RWS 5333	91,0	865
Barnes	TSX	300	IMR	4831	106,0	Weatherby	CCI 250	91,5	880
Swift	A-Frame	300	Hodgdon	4831	107,0	Weatherby	RWS 5333	91,5	878
RWS	TUG	300	Vihtavuori	N 165	108,0	Weatherby	RWS 5333	91,5	862

Zur Ermittlung der Ladedaten wurde eine Repetierbüchse mit 65 Zentimeter Lauflänge benutzt.
Die Geschwindigkeit wurde drei Meter vor der Laufmündung gemessen.

.375 Ruger

Die Entwicklung der .375 Ruger begann im Jahre 2006. Die neue Patrone entstand in Zusammenarbeit der Waffenfirma Ruger mit dem Munitionshersteller Hornady. Ziel der Entwicklung war es, eine Patrone zu schaffen, die sich problemlos in ein Standard-Büchsensystem mit Länge des Mauser 98er verwenden lässt und die gleichzeitig die Leistung der .375 Holland&Holland übertrifft oder aber aus kürzeren Läufen erreicht. Winchester hatte bei der Patronenfamilie der Short Magnums die .375 ausgelassen. Wohl weil die .375 H&H sich ohne großen Aufwand in Winchester Repetierer Modell 70 unterbringen lässt. Beim Standard-Rugersystem ist das nicht so ohne weiteres möglich und die .375 H&H gibt es bei Ruger nur im deutlich schwereren und auch doppelt so teueren Modell 77 Magnum. Die Patrone sollte einen Geschossdurchmesser von .375 haben, um in allen afrikanischen Ländern eine legale Bejagung der Großwildarten zu erlauben. Keine einfache Aufgabe, aber mit den heute zur Verfügung stehenden innenballistischen Erkenntnissen und den modernen Treibladungsmitteln auch nicht unmöglich, wie das Ergebnis zeigt.

Die .375 Ruger hat zwar den Bodendurchmesser der .375 H&H Magnum, aber keinen Gürtel. Dadurch kann die Hülse dicker gehalten werden und das Hülsenvolumen steigt. Zusätzlich wurde die 30-Grad-Schulter weit nach vorn verlegt, was zusätzlich Platz für Pulver schafft. Das Ergebnis war eine Hülse, die bei 65,6 mm Länge, also acht Millimeter weniger als bei der .375 H&H, ein acht Prozent größeres Hülsenvolumen hat. Damit liegt die erzielbare Mündungsenergie leicht über der Holland&Holland. Die Patrone passt in das Standard-Rugersystem und mit einer Gesamt-Patronenlänge von 84,8 mm natürlich auch in jeden 98er. Mit den von Hornady verladenen 270 und 300 Grains schweren Geschossen erzielen die Fabrikpatronen eine Mündungsenergie von rund 6500 Joule – und das aus einem 20-Zoll, also 50,8 cm kurzem Lauf. Die Holland&Holland benötigt dazu 61 cm Lauflänge, wobei beide Patronen mit einem Gasdruck von 4300 bar gleichauf liegen, was den zugelassenen Höchstgasdruck angeht. Für einen handlichen-kurzläufigen Repetierer damit eine ideale Patrone, die in den USA auch begeistert aufgenommen wurde. In Deutschland eigentlich ein überflüssiges Kaliber, denn mit der 9,5 x 66 Super Express vom Hofe steht eine sehr ähnliche Patrone zur Verfügung, die ebenfalls in das 98er System passt und sogar noch mehr Leistung liefert. Die dicke vom Hofe ist aber nicht sehr verbreitet und Fabrikpatronen so gut wie nicht vorhanden. Lediglich von WR-Munition wird sporadisch mal ein kleines Los aufgelegt, während Hornady die .375 Ruger in drei Laborierungen anbietet und auch LFB (Labor für Ballistik) die Patrone mit drei Laborierungen im Programm hat. Die Fabrikmunition wird mit 270 und 300 Grains schweren Geschossen ausgestattet. Ein ideales Geschossgewicht, wenn es um die Jagd auf schweres Großwild geht. Der Wiederlader hat noch deutlich mehr Möglichkeiten, denn das Geschossangebot im Geschossdurchmesser .375 ist groß. Die Geschosspalette reicht von 200 bis 350 Grains. Bei vielen Geschossen ist aber zu bedenken, dass sie oft für wesentlich schwächere Patronen gedacht sind und für die .375 Ruger, wenn die volle Leistung gewünscht wird, nicht geeignet sind. Beim Einsatz auf Wild ist dann mit völlig unzureichender Tiefenwirkung zu rechnen.

Die Hülsenbeschaffung ist bei diesem Kaliber sehr eingeschränkt. Wer seinen Hülsenvorrat nicht unbedingt durch das Verschießen von Fabrikpatronen anlegen will, kann auch Hornady-Hülsen zu moderaten Preisen bekommen.

Bei den Treibladungsmitteln sind langsam abbrennenden Pulver wie Hodgdon H 414 oder IMR 4350 optimal. Zur Anzündung der nicht unerheblichen Pulvermenge sind Magnum-Zünder erforderlich. Matrizensätze sind von den großen Herstellern zu bekommen und gehören sogar zu der preisgünstigsten Standardklasse. Der für die Laborierungsarbeiten verwendete Redding-Satz kommt aus der preisgünstigen Standard-Kategorie. Das ist natürlich auch ein großer Vorteil der .375 Ruger gegenüber der 9,5 x 66 SEvH, hier liegt der Preis für einen Matrizensatz dreimal so hoch.

Die neue .375 Ruger erlaubt den Bau einer handlichen Repetierbüchse mit preisgünstigem Standardsystem und Serienwaffen von Ruger und Howa sind ebenfalls zu günstigen Preisen zu bekommen. Im Kaliber .375 ist die Ruger damit sicher die interessanteste Neuentwicklung. Bleibt abzuwarten, ob sich Winchester nicht doch noch entschließt, eine .375 WSM herauszubringen, um die WSM-Serie nach oben hin abzuschließen.

Ein wirklich alter Büffel aus dem Zambesivalley.

Ladedaten Kaliber .375 Ruger

Geschoss-hersteller	Geschoss-typ	Geschoss-gewicht Grains	Pulver-hersteller	Pulvertyp	Pulver-ladung Grains	Hülsen-fabrikat	Zünd-hütchen	Gesamt-länge (mm)	V_0 m/s
Barnes	TSX	235	Hodgdon	H 414	81,0	Hornady	RWS 5333	83,5	890
Barnes	TSX	235	IMR	4064	71,8	Hornady	WIN LRM	83,5	882
Reichen-berg	HDB	245	Hodgdon	H 380	77,3	Hornady	RWS 5333	83,8	862
Swift	A-Frame	250	Winchester	760	79,5	Hornady	Federal 250	84,2	855
Sierra	TMS	250	Hodgdon	Varget	71,5	Hornady	WIN LRM	84,4	858
Nosler	Partition	260	Hodgdon	H 414	79,0	Hornady	CCI 200	84,4	850
Nosler	Accubond	260	IMR	4350	82,5	Hornady	CCI 200	84,4	852
Woodleigh	Prot. Point	270	IMR	4340	81,5	Hornady	RWS 5333	84,0	830
Degol	TMS	270	Vihtavuori	N 550	83,0	Hornady	CCI 250	84,3	835
Barnes	TSX	270	IMR	4831	83,0	Hornady	RWS 5333	84,3	825
Brenneke	TOG	270	Winchester	760	79,6	Hornady	CCI 250	83,3	810
Sierra	Game King	300	Hodgdon	H 4350	83,2	Hornady	CCI 250	83,5	802
Hornady	Vollmantel	300	Hodgdon	H 414	79,0	Hornady	CCI 250	83,5	790
Woodleigh	TMR	300	IMR	4350	78,5	Hornady	WIN LRM	83,5	795
Swift	A-Frame	300	Norma	MRP	80,0	Hornady	WIN LRM	84,4	800
Degol	Vollmantel	300	IMR	4350	79,5	Hornady	CCI 250	83,5	785
Woodleigh	TMR	300	Winchester	760	78,5	Hornady	WIN LRM	83,5	790
Barnes	TSX	300	Hodgdon	H 414	78,0	Hornady	CCI 250	84,4	786
RWS	Vollmantel	300	Norma	N 204	77,0	Hornady	RWS 5333	83,5	775
Reichen-berg	HDB	300	IMR	4831	80,5	Hornady	CCI 250	83,2	785

Zur Erm ttlung der Ladedaten wurde eine Repetierbüchse Howa mit 61 Zentimeter Lauflänge benutzt.
Die Geschwindigkeit wurde drei Meter vor der Laufmündung gemessen.

.376 Steyr

Die .376 Steyr ist eine Gemeinschaftsentwicklung der österreichischen Waffenfirma Steyr Mannlicher und des amerikanischen Munitionsherstellers Hornady. Die neue Kurzpatrone war für die Scout Rifle gedacht, eine von Jeff Cooper entwickelte Repetierbüchse, die für die Patrone .308 Winchester ausgelegt ist und in den USA ein beliebtes Modell für Liebhaber handlicher, kurzer Waffen ist. Parallel zur Scout-Entwicklung lief auch das Projekt „Lion-Scout“. Hier sollte eine handliche Repetierbüchse für stärkeres Wild entwickelt werden. Die Patrone sollte einen Geschossdurchmesser von .375 haben, um in allen afrikanischen Ländern eine legale Bejagung der Großwildarten zu erlauben. Zweite Vorgabe war die Kompatibilität mit einem normal langen Büchsensystem. Dritte Prämisse eine hohe Leistung aus kurzen Läufen. Keine einfache Aufgabe, aber mit den heute zur Verfügung stehenden innenballistischen Erkenntnissen und den modernen Treibladungsmitteln auch nicht unmöglich, wie das Ergebnis zeigt.

Die .376 Steyr benutzt als Basishülse die deutsche Entwicklung 9,3 x 64 Brenneke. Die Hülse wird unter annähernder Beibehaltung des Schulterwinkels um 4 mm gekürzt und auf .375 Dia aufgeweitet. Damit ergibt sich eine maximale Patronenlänge von 79 mm und die .376 Steyr passt problemlos in das Steyr Standardsystem. Auch wenn die neue Patrone .376 heißt, so werden doch die herkömmlichen .375er Geschosse verladen. Im Jahre 2000 wurde die Patrone vorgestellt. Die Werte sind beeindruckend. Trotz der kurzen Hülse kratzt die .376 Steyr an der Leistung der .375 Holland&Holland Magnum. Das geht natürlich nur mit reichlich Druck, denn Wunder vollbringen auch die neuen Pulver nicht. Der Höchstgasdruck der .376 Steyr nach CIP wurde auf 4600 bar festgelegt. Durch die kurze Hülse ist die Steyr erstaunlich flexibel, was reduzierte Ladungen angeht. Es ist kein Problem, leichte Laborierungen auf dem Niveau der 9,3 x 62 herzustellen oder sogar noch darunter zu bleiben. Der Leistungsverlust aus kurzen Läufen ist sehr gering. Der Vergleich von zwei Steyr Repetierbüchsen, der Scout mit 482 mm kurzem Lauf und einer Custom-Büchse auf 98er Basis mit 60-cm-Lauf zeigte, dass ein 270-Grains-Geschoss aus dem Kurzlauf lediglich 15 m/s langsamer ist. Um eine großwildtaugliche, handliche Repetierbüchse zu bauen, ist die .376 Steyr damit ideal.

Die Hülsenbeschaffung ist bei diesem Kaliber sehr eingeschränkt. Wer seinen Hülsenvorrat nicht unbedingt durch das Verschießen von Fabrikpatronen anlegen will, kann auch 9,3 x 64 Brennek-Hülsen umformen. Das erfordert aber den versierten Wiederlader. Leere Hülsen sind von Hornady zu bekommen. Das dürfte der beste Weg sein, um an einen Grundstock Hülsen zu gelangen.

Bei den Geschossen sieht es sehr gut aus.

Der Geschossdurchmesser von .375 ist recht beliebt und es besteht eine reiche Auswahl. Die Geschosspalette reicht von 200 bis 350 Grains. Bei vielen Geschossen ist aber zu bedenken, dass sie oft für wesentlich schwächere Patronen gedacht sind und für die .376 Steyr, wenn die volle Leistung gewünscht wird, nicht geeignet sind. Beim Einsatz auf Wild ist dann mit völlig unzureichender Tiefenwirkung zu rechnen. Bei den Treibladungsmitteln sind die mittelschnellen bis langsam abbrennenden Pulver wie Hodgdon

Varget, Alliant RL 7 oder Hodgdon 4895 einsetzbar; für reduzierte Ladungen auch Pulver wie Vihtavuori N 135. Die beste Präzision wurde mit Hodgdon Benchmark erreicht, einem Pulver, das speziell für kurze Läufe entwickelt wurde. Die mit Benchmark geladenen Patronen haben auch ein sehr geringes Mündungsfeuer. Für die mittelschnellen Pulver reichen Standardzündhütchen, bei den langsamen Sorten wurden Magnum-Zünder verwendet. Matrizensätze sind von den großen Herstellern zu bekommen und gehören sogar zu der preisgünstigsten Standardklasse. Der für die Laborierungsarbeiten verwendete RCBS-Satz gehört zur Standardklasse und ist entsprechend günstig.

Die .376 Steyr passt problemlos in Standardsysteme.

Ladedaten Kaliber .376 Steyr

Geschoss-hersteller	Geschoss-typ	Geschoss-gewicht Grains	Pulver-hersteller	Pulvertyp	Pulver-ladung Grains	Hülsen-fabrikat	Zünd-hütchen	Gesamt-länge (mm)	V_0 m/s
Barnes	X-Bullet	210	Alliant	RL 7	45,0	Hornady	CCI 200	79,0	875
Barnes	TSX	235	Vihtavuori	N 135	62,5	Hornady	RWS 5341	79,0	802
Reichen-berg	HDB	245	Hodgdon	Varget	67,0	Hornady	RWS 5341	79,0	762
Swift	A-Frame	250	Hodgdon	Benchmark	60,0	Hornady	Federal 215	78,5	765
Nosler	Partition	260	Hodgdon	Benchmark	62,0	Hornady	CCI 200	78,5	750
Nosler	Accubond	260	IMR	3031	56,0	Hornady	CCI 200	79,0	761
Woodleigh	Prot. Point	270	Alliant	RL 12	63,2	Hornady	RWS 5341	78,5	755
Degol	TMS	270	Winchester	AA 2230	59,5	Hornady	CCI 200	78,6	758
Barnes	X-Bullet	270	Hodgdon	4895	62,0	Hornady	RWS 5341	79,0	761
Sierra	Game King	300	Vihtavuori	N 135	56,8	Hornady	CCI 200	79,0	728
Hornady	Vollmantel	300	Alliant	RL 12	58,2	Hornady	CCI 200	78,5	730
Woodleigh	TMR	300	Hodgdon	4895	57,0	Hornady	RWS 5341	78,5	726
Swift	A-Frame	300	Winchester	AA 2520	57,2	Hornady	CCI 200	79,0	732
Degol	Vollmantel	300	IMR	4895	60,0	Hornady	RWS 5341	78,5	740
Woodleigh	TMR	300	Alliant	RL 12	58,0	Hornady	CCI 200	78,5	728
Barnes	X-Bullet	300	Hodgdon	Varget	62,0	Hornady	CCI 250	78,5	741
Woodleigh	TMR	350	Alliant	RL 15	61,3	Hornady	CCI 250	78,3	731
Woodleigh	TMR	350	Vihtavuori	N 140	59,0	Hornady	CCI 200	78,3	728

Zur Ermittlung der Ladedaten wurde eine Repetierbüchse Mauser 98 mit 60 Zentimeter Lauflänge benutzt.
Die Geschwindigkeit wurde drei Meter vor der Laufmündung gemessen.

.375 Holland&Holland Magnum

Die .375 H&H ist eine der klassischen Großwildpatronen und fast alle Hersteller von Repetierbüchsen bieten dieses Kaliber an. Selbst Doppelbüchsen werden für die 9,5 x 72, wie sie metrisch heißen würde, gebaut. Die englische Waffenfirma Holland&Holland brachte die Patrone 1912 unter dem Namen .375 Belted Rimless Magnum Nitro Express als eine der ersten Gürtelpatronen auf den Markt. Der Erfolg war durchschlagend und die starke Patrone war schnell weltweit bekannt und beliebt. Die Außenballistik der starken Patrone ist mit der .30-06 zu vergleichen und aus guten Waffen ist die .375 H&H sehr präzise. Auch heute noch wird die .375 H&H als ideales Allroundkaliber für den Jagdreisenden gepriesen. Bei echtem Großwild hat diese Patrone aber ebenso viele Kritiker. Bei guten Schüssen auf breit stehende Dickhäuter wie Büffel, Nashorn oder Nilpferd ist die Wirkung sicher zufriedenstellend, aber bei der Jagd auf wehrhaftes Großwild kann der Jäger auch schnell in Situationen kommen, wo die schnelle .375er an ihre Grenzen stößt. Hier bietet ein .416er oder .458er Kaliber wesentlich mehr Stoppkraft durch das höhere Geschossgewicht und den größeren Kaliberdurchmesser. Die Auswahl an Fabrikpatronen ist zwar recht umfangreich, trotzdem wird die .375 H&H gern wiedergeladen, denn es gibt heute eine Menge Spezialgeschosse dieses Kaliberdurchmessers, die sich in keiner Fabrikpatrone finden. Der Wiederlader hat hier eine Menge Möglichkeiten, um die Patrone seinen Bedürfnissen anzupassen.

Die Hülsenbeschaffung ist bei diesem Kaliber kein Problem. Wird der benötigte Hülsenvorrat nicht durch das Verschießen von Fabrikpatronen gewonnen, so bieten viele Munitionsfirmen auch leere, ungezündete Hülsen für Wiederlader an.

Bei den Geschossen sieht es ebenfalls sehr gut aus, denn der Geschossdurchmesser von .375 ist recht beliebt und es besteht eine reiche Auswahl. Die Geschosspalette reicht von 200 bis 350 Grains und damit hat der Wiederlader eine Menge Möglichkeiten. Bei vielen der leichteren Geschossen ist aber zu bedenken, dass sie oft für wesentlich schwächere Patronen wie etwa .375 Winchester gedacht sind und meist über sehr dünne Mäntel verfügen. Beim Einsatz auf Wild ist daher mit geringer Tiefenwirkung zu rechnen. Diese Geschosse sind in der Geschosstabelle „für reduzierte Ladungen“ ausgewiesen.

Bei den Treibladungsmitteln sind die mittelschnell abbrennenden Pulver in Anbetracht der Hülsenform der .375 Holland&Holland Magnum die beste Wahl. Für wirklich progressive Sorten ist der Pulverraum zu klein, um genügend Treibladungspulver unterzubringen. Besonders RWS R 907 und Vihtavuori N 140 haben sich als sehr gut erwiesen, wenn Geschosse mit dem beliebten Geschossgewicht von 19,5 g verladen werden. Bei den leichteren Geschossen können auch schneller abbrennende Pulver wie IMR 4895 eingesetzt werden. Für leicht reduzierte Ladungen, etwa um die starke Patrone auf heimischen Drückjagden auf Rot- und Schwarzwild einzusetzen, haben sich die offensiveren Pulver gut bewährt.

Die Werkzeugbeschaffung ist kein großes Problem. Alle Hersteller von Wiederladematrizen haben die .375 H&H im Programm. Die Patrone gilt als Standardkaliber und die Preise sind entsprechend günstig. Obwohl Standardzündhütchen für die mittelschnellen Pulver ausreichen, haben sich starke Magnum-Zünder als vorteilhaft für die Präzision erwiesen.

Ladedaten Kaliber .375 Holland&Holland Magnum

Geschoss-hersteller	Geschoss-typ	Geschoss-gewicht Grains	Pulver-hersteller	Pulvertyp	Pulver-ladung Grains	Hülsen-fabrikat	Zünd-hütchen	Gesamt-länge (mm)	V_0 m/s
Barnes	X-Bullet	210	IMR	4064	71,0	Remington	CCI 250	87,0	920
Hornady	Flachkopf	220	IMR	4895	74,2	Remington	CCI 250	85,0	880
Barnes	TSX	235	Vihtavuori	N 140	71,8	RWS	CCI 250	88,9	852
Reichen-berg	HDB	245	Vihtavuori	N 160	85,0	RWS	CCI 250	89,5	835
Swift	A-Frame	250	IMR	4350	82,0	Remington	CCI 250	92,0	840
Nosler	Partition	260	Rottweil	R 904	78,5	RWS	RWS 5333	91,5	820
Nosler	Accubond	260	Vihtavuori	N 160	80,2	RWS	RWS 5333	91,5	832
Hornady	TMS	270	IMR	4350	79,8	RWS	RWS 5333	92,8	808
Woodleigh	Prot. Point	270	IMR	4064	68,8	Remington	CCI 250	93,0	802
Degol	TMS	270	Rottweil	R 903	75,2	RWS	CCI 250	92,5	815
Barnes	BND Solid	270	IMR	4895	74,3	RWS	RWS 5333	91,5	810
Speer	Grand Slam	285	Rottweil	R 904	79,5	Winchester	CCI 250	91,2	802
Sierra	Game King	300	IMR	4064	69,0	RWS	CCI BR2	91,5	757
Swift	A-Frame	300	IMR	4064	67,5	RWS	CCI BR2	91,4	740
RWS	Kegelspitz	300	Rottweil	R 907	72,0	RWS	RWS 5333	89,0	778
Nosler	Partition	300	Vihtavuori	N 160	78,5	RWS	RWS 5333	91,5	785
RWS	Universal	300	Rottweil	R 907	73,2	RWS	RWS 5333	91,4	782
RWS	Vollmantel	300	Rottweil	R 903	67,8	RWS	RWS 5333	88,8	748
Romey	Silver Solid	300	IMR	4064	66,0	Winchester	CCI 250	91,0	740
Woodleigh	TMR	300	Vihtavuori	N 540	69,5	RWS	CCI 250	92,8	780
A-Square	Dead T.	300	IMR	4831	79,0	RWS	CCI 250	91,2	775
Degol	TMR	300	Rottweil	R 907	72,0	Winchester	CCI 250	92,8	770
Barnes	TSX	300	Vihtavuori	N 140	68,0	RWS	RWS 5333	92,5	765
Degol	TMR	325	Vihtavuori	N 140	64,5	RWS	CCI 250	92,8	720
Degol	TMR	350	Vihtavuori	N 540	63,0	RWS	RWS 5333	90,5	705

Für die Ermittlung der Ladedaten wurde eine Repetierbüchse mit 65 cm Lauflänge benutzt.

.375 Holland&Holland Magnum Flanged

Die Randversion der Holland&Holland Erfolgspatrone wurde zusammen mit der Gürtelpatrone im Jahre 1912 vorgestellt. Sie wies eine nur geringfügig geringere Leistung auf. Für die Gürtelausführung wurden 18,5 long tons als Höchstgasdruck angegeben, während die Randversion mit 17,5 long tons ausgewiesen wurde. Diese englische Angabe des Gasdrucks lässt sich mit dem Multiplikator 154,445 in die uns geläufigen bar umrechnen. Damit würde sich ein Verhältnis von 2850 zu 2700 bar ergeben. Auf den ersten Blick recht schlapp für die .375 H&H. Dazu muss man aber wissen, dass damals der Bodendruck gemessen wurde, während man heute den Gasdruck an der Seite der Patrone misst. Diese Werte liegen um mindestens 600–700 bar höher, womit sich der heute angegebene maximale Gebrauchsgasdruck von 3700 bar für die .375 H&H erklärt. Die mögliche Leistung der Randpatrone liegt damit nur wenig unter der Gürtelversion. In der Jagdpraxis wird sich dieser Unterschied kaum bemerkbar machen. Lange Zeit war es sehr ruhig um diese Patrone, doch in jüngerer Zeit gab es wieder Neuwaffen für das leistungsstarke Randkaliber, zum Beispiel von der Firma Heym. Fabrikmunition ist ziemlich selten. Die Fa. Romey fertigt vier Laborierungen der .375 H&H FL, die alle mit Geschossen des australischen Herstellers Woodleigh ausgestattet sind. Im klassischen Geschossgewicht 300 Grains wird eine Voll- und Teilmantellaborierung angeboten, die durch leichtere Teilmantelpatronen in den Gewichten 270 und 235 Grains ergänzt werden. Der Wiederlader hat hier in Anbetracht des üppigen Geschossangebotes eine Menge Möglichkeiten. Hülsen in diesem seltenen Randkaliber sind entsprechend teuer und auch nicht einfach zu beschaffen.

Bei den Treibladungsmitteln sind die mittelschnell bis langsam abbrennenden Pulver in Anbetracht der Hülsenform der .375 Holland&Holland Magnum die beste Wahl. Mit den progressiven Sorten wurden mit Ausnahme der 350-Grains-Laborierung und Vihtavuori N 160 keine gleichmäßigen Ergebnisse erzielt. Besonders RWS R 904 und die Vihtavuori-Pulver N 540 und N 550 haben sich als sehr präzise erwiesen. Bei den leichteren Geschossen können auch schneller abbrennende Pulver wie IMR 4895 eingesetzt werden. Für leicht reduzierte Ladungen, etwa um die starke Patrone auf heimischen Drückjagden auf Rot- und Schwarzwild einzusetzen, haben sich die offensiveren Pulver gut bewährt.

Matrizensätze sind entsprechend teuer und es ist mit langen Lieferzeiten zu rechnen. Obwohl Standardzündhütchen für die mittelschnellen Pulver ausreichen, haben sich starke Magnum-Zünder als vorteilhaft für die Präzision erwiesen.

Ladedaten Kaliber .375 Holland&Holland Magnum Flanged

Geschoss-hersteller	Geschoss-typ	Geschoss-gewicht Grains	Pulver-hersteller	Pulvertyp	Pulver-ladung Grains	Hülsen-fabrikat	Zünd-hütchen	Gesamt-länge (mm)	V_0 m/s
Hornady	Flachkopf	220	IMR	4895	68,0	Romey	CCI 250	93,0	802
Speer	TM Semi	235	Rottweil	R 907	73,0	Romey	CCI 250	93,2	810
Nosler	Partition	260	Rottweil	R 904	75,5	Romey	RWS 5333	93,5	776
Woodleigh	Prot. Point	270	Vihtavuori	N 560	78,0	Romey	CCI 250	93,5	766
Degol	TMS	270	Rottweil	R 904	73,2	Romey	CCI 250	93,5	771
Speer	Grand Slam	285	IMR	4895	60,5	Romey	CCI 250	93,0	731
Sierra	Game King	300	Rottweil	R 904	66,5	Romey	RWS 5333	93,0	702
Swift	A-Frame	300	Vihtavuori	N 540	59,0	Romey	CCI BR2	93,0	694
RWS	Universal	300	Vihtavuori	N 150	60,0	Romey	RWS 5333	93,0	696
Degol	Vollmantel	300	Rottweil	R 904	66,0	Romey	CCI BR2	93,2	700
Woodleigh	TMR	300	Rottweil	R 907	63,0	RWS	CCI 250	93,0	705
Barnes	X-Bullet	300	Vihtavuori	N 550	68,4	RWS	RWS 5333	93,0	708
Degol	TMR	325	Vihtavuori	N 550	63,0	RWS	CCI 250	93,0	676
Degol	TMR	350	Vihtavuori	N 160	68,0	RWS	RWS 5333	93,0	769

Zur Ermittlung der Ladedaten wurde eine Doppelbüchse mit 65 cm Lauflänge benutzt.

9,5x66 Super Express vom Hofe

Wie schon ausgeführt, kann die Großwildpatrone .375 Holland&Holland Magnum fast als Universalpatrone für den Afrikajäger bezeichnet werden. Ausreichend rasant, um auch größere Schussentfernungen zu meistern, bringt sie genügend Energie ins Ziel, um auch schweres Wild zur Strecke zu bringen. Ihre lange Hülse verlangt aber nach einem Magnumsystem und die so beliebten 98er Systeme müssen recht aufwendig umgebaut werden. In diesem Punkt ist die Brenneke-Konstruktion 9,3 x 64 klar im Vorteil. Sie passt so wie sie ist ins Mausersystem. Auch bezüglich der Leistung braucht sie sich keinesfalls hinter der englischen Konkurrenz zu verstecken. Ihr einziger Nachteil liegt im Geschossdurchmesser. In den meisten afrikanischen Jagdländern ist als Mindestkaliber für die Big Five eine Patrone mit einem Geschossdurchmesser von 9,5 Millimeter (Dia .375) vorgeschrieben. Damit ist die 9,3 x 64 illegal und darf nicht eingesetzt werden. Recht einfach wäre es gewesen, die 9,3 x 64er Hülse lediglich etwas aufzuweiten und mit .375er Geschossen zu laborieren.

Die hier vorgestellte Patrone hat aber eine andere Mutterhülse, denn sie hat schon eine lange Vorgeschichte und lag in etwas anderer Form bereits viele Jahre in der Schublade von Munitionsexperte Walter Gehmann. Er griff natürlich auf eine Hülse aus „eigenem Haus" zurück und wählte als Ausgangshülse die 7x66 SE v. Hofe, die auf .375 aufgeweitet wird. Ursprünglich war sogar eine 9,6x66 vom Hofe mit völlig neuer Hülse geplant, die aber über das bloße Reißbrett-Stadium niemals hinausgelangte. Die neue Hülse hätte bei einem Bodendurchmesser von 15,75 Millimeter das enorme Hülsenvolumen von 7,55 ccm gehabt. Damit wäre die Leistung der .378 Weatherby, die ein Hülsenvolumen von 7,66 ccm aufweist, problemlos möglich gewesen. Gehmann verwirklichte diese Patrone nicht, da er wenig Sinn darin sah, eine Patrone mit praktisch identischer Leistung zu schaffen und gegen die auf dem Weltmarkt schon etablierte Konkurrenz der Weatherby anzutreten. Die zweite Patrone entstand im Jahre 1967 auf Basis der .404 Jeffery und bekam den klangvollen Namen 9,3x75 v. Hofe Maximum. Mit einem Hülsenvolumen von 6,93 ccm wurde ein 17 g schweres Geschoss auf eine Mündungsgeschwindigkeit von 950 m/s beschleunigt. Mit 7370 Joule war dies damals die mit Abstand stärkste 9,3-mm-Patrone. Diese neue v.-Hofe-Patrone war nicht nur Theorie, sondern wurde erfolgreich in Uganda auf Elefant, Büffel und Flusspferd getestet. Kommerziell genutzt wurde aber auch diese interessante Entwicklung nicht, denn der Weltmarkt für Großwild-Munition versprach für eine neue Patrone dieser Leistungsklasse damals, Anfang der 70er Jahre, keine großen Verkaufserfolge.

Als dann die englische Firma Westley Richards nach einer Patrone für Mauser-Systeme im Kaliberbereich .375 suchte, entschloss Walter Gehmann sich zu einem dritten Anlauf und wählte diesmal die 7x66 SE v. H. als Grundhülse. Damit steht reichlich Pulverraum zur Verfügung, um die Leistung der .375 Holland&Holland sogar noch zu übertreffen. Die Fertigung der Patronen und die Entwicklung der endgültigen Laborierung ist bei Wolfgang Romey/Petershagen erfolgt, der auch die anderen vom-Hofe-Kaliber für Gehmann fertigt. In England kam diese Patrone gleichzeitig als .375 Westley Richards, ebenfalls von Romey gefertigt, auf den Markt. Die Fabrikpatronen sind auf eine V_0 von etwa 820 m/s geladen. Damit ergibt sich bei einem 300 Grains schweren Geschoss eine Mündungsenergie von 6600 Joule. Somit liegt die neue Patrone um gut 800 Joule über den Werten der .375 Holland&Holland und kommt schon der .378 Weatherby sehr nahe. (Zum Vergleich: .375 H&H Winchester Silvertip 300 Grains, 772 m/s; 5781 Joule) Das Rückstoßverhalten ist etwa mit der .375 H&H zu vergleichen und wesentlich angenehmer als die .378 Weatherby.

Die Hülsenbeschaffung ist bei diesem Kaliber nicht ganz einfach. Wird der benötigte Hülsenvorrat nicht durch das Verschießen von Fabrikpatronen gewonnen, so bleibt nur die Möglichkeit, die Mutterhülse 7 x 66 SEvH zu verwenden, die aber auch nicht gerade häufig zu finden ist.

Bei den Treibladungsmitteln sind die mittelschnell bis langsam abbrennenden Pulver in Anbetracht der Hülsenform der 9,5 x 66 SEvH die beste Wahl. Für wirklich progressive Sorten ist der Pulverraum zu klein, um genügend Treibladungspulver unterzubringen. Besonders RWS R 904 und Vihtavuori N 140 oder N 150 haben sich als sehr gut erwiesen, wenn Geschosse mit dem beliebten Geschossgewicht von 19,5 g verladen werden. Bei den leichteren Geschossen können auch schneller abbrennende Pulver wie IMR 4895 eingesetzt werden. Für leicht reduzierte Ladungen, etwa um die starke Patrone auf heimischen Drückjagden auf Rot- und Schwarzwild einzusetzen, haben sich die offensiveren Pulver gut bewährt.

Die Werkzeugbeschaffung ist heute kein großes Problem mehr. Wiederladematrizen sind bei den bekannten Firmen zu bekommen, allerdings recht teuer, da das Kaliber nicht gerade als Standardkaliber gilt. Obwohl Standardzündhütchen für die mittelschnellen Pulver eigentlich ausreichen, haben sich starke Magnum-Zünder auch hier als vorteilhaft für die Präzision erwiesen.

Büffelkuh, erlegt mit einer 9,5 x 66 SE vH.

Ladedaten Kaliber 9,5x66 SEvH

Geschoss-hersteller	Geschoss-typ	Geschoss-gewicht Grains	Pulver-hersteller	Pulvertyp	Pulver-ladung Grains	Hülsen-fabrikat	Zünd-hütchen	Gesamt-länge (mm)	V_0 m/s
Barnes	X-Bullet	210	Rottweil	R 903	85,0	WR	CCI 250	85,5	900
Hornady	Flachkopf	220	Rottweil	R 907	88,0	WR	CCI 250	85,1	895
Barnes	X-Bullet	235	Vihtavuori	N 140	82,0	WR	Rottweil 5333	85,5	865
Swift	A-Frame	250	Vihtavuori	N540	81,0	WR	CCI 250	85,6	860
Nosler	Partition	260	IMR	4895	78,0	WR	Rottweil 5333	84,5	852
Hornady	TMS	270	Rottweil	R 904	90,0	WR	CCI 250	84,5	850
Woodleigh	Prot. Point	270	Vihtavuori	N 550	86,0	WR	Rottweil 5333	84,0	854
Degol	TMS	270	Norma	204	91,0	WR	CCI 250	84,0	851
Speer	Grand Slam	285	Vihtavuori	N 550	82,0	WR	CCI 250	84,5	838
Sierra	Game King	300	Rottweil	R 907	78,5	WR	CCI 250	85,1	807
Swift	A-Frame	300	Rottweil	R 907	76,5	WR	Rottweil 5333	84,0	790
RWS	Kegelspitz	300	Vihtavuori	N 540	74,2	WR	CCI 250	83,8	800
RWS	Universal	300	IMR	4064	72,5	WR	Rottweil 5333	84,5	785
RWS	Vollmantel	300	Vihtavuori	N 160	84,2	WR	CCI 250	84,0	778
Woodleigh	TMR	300	Rottweil	R 904	82,5	WR	Rottweil 5333	83,5	805
Degol	TMR	300	IMR	4350	83,5	WR	CCI 250	83,5	810
Woodleigh	TMR	300	Norma	MRP	89,0	WR	CCI 250	83,5	820
Barnes	X-Bullet	300	Norma	204	81,3	WR	CCI 250	84,0	785
Degol	TMR	325	Vihtavuori	N 540	71,5	WR	CCI 250	83,5	760
Degol	TMR	350	Rottweil	R 904	78,5	WR	CCI 250	83,5	735

Zur Ermittlung der Ladedaten wurde eine Repetierbüchse mit 60 cm Lauflänge benutzt.

.378 Weatherby Magnum

Roy Weatherby stellte die .378 Weatherby Magnum im Jahre 1953 als völlig neu konstruierte Patrone vor, nachdem ihn Versuche mit einer ausgeblasenen .375 Holland&Holland Magnum bezüglich der Leistung nicht befriedigten. Die Hülse lehnt sich in den Basismaßen zwar an die .416 Rigby an, hat aber die typische Doppelradialschulter der Weatherbyhülsen und den Gürtel über dem Hülsenboden. Die durch den jetzt riesigen Pulverraum erzielbare Leistung ist beeindruckend. Weatherby beschleunigte ein 300-Grains-Geschoss auf 880 m/s und übertraf damit die .375 Holland&Holland Magnum um fast 100 m/s Eine solche Leistung ist natürlich nicht unproblematisch. Die .378 Weatherby Magnum gehört zu den rückstoßstärksten Patronen überhaupt und schießt sich wirklich unangenehm. Der kurze, ultraharte Rückstoß ist wesentlich heftiger als bei den echten Großkalibern wie .500 NE oder .577 NE. Das zweite Problem der leistungsstarken Patrone waren die in den 50er Jahren zur Verfügung stehenden Jagdgeschosse. Für die hohe Zielgeschwindigkeit waren sie im Aufbau zu weich, und die Patrone musste viel Kritik wegen der zu geringen Tiefenwirkung einstecken. Durch die heute zu Verfügung stehenden harten Verbundkerngeschosse, und die monolitisch aufgebauten Konstruktionen ohne Bleikern, ist dieses Problem aber behoben. Außenballistisch ist die .378 eine Klasse für sich. Mit einem Jagdgeschoss mit günstigen ballistischen Koeffizienten, etwa dem 300 Grains Sierra Game King, ist die Patrone ideal für den wirklich weiten Schuss auf großes Wild. Die .378 Weatherby Magnum wird überwiegend in der Weatherby Repetierbüchse Mark V angeboten, aber auch andere Hersteller bauen die Patrone auf Wunsch ein. Es ist ein langes Magnumsystem erforderlich. Ratsam ist eine Mündungsbremse, auch wenn sich der Geschossknall dann in den schmerzhaften Bereich steigert und nicht ohne Gehörschutz geschossen werden sollte. Bei originalen Weatherby-Büchsen ist die Mündungsbremse obligatorisch.

Fabrikmunition ist ziemlich selten. Patronen sind nur von Weatherby selbst und von A-Square erhältlich. A-Square Munition ist aber in Deuschland kaum zu bekommen. Der Wiederlader hat hier eine Menge Möglichkeiten. Die nutzbare Geschosspalette reicht von 200 bis 350 Grains. Es sollten aber nur die wirklich stabil aufgebauten Geschosskonstruktionen eingesetzt werden, wenn die volle Leistung gewünscht wird. Beim Einsatz auf Wild ist sonst mit völlig unzureichender Tiefenwirkung zu rechnen. Der Wiederlader kann aber leicht reduzierte Laborierungen anfertigen, die dann im Bereich der .375 Holland&Holland liegen. Für den Jagdeinsatz reicht das in der Regel aus und diese Patronen schießen sich wesentlich angenehmer. Wegen der großen Gefahr von Nachbrennern und dem detonationsartigen Abbrand dürfen die in der Tabelle angegebenen reduzierten Ladungen auf keinen Fall unterschritten werden. Die .378 Weatherby ist hier sehr empfindlich.

Wegen der ausgefallenen Maße können nur Originalhülsen verwandt werden. Lediglich das Herunterkalibrieren der aus der .378 Weatherby entstandenen .460 Weatherby wäre möglich, aber diese Hülsen sind genauso selten zu bekommen.

Bei den Treibladungsmitteln sind für volle Leistung nur die langsam abbrennenden Pulver wie Rottweil R 905, Vihtavuori N 165 oder Hodgdon 4831 einsetzbar. Für etwas reduzierte Ladungen eignen sich auch die mittelschnellen Sorten wie etwa Rottweil R 907. Besonders Augenmerk gilt den Zündhütchen. Für eine gleichmäßige Anzündung der großen Pulvermenge sind besonders starke Magnum-Zünder notwendig. Die besten Ergebnisse wurden mit dem Federal 215 und dem RWS 5333 erzielt. Matrizensätze sind von den großen Herstellern zu bekommen und gehören noch nicht einmal zu den Sonderkalibern.

Pflegeleichte Sauer 101 Alaska. Ideal für die Jagd im nassen Schottland.

Ladedaten Kaliber .378 Weatherby Magnum

Geschoss-hersteller	Geschoss-typ	Geschoss-gewicht Grains	Pulver-hersteller	Pulvertyp	Pulver-ladung Grains	Hülsen-fabrikat	Zünd-hütchen	Gesamt-länge (mm)	V_0 m/s
Möller	KJG	200	Vihtavuori	N 550	116,0	Weatherby	Federal 215	93,0	1052
Barnes	TSX	235	Alliant	RL 19	114,0	Weatherby	Federal 215	93,0	1012
Reichen-berg	HDB	245	Rottweil	R 905	118,0	Weatherby	Federal 215	92,0	945
Nosler	Partition	260	Vihtavuori	N 165	117,0	Weatherby	RWS 5333	92,0	930
Woodleigh	Prot. Point	270	Rottweil	R 907	95,0	Weatherby	Federal 215	91,6	820
Reichen-berg	HDB	270	Rottweil	R 905	114,0	Weatherby	Federal 215	91,8	895
Barnes	TSX	270	Alliant	RL 19	108,0	Weatherby	Federal 215	92,5	890
Degol	TMS	270	Norma	MRP	112,0	Weatherby	Federal 215	92,0	902
Barnes	Solid	270	Alliant	RL 22	112,0	Weatherby	Federal 215	91,6	885
Speer	Grand Slam	285	Vihtavuori	N 165	114,0	Weatherby	Federal 215	92,5	910
Sierra	Game King	300	Rottweil	R 905	110,0	Weatherby	RWS 5333	92,5	884
Hornady	Vollmantel	300	Norma	MRP	110,0	Weatherby	Federal 215	90,5	876
Woodleigh	TMR	300	Rottweil	R 904	93,0	Weatherby	RWS 5333	90,0	778
RWS	Kegelspitz	300	Rottweil	R 907	90,0	Weatherby	RWS 5333	92,4	795
Swift	A-Frame	300	Hodgdon	4831	109,0	Weatherby	RWS 5333	92,7	890
Nosler	Partition	300	IMR	7828	111,0	Weatherby	Federal 215	92,5	881
RWS	Universal	300	Vihtavuori	N 165	110,0	Weatherby	RWS 5333	90,5	862
Degol	Vollmantel	300	Rottweil	R 905	105,0	Weatherby	Federal 215	89,5	845
Woodleigh	TMR	300	Alliant	R 22	112,0	Weatherby	Federal 215	90,0	872
Barnes	TSX	300	IMR	4831	111,0	Weatherby	RWS 5333	92,5	889
Barnes	BND Solid	300	Alliant	RL 22	109,0	Weatherby	Federal 215	91,6	875
Degol	TMR	325	Vihtavuori	N 165	106,0	Weatherby	Federal 215	92,0	815

Zur Ermittlung der Ladedaten wurde eine Weatherby Mark V mit 65 Zentimeter Lauflänge benutzt.

.375 Remington Ultra Magnum

Die .375 RUM ist nach der .300 RUM und der .338 RUM die dritte Remington Ultra Magnum. Sie kam im Jahre 2001 auf den Markt. Damit erschließt Remington mit der RUM-Patronenfamilie auch den Großwildbereich. Hauptkonkurrenten sind hier die klassische .375 Holland&Holland Magnum und die .378 Weatherby Magnum. Remington hat aber nicht versucht, Weatherbys Super-Magnum zu übertreffen, sondern siedelt die .375 RUM in der Leistung zwischen den beiden etablierten 375er Kalibern an. Ein 300-Grains-Geschoss wird auf 840 m/s beschleunigt. Die .375 H&H liegt bei etwa 780 m/s, die .378 Weatherby kommt auf satte 880 m/s. Damit steht dem Jäger mit der .375 RUM, gegenüber der alten .375 H&H, eine etwas gestrecktere Flugbahn zur Verfügung, ohne aber den horrenden Rückstoß der Weatherby in Kauf nehmen zu müssen. Die neu konzipierte RUM schießt sich nicht spürbar unangenehmer als eine .375 H&H. Sie hat damit das Zeug, die für starkes Wild als sehr universell geltende Holland&Holland abzulösen. Als Ausgangshülse der RUM-Patronen dient die .404 Jeffery. Der Schulterwinkel ist auf 30 Grad festgelegt. Remington hat sich damit für eine Hülse ohne Gürtel entschieden, was von den meisten Ballistikexperten als vorteilhaft angesehen wird. Gürtellose Hülsen haben bei gleichen Außenabmessungen einen größeren Pulverraum und haben eine bessere Zentrierung im Patronenlager durch die Bildung des Verschlussabstandes auf der Schulter und nicht auf der Stirnseite des Gürtels. Mit einer Hülsenlänge von 72,39 mm reicht für die RUM-Patronenfamilie das lange Remington-System aus. Übergroße Magnumsysteme, wie sie etwa die .416 Rigby oder die Weatherby benötigt, sind nicht erforderlich, was den Bau von preiswerten Repetierern möglich macht. Sehr ähnlich ist übrigens die .375 Dakota, die ebenfalls die .404 Jeffery als Ausgangshülse benutzt.

Um die hohe Leistung der schnellen .375er zielballistisch umsetzen zu können, sind entsprechende Geschosse notwendig.

Mit den modernen Verbundkerngeschossen und den monolithisch aufgebauten Konstruktionen ohne Bleikern ist dieses Problem aber behoben. Mit einem Jagdgeschoss mit günstigen ballistischen Koeffizienten, etwa dem 300 Grains Sierra Game King, ist die Patrone ideal für den weiten Schuss auf großes Wild. Der Einsatzbereich liegt bei der Jagd auf Elch, Wapiti, Eland, Sable und den wehrhaften Arten wie Braunbär, Löwe oder Büffel. Stehen Plains Game im Vordergrund, ist sie eine ideale Patrone für den Ein-Gewehr-Jäger in Afrika.

Fabrikmunition ist bei dieser noch jungen Patrone ziemlich selten. Patronen sind nur von Remington selbst in zwei Laborierungen erhältlich.

Der Wiederlader hat hier eine Menge Möglichkeiten, denn bei den Geschossen sieht es sehr gut aus. Der Geschossdurchmesser von .375 ist recht beliebt und es besteht eine reiche Auswahl. Auch die .375 RUM braucht hochwertige und stabile Geschosse, um die angestrebte Tiefenwirkung zu erreichen. Der Wiederlader kann hier ebenfalls leicht reduzierte Laborierungen anfertigen, die dann im Bereich der .375 Holland&Holland

liegen. Hülsen ließen sich zwar aus der .404 Jeffery umformen, aber die ist nicht gerade preiswert zu bekommen. Originalhülsen sind die bessere Wahl.

Bei den Treibladungsmitteln sind nur die langsam abbrennenden Pulver wie Hodgdon 4831, Hodgdon 1000 oder IMR 7818 einsetzbar. Die amerikanischen Sorten erbrachten hier eine besonders gute Präzision. Für eine gleichmäßige Anzündung der großen Pulvermenge sind besonders starke Magnum-Zünder notwendig. Die besten Ergebnisse wurden mit dem Federal 215 und dem RWS 5333 erzielt. Matrizensätze sind von den großen Herstellern zu bekommen und gehören schon zu den Normalkalibern.

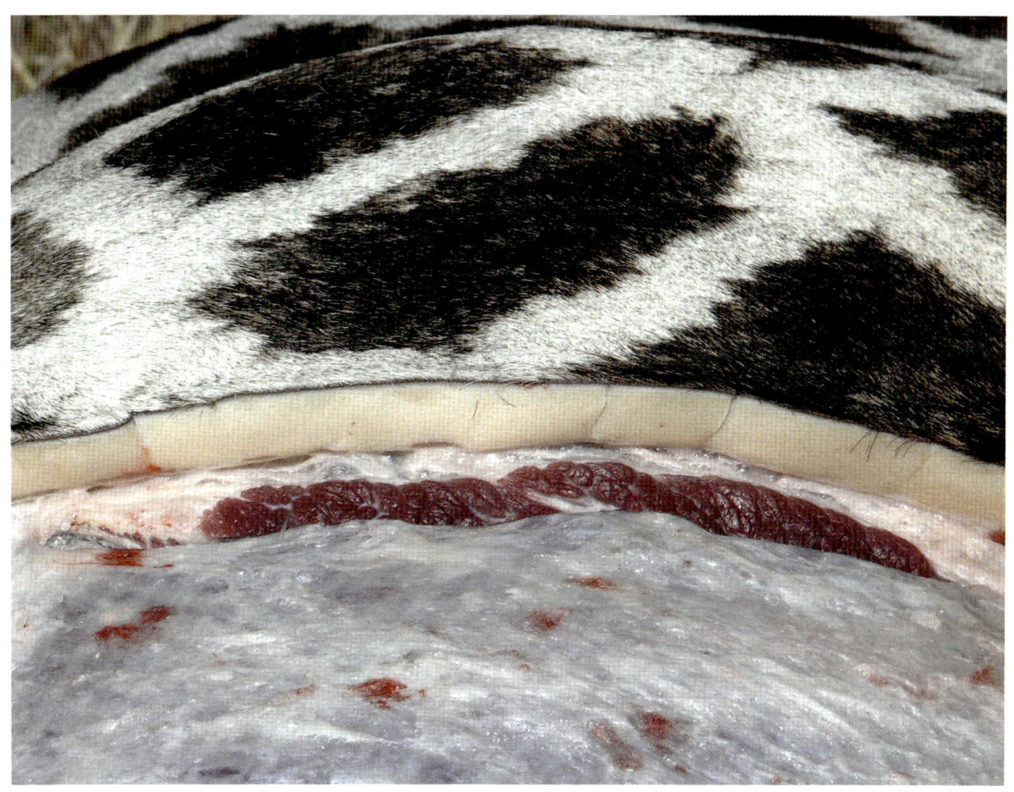

Die Decke einer Giraffe ist mehrere Zentimeter dick. Hier müssen stabile Geschosse eingesetzt werden.

Ladedaten Kaliber .375 Remington Ultra Magnum

Geschoss-hersteller	Geschoss-typ	Geschoss-gewicht Grains	Pulver-hersteller	Pulvertyp	Pulver-ladung Grains	Hülsen-fabrikat	Zünd-hütchen	Gesamt-länge (mm)	V_0 m/s
Barnes	TSX	235	Vihtavuori	N 560	102,0	Remington	RWS 5333	91,4	896
Reichen-berg	HDB	245	Hodgdon	4350	96,0	Remington	Federal 215	91,0	905
Nosler	Partition	260	IMR	7828	100,2	Remington	RWS 5333	91,5	912
Nosler	Accubond	260	Hodgdon	4831	99,5	Remington	CCI 250	91,5	915
Woodleigh	Prot. Point	270	IMR	4350	91,5	Remington	Federal 215	91,3	871
Barnes	TSX	270	IMR	4831	100,2	Remington	CCI 250	91,5	875
Degol	TMS	270	Alliant	RL 22	99,0	Remington	Federal 215	91,5	910
Sierra	Game King	300	IMR	7828	95,2	Remington	RWS 5333	91,5	857
Hornady	DGS	300	Vihtavuori	N 165	90,5	Remington	CCI 250	91,5	830
Hornady	Vollmantel	300	IMR	4350	93,2	Remington	Federal 215	91,4	842
Woodleigh	TMR	300	Alliant	RL 22	98,3	Remington	RWS 5333	91,5	881
RWS	Kegelspitz	300	Hodgdon	4350	89,0	Remington	RWS 5333	91,5	835
Swift	A-Frame	300	IMR	7818	96,0	Remington	RWS 5333	91,5	844
RWS	Universal	300	Hodgdon	4831	95,0	Remington	RWS 5333	90,5	830
Degol	Vollmantel	300	Vihtavuori	N 165	91,5	Remington	Federal 215	91,0	822
Barnes	BND Solid	300	Hodgdon	4350	97,0	Remington	CCI 250	91,0	825
Woodleigh	TMR	300	Vihtavuori	N 165	94,0	Remington	Federal 215	91,0	836
Barnes	X-Bullet	300	Alliant	RL 22	98,0	Remington	RWS 5333	91,5	878
Woodleigh	TMR	350	Alliant	RL 19	90,0	Remington	Federal 215	91,0	770
Woodleigh	TMR	350	Hodgdon	1000	100,0	Remington	Federal 215	91,0	780

Zur Ermittlung der Ladedaten wurde eine Remington 700 Africa Big Game Repetierbüchse mit 66 Zentimeter Lauflänge benutzt.

.375 Dakota

Nach dem Vorbild berühmter Waffenfirmen, wie Holland&Holland oder Rigby, brachte der Firmeninhaber von Dakota Arms Dan Allen dann vor einigen Jahren auch eine eigene Patronenserie heraus, die von der 7 mm Dakota bis hin zur .450 Dakota reicht. Als Basishülse dient bei allen Patronen, mit Ausnahme der .450 Dakota, die Hülse der .404 Jeffery.

Als Basishülse die gürtellose .404 Jeffery zu wählen, ist sehr vorteilhaft, was Präzision und Zuverlässigkeit betrifft. Bekanntlich sind gürtellose Patronen hinsichtlich der Präzision im Vorteil, weil die Zentrierung des Geschosses zur Laufseelenachse hier günstiger ist. Auch sind gürtellose Patronen, bei der Verwendung in Repetierbüchsen gegenüber Gürtel-, Rand, oder Patronen mit eingezogenem Rand, bei der Zuführung und dem Ausziehen der abgefeuerten Hülse viel unproblematischer.

Die Basishülse .404 Jeffery ist „ausgeblasen", das heißt, sie hat eine bis zur Schulter fast zylindrische Hülsenform, was eine Vergrößerung des Pulverraumes zur Folge hat. Durch den Schulterwinkel von 30 Grad und die günstige Hülsenform wird zudem ein optimaler Pulverabbrand erreicht. Die Eigenpräzision der .375 Dakota ist entsprechend hoch.

Leistungsmäßig liegt sie trotz kürzerer Hülse noch über der .375 Holland&Holland Magnum. Ein 300-Grains-Geschoss wird auf über 800 m/s gebracht, was eine Mündungsenergie von mehr als 6000 Joule ergibt. Die .375 Holland&Holland Magnum leistet hier etwa 30 m/s weniger. Der große Vorteil der .375 Dakota ist, dass sie problemlos in normal lange Büchsensysteme passt und kein teures Magnumsystem braucht. Das ermöglicht den Bau von preiswerten Repetierbüchsen.

Die .375 Dakota ist eine gute Universalpatrone für die Jagd auf wehrhaftes Wild in Afrika, schweres Schalenwild wie Elch, Eland oder Maral, auch auf große Distanzen, und für die starken Bären Nordamerikas. Sie entspricht dem Anwendungsbereich der .375 Holland&Holland Magnum.

Bei den Fabrikpatronen sieht es derzeit in Deutschland schlecht aus. Patronen gibt es nur von Dakota selbst. Dakota lässt die Patronenpalette in den USA bei Superior Ammunition fertigen, die ebenfalls in Sturgis, South Dakota, ansässig ist und seit 1984 Munition in Kleinserien produziert. Nach Europa gelangen diese Patronen kaum oder nur mit sehr großem Aufwand. Somit ist die .375 Dakota bei uns eine echte Wiederladeangelegenheit.

Die Hülsenbeschaffung ist bei diesem Kaliber sehr eingeschränkt. Wer seinen Hülsenvorrat nicht unbedingt durch das Verschießen der teuren Fabrikpatronen – wenn überhaupt erhältlich – anlegen will, kann auch .404 Jeffery-Hülsen umformen, was aber schon etwas Sachkenntnis beim Feuerformen verlangt.

Bei den Geschossen sieht es dagegen sehr gut aus, denn es werden die üblichen .375er Geschosse verladen.

Die Geschosspalette reicht von 200 bis 350 Grains. Bei vielen Geschossen ist aber zu bedenken, dass sie oft für wesentlich schwächere Patronen gedacht sind und für die

.375 Dakota, wenn die volle Leistung gewünscht wird, nicht geeignet sind. Beim Einsatz auf Wild ist dann mit völlig unzureichender Tiefenwirkung zu rechnen. Bei den Treibladungsmitteln sind nur die langsam abbrennenden Pulver wie Hodgdon 4831, Hodgdon 1000 oder IMR 7818 einsetzbar. Für eine gleichmäßige Anzündung der großen Pulvermenge sind besonders starke Magnum-Zünder notwendig. Die besten Ergebnisse wurden mit dem Federal 215 und dem RWS 5333 erzielt. Matrizensätze sind von den großen Herstellern zu bekommen und gehören aber zu den teuren Sonderkalibern.

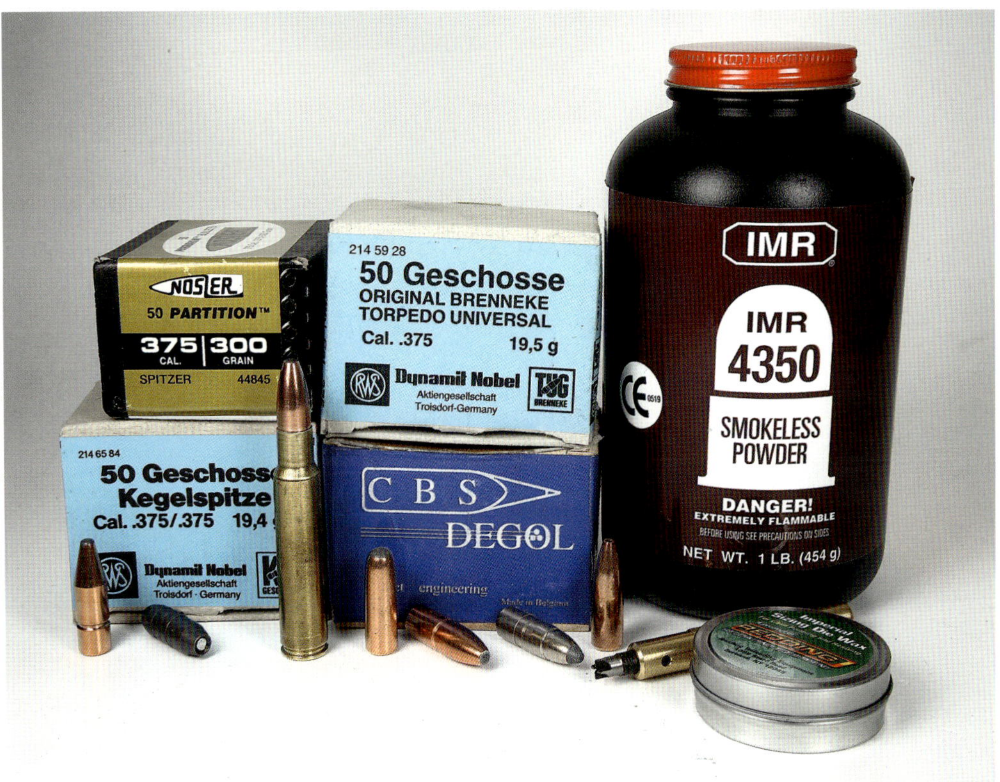

Die .375 Dakota basiert auf der Hülse der .404 Jeffery.

Ladedaten Kaliber .375 Dakota

Geschoss-hersteller	Geschoss-typ	Geschoss-gewicht Grains	Pulver-hersteller	Pulvertyp	Pulver-ladung Grains	Hülsen-fabrikat	Zünd-hütchen	Gesamt-länge (mm)	V_0 m/s
Hornady	TMS	225	Alliant	RL 15	73,5	Dakota	RWS 5333	83,2	925
Reichen-berg	HDB	245	Vihtavuori	N 150	75,0	Dakota	Federal 215	83,5	870
Nosler	Partition	260	Vihtavuori	N 150	76,5	Dakota	RWS 5333	84,0	860
Nosler	Accubond	260	Alliant	RL 15	74,0	Dakota	CCI 250	84,0	842
Woodleigh	Prot. Point	270	IMR	4350	78,0	Dakota	Federal 215	83,8	834
Degol	TMS	270	Hodgdon	Varget	70,0	Dakota	Federal 215	84,0	820
Barnes	X-Bullet	270	Vihtavuori	N 150	73,5	Dakota	CCI 250	84,2	852
Hornady	Rundkopf	270	Alliant	RL 15	73,0	Dakota	CCI 250	84,2	845
Sierra	Game King	300	IMR	4350	80,3	Dakota	RWS 5333	84,2	829
Hornady	DGS	300	IMR	4350	77,0	Dakota	RWS 5333	84,0	805
Hornady	Vollmantel	300	IMR	4831	81,7	Dakota	Federal 215	84,0	822
Woodleigh	TMR	300	Alliant	RL 19	82,8	Dakota	RWS 5333	84,0	810
Swift	A-Frame	300	Vihtavuori	N 150	73,5	Dakota	RWS 5333	84,2	815
Degol	Vollmantel	300	Win.	760	80,3	Dakota	Federal 215	83,6	819
Woodleigh	TMR	300	Vihtavuori	N 150	73,0	Dakota	Federal 215	84,0	810
Barnes	X-Bullet	300	IMR	4350	80,5	Dakota	RWS 5333	84,0	829
Woodleigh	TMR	350	Alliant	RL 19	74,5	Dakota	Federal 215	84,0	715
Woodleigh	TMR	350	Norma	MRP	78,1	Dakota	Federal 215	84,0	718

Zur Ermittlung der Ladedaten wurde eine Repetierbüchse, System Mauser 98 mit 66 Zentimeter Lauflänge benutzt.

Dia. 410

Der .410er Geschossdurchmesser ist bei Langwaffenkalibern relativ selten und neben einigen alten Patronen ist hier nur die .450/400 NE interessant. Entsprechend klein ist auch die Auswahl an Geschossen. Es ist hier eigentlich nur das klassische Geschossgewicht von 400 Grains zu finden. Hornady hat das Kaliber .450/400 NE 3“ neu ins Programm aufgenommen, sodass es jetzt neben den bekannten Herstellern für exotische Geschosse wie Degol, Woodleigh und A-Square auch Geschosse von Hornady gibt. Der Geschossdurchmesser .410 ist aber im Bereich der Kurzwaffenmunition gut vertreten und hier gibt es eine Reihe leichter Geschosse für Kaliber wie .41 Magnum. Diese Geschosse lassen sich gut für Scheibenladungen verwenden. In der Geschosstabelle wurden nur die Jagdgeschosse berücksichtigt. Bei den Ladedaten für die .450/400 NE 3“ findet sich aber auch eine Scheibenladung mit einem Revolvergeschoss.

Geschosspalette:

Hersteller	Geschosstyp	Geschoss-gewicht g/Grains	Eignung	Patronen-empfehlung
A-Square	Dead Tough	26,0 / 400	Großwild	.450/400 NE 3“
A-Square	Lion Load	26,0 / 400	Großkatzen	.450/400 NE 3“
A-Square	Monolithic	26,0 / 400	Dickhäuter	.450/400 NE 3“
CBS Degol	Teilmantel PP	26,0 / 400	Großwild	.450/400 NE 3“
CBS Degol	Teilmantel RK	26,0 / 400	Großwild	.450/400 NE 3“
CBS Degol	Vollmantel	26,0 / 400	Großwild	.450/400 NE 3“
Hornady	DGS	26,0 / 400	Dickhäuter	.450/400 NE 3“
Hornady	DGX	26,0 / 400	Großwild	.450/400 NE 3“
Woodleigh	HSB	25,9 / 400	Großwild	.450/400 NE 3“
Woodleigh	Teilmantel	26,0 / 400	Großwild	.450/400 NE 3“
Woodleigh	Vollmantel	26,0 / 400	Dickhäuter	.450/400 NE 3“

.400 Holland&Holland

Die englische Waffenfirma Holland&Holland hat im Laufe der Zeit fast ein Dutzend Hauskaliber entwickelt, die alle den Firmennamen in der Kaliberbezeichnung tragen. Die Kaliberpalette reicht von der .240 Holland&Holland bis zur .500/450 NE Holland&Holland. Auch an der gewaltigen .700 Nitro Express war Holland&Holland beteiligt, auch wenn die dicke Randpatrone sich nicht mit dem Namen der traditionsreichen englischen Firma schmückt. Nach der .700 NE aus dem Jahre 1988 war es dann zunächst mal ruhig bei der Patronenentwicklung. 2003 wurde auf der Versammlung des SCI (Safari Club International) an Holland&Holland der Wunsch nach einer stärkeren Patrone für Repetierbüchsen herangetragen, die der .375 Holland&Holland überlegen sein sollte. Beim technischen Direktor Russel Wilkins rannte man damit offene Türen ein und es entstanden gleich zwei neue Hauskaliber, die .400 H&H und die .465 H&H. Unterstützung holte sich Wilkins beim deutschen Munitionsentwickler Wolfgang Romey, der die beiden neuen Patronen schließlich produzierte.

Romey wählte als Ausgangshülse die .375 Holland&Holland, um einen möglichst geringen Aufwand bei der Hülsenumformung zu bekommen. Keine schlechte Wahl, was man bezüglich des Geschossdurchmessers nicht unbedingt behaupten kann. Hier wollte aber wohl Holland&Holland einerseits an die klassische Doppelbüchsenpatrone .450/400 NE erinnern und andererseits auch nicht den bei 40er Patronen häufig zu findenden Geschossdurchmesser .416 verwenden. Schließlich muss ein Hauskaliber sich ja von der Konkurrenz irgendwie unterscheiden. .410er Geschosse sind sehr selten und finden sich sonst nur noch bei der .450/400 NE oder der uralten .405 Winchester. Die Auswahl ist entsprechend gering. Der Patrone kommt aber zugute, dass die .450/400 NE zurzeit wieder einen gewissen Aufschwung erlebt und jetzt auch große Geschosshersteller wie etwa Hornady moderne Geschosse fertigen.

Zum Hülsenumformen und Übungsschießen lassen sich aber ebenso die leichten .410er Revolvergeschosse der .41 Magnum verwenden. Hiermit lassen sich beachtliche Mündungsgeschwindigkeiten erzielen. 210-Grains-Geschosse kommen aus einem 61-cm-Lauf auf über 950 m/s. Das wäre sogar eine Patrone zum Varmintschießen auf große Distanzen. Für den Schuss auf Schalenwild sind solche Patronen nicht zu empfehlen, da sich die dünnmanteligen Revolvergeschosse bei hohen Geschwindigkeiten schlagartig zerlegen. Denkbar wären allerdings etwas reduzierte Laborierungen mit Vollkupfergeschossen, etwa den Barnes Pistol Bullets. Damit ließe sich auch leichtes Hochwild erlegen.

Gedacht ist die .400 Holland&Holland aber als starke Großwildpatrone. Die Fabrikpatronen von Romey, laboriert mit 400 Grains Woodleight-Geschossen wurden mit 724 m/s gemessen. Das ergibt eine Mündungsenergie von 6788 Joule. Damit liegt die Patrone ziemlich genau im Leistungsbereich der klassischen .40er Großwildpatronen wie etwa .404 Jeffery, .416 Rigby oder .416 Remington Magnum und deckt genau deren Anwendungsbereich ab. Der Gasdruck liegt allerdings bei 4400 bar, also deutlich höher als beim großen Klassiker .416 Rigby. Dafür passt die .400 Holland&Holland mit einer Gesamtlänge von 88,9 mm noch in normale Büchsensysteme. Auch der Stoßbodendurchmesser ist unproblematisch, denn er entspricht der Mutterhülse .375 Holland&Holland.

Die Hülsenbeschaffung ist bei diesem Kaliber sehr eingeschränkt. In Deutschland sind zurzeit nur Horneber-Hülsen zu bekommen, die im Johannsen-Katalog mit 51,90 € für 20 Stück gelistet sind.

Es ist aber kein großes Problem .375 Holland&Holland-Hülsen umzuformen. Dazu reicht der Matrizensatz, ein spezieller Umformsatz wird nicht benötigt. Es empfiehlt sich, Neuhülsen zu benutzen, dann ist der Ausschuss wesentlich geringer. Durch den langen Hülsenhals und die flache 16-Grad-Schulter muss mit Vorsicht gearbeitet werden.

Die Geschossauswahl ist zwar nicht groß, dafür aber qualitativ hochwertig. Vorsicht ist bei leichteren Geschossen geboten, die sind für die alte .405 Winchester gedacht und haben einen sehr weichen Aufbau. Damit ist bei den Geschwindigkeiten der .400 Holland&Holland keine ausreichende Tiefenwirkung zu erreichen. Ausnahme wäre hier das 300 Grains. Barnes TSX, das auch für die .405 Winchester gedacht ist, aber als monolithisches Kupfergeschoss über die ausreichende Stabilität verfügt.

Bei den Treibladungsmitteln sind die mittelschnellen bis langsam abbrennenden Pulver wie Alliant RL 12, IMR 4064, Hodgdon H 335 oder Vihtavuori N 550 einsetzbar, für reduzierte Ladungen hinter Revolvergeschossen auch Pulver wie Alliant RL 7 oder Vihtavuori N 135. Die beste Präzision mit 400-Grains-Geschossen wurde mit Hodgdon 4895 erreicht. Für die Jagdladungen mit den schweren Geschossen sind Magnum-Zünder erforderlich und die Geschosse sollten mittels Rollcrimp gesichert werden. Matrizensätze sind zurzeit nur von Lee zu bekommen und mit 119,90 € sogar recht preisgünstig.

Die .400 Holland & Holland neben der .404 Jeffery (links) und der .416 Rigby (rechts).

Die .400 Holland&Holland zeigte sich als sehr präzise Patrone, die sich angenehm schießen lässt. Sie verbraucht durch die kleinere Hülse weniger Pulver als die großen NE-Patronen. Eine interessante Patrone, wenn es etwa darum geht, eine .375 Holland&Holland-Büchse durch einfachen Laufwechsel auf ein größeres Kaliber umzubauen. Das mangelnde Angebot an Fabrikpatronen und die gute Auswahl an leistungsmäßig vergleichbaren Patronen wird die Verbreitung in Europa aber sehr in Grenzen halten. Wiederlader schreckt das aber wenig.

Ladedaten Kaliber .400 Holland&Holland

Geschoss-hersteller	Geschoss-typ	Geschoss-gewicht Grains	Pulver-hersteller	Pulvertyp	Pulver-ladung Grains	Hülsen-fabrikat	Zünd-hütchen	Gesamt-länge (mm)	V_0 m/s
Barnes	Banded Solid	400	Vihtavuori	N 550	78,0	Horneber	CCI 250	89,9	715
Woodleigh	Vollmantel	400	IMR	4064	72,0	Horneber	CCI 250	89,9	719
Woodleigh	Teilmantel	400	Hodgdon	4895	71,0	Horneber	CCI 250	89,9	720
Woodleigh	Teilmantel	400	Hodgdon	H 335	69,0	Horneber	CCI 250	89,9	695
Degol	Starkmantel	400	Alliant	RL 12	70,0	Horneber	CCI 250	89,9	700
Degol	Starkmantel	400	Hodgdon	4895	71,3	Horneber	CCI 250	89,9	722
Degol	Starkmantel	400	Rottweil	R 903	75,5	Horneber	CCI 250	89,9	720
Hornady	DGS	400	Vihtavuori	N 550	77,0	Horneber	CCI 250	89,9	710
Hornady	DGX	400	IMR	4895	71,5	Horneber	CCI 250	89,9	715
A-Square	Dead Tough	400	Rottweil	R 903	75,0	Horneber	CCI 250	89,9	718
A-Square	Dead Tough	400	Hodgdon	H 335	70,0	Horneber	CCI 250	89,9	708
Nosler	JHP	210	Vihtavuori	N 130	77,0	Horneber	RWS 5341	78,5	937

Zur Ermittlung der Ladedaten wurde eine Repetierbüchse mit 61 Zentimeter Lauflänge benutzt. Die Geschwindigkeit wurde drei Meter vor der Laufmündung gemessen.

.400 Pondoro

Die .400 Pondoro geht auf den amerikanischen Jagdjournalisten Bruce Woods zurück, der die Patrone zusammen mit A-Square im Jahre 1992 entwickelte. Der Name ist ein Gedenken an den amerikanischen Großwildjäger John „Pondoro" Tayler. Woods wählte als Ausgangshülse die .375 Holland&Holland, um einen möglichst geringen Aufwand bei der Hülsenumformung zu bekommen. Keine schlechte Wahl, was man bezüglich des Geschossdurchmessers nicht unbedingt behaupten kann. .410er Geschosse sind sehr selten und finden sich nur noch bei der .450/400 NE, der uralten .405 Winchester und der .400 Holland&Holland. Die Auswahl ist entsprechend gering. Zum Hülsenumformen und Übungsschießen lassen sich aber auch die leichten 410er Revolvergeschosse der .41 Magnum verwenden. Woods nutzte solche Laborierungen, die bei 210 Grains Geschossgewicht auf eine Mündungsgeschwindigkeit von über 950 m/s beschleunigt werden können, auch zum Varmintschießen auf große Distanzen. Für den Schuss auf Schalenwild sind solche Patronen nicht zu empfehlen, da sich die dünnmanteligen Revolvergeschosse bei hohen Geschwindigkeiten schlagartig zerlegen. Denkbar wären allerdings etwas reduzierte Laborierungen mit Vollkupfergeschossen, etwa den Barnes Pistol Bullets. Damit ließe sich auch leichtes Hochwild erlegen. Vornehmlich ist die .400 Pondoro aber eine starke Großwildpatrone und dabei sollte man es belassen. Schon bei den Laborierungsarbeiten bei A-Square zeigte sich eine außergewöhnlich gute Präzision der neuen Patrone. Bei uns dürfte die .400 Pondoro eine reine Wiederladeangelegenheit sein. A-Square bietet zwar Munition an und auch einige amerikanische Kleinhersteller haben die Patrone im Programm, doch sind solche Patronen hier kaum zu bekommen.

Die Hülsenbeschaffung ist bei diesem Kaliber sehr eingeschränkt. A-Square-Hülsen in diesem Kaliber sind ebenso selten zu beschaffen wie Fabrikmunition. Es ist aber kein großes Problem .375 Holland&Holland-Hülsen umzuformen. Dazu reicht der Matrizensatz, ein spezieller Umformsatz wird nicht benötigt. Es empfiehlt sich, Neuhülsen zu benutzen, dann ist der Ausschuss wesentlich geringer. Für die Ladearbeiten wurden Federal-Hülsen benutzt.

Die Geschossauswahl ist zwar nicht groß, dafür aber qualitativ hochwertig. Vorsicht ist bei leichteren Geschossen geboten, die sind für die alte .405 Winchester gedacht und haben einen sehr weichen Aufbau. Damit ist bei den Geschwindigkeiten der .400 Pondoro keine ausreichende Tiefenwirkung zu erreichen. Ausnahme wäre hier das 300 Grains Barnes TSX, das auch für die .405 Winchester gedacht ist, aber als monolithisches Kupfergeschoss über die ausreichende Stabilität verfügt. Leider stand dieses Geschoss für die Laborierungsversuche nicht zur Verfügung. Bei den Treibladungsmitteln sind die mittelschnellen bis langsam abbrennenden Pulver wie Alliant RL 12, Hodgdon 4895 oder Vihtavuori N 550 einsetzbar, für reduzierte Ladungen hinter Revolvergeschossen auch Pulver wie Alliant RL 7 oder Vihtavuori N 135. Die beste Präzision wurde mit Hodgdon 4895 und IMR 4064 erreicht. Für die Jagdladungen mit den schweren Geschossen sind Magnum-Zünder erforderlich und die Geschosse sollten mittels Rollcrimp gesichert werden. Matrizensätze sind in der Customlinie von RCBS oder Hornady zu bekommen, aber entsprechend teuer.

Die .400 Pondoro zeigte sich als sehr flexible und präzise Patrone, die sich relativ leicht laden lässt und mit verschiedenen Pulvern eine sehr gute Präzision zeigt. Ein 400-Grains-Geschoss lässt sich auf etwa 720 m/s bringen, was in etwa der Leistung einer .416 Rigby oder .404 Jeffery entspricht. Ihr Anwendungsbereich entspricht damit diesen Patronen. Die .400 Pondoro verbraucht aber durch die kleinere Hülse weniger Pulver. Dem gegenüber steht allerdings ihr höherer Gasdruck. Keine schlechte Patrone, wenn es etwa darum geht, eine .375 Holland&Holland-Büchse durch einfachen Laufwechsel auf ein größeres Kaliber umzubauen. Für den versierten Wiederlader eine sehr flexible und präzise Patrone. Das mangelnde Angebot an Fabrikpatronen und die gute Auswahl an leistungsmäßig vergleichbaren Patronen wird die Verbreitung in Europa aber sehr in Grenzen halten.

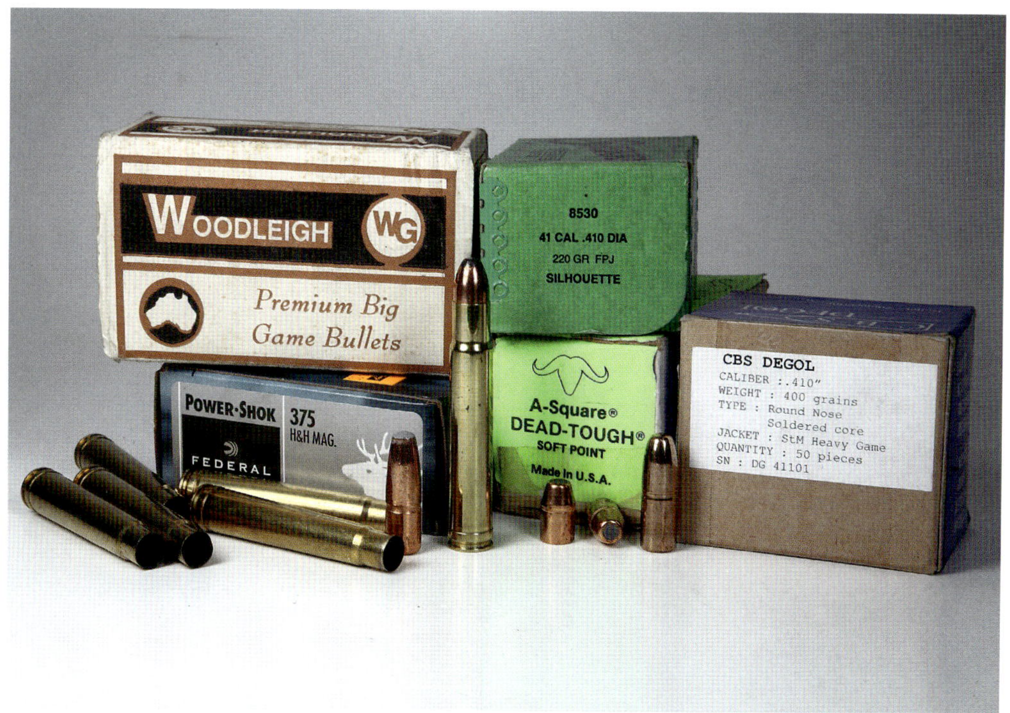

Die .400 Pondoro hat eine Gürtelhülse, Ausgangsbasis ist die bekannte .375 Holland&Holland. Der Geschossdurchmesser ist mit .410 dagegen eher selten.

Ladedaten Kaliber .400 Pondoro

Geschoss-hersteller	Geschoss-typ	Geschoss-gewicht Grains	Pulver-hersteller	Pulvertyp	Pulver-ladung Grains	Hülsen-fabrikat	Zünd-hütchen	Gesamt-länge (mm)	V_0 m/s
Woodleigh	TMR	400	Hodgdon	4895	74,0	Federal	CCI 250	91,4	725
Woodleigh	Vollmantel	400	IMR	4064	75,0	Federal	CCI 250	91,4	722
Hornady	DGX	400	Vihtavuori	N 550	83,0	Federal	CCI 250	91,8	730
Woodleigh	TMR	400	Rottweil	R 907	76,5	Federal	CCI 250	91,4	710
Degol	Starkmantel	400	Alliant	RL 12	75,5	Federal	CCI 250	92,0	702
Degol	Starkmantel	400	Hodgdon	4895	74,5	Federal	CCI 250	92,0	715
Degol	Starkmantel	400	IMR	4064	75,5	Federal	CCI 250	92,0	718
Barnes	Banded Solid	400	Vihtavuori	N 550	82,0	Federal	CCI 250	92,0	730
A-Square	Dead Tough	400	Rottweil	R 903	75,0	Federal	CCI 250	91,5	721
A-Square	Dead Tough	400	Hodgdon	Varget	73,0	Federal	CCI 250	91,5	720
A-Square	Dead Tough	400	Hodgdon	4895	75,0	Federal	CCI 250	91,5	722
Nosler	JHP	210	Alliant	RL 7	75,0	Federal	RWS 5341	84,0	941

Zur Ermittlung der Ladedaten wurde eine Repetierbüchse Remington 700 mit 60 Zentimeter Lauflänge benutzt.
Die Geschwindigkeit wurde drei Meter vor der Laufmündung gemessen.

.450/400 Nitro Express 3

Die .450/400 N.E. 3 wurde im Jahre 1896 vom britischen Büchsenmacher Jeffery herausgebracht und ist auch als .400 Jeffery bekannt. Eine Schwarzpulverversion gab es nie, die .450/400 N.E. 3 wurde von Anfang an nur mit rauchlosem Pulver, damals Cordite, geladen.

Vorläufer der .450/400 N.E. 3 war die gleichkalibrige und auch in der Leistung identische .450/400 Magnum N.E. 3 ¼. Diese war allerdings eine Schwarzpulverpatrone und hatte eine sehr dünne Hülse sowie einen schwachen Rand. Jeffery kürzte die Hülse, gab ihr eine dickere Wandung und verstärkte den Rand. Das war bei der mit Nitropulver geladenen neuen Patrone notwendig, um Funktionsstörungen beim Ausziehen zu vermeiden. Besonders die Ejektoren der Doppelbüchsen brauchen einen stabilen Rand. Bei den Schwarzpulverpatronen liederten die Hülsen nicht so stark im Patronenlager und ließen sich leichter ausziehen. Von der Leistung her entspricht die .450/400 N.E. 3 in etwa der randlosen Repetierbüchsenpatrone .404 Jeffery, benutzt aber einen anderen Geschossdurchmesser. Man kann sie als die Randversion der .404 Jeffery bezeichnen. Vornehmlich wurden Doppelbüchsen und Blockbüchsen für dieses Kaliber eingerichtet. Besonders in den Doppelbüchsen erreichte die .450/400 N.E. 3 eine große Popularität, denn sie ließ sich sehr angenehm verschießen und hatte eine sehr hohe Tiefenwirkung. Die alten englischen Doppelbüchsen haben ein recht hohes Gewicht und schießen sich butterweich. Der zweite Schuss kann sehr schnell abgegeben werden, denn die Waffe wird kaum aus der Ziellinie geworfen. Für die Jagd auf Großkatzen und Büffel gab es kaum eine beliebtere Patrone. Viele Doppelbüchsen in diesem Kaliber wurden nach Indien verkauft und dienten dort bei der Tigerjagd. Man kann ohne Übertreibung sagen, dass die .450/400 N.E. 3 „die Tigerpatrone" war. Meine eigene Jeffery Doppelbüchse in diesem Kaliber, die für die Laborierungsversuche benutzt wurde, gehörte nach der Aufschrift auf dem Waffenkoffer einst einem Major der West Indien Horse Kompanie. Auch heute noch ist eine Doppelbüchse im Kaliber .450/400 N.E. 3 eine gute Wahl für die Jagd auf Big Game.

Fabrikmunition wird heute wieder von A-Square, W. Romey, dem Labor für Ballistik und ganz aktuell auch von Hornady hergestellt. Hornady verwendet hier DGX(Teilmantel)- und DGS(Vollmantel)-Geschosse, die einen extrem stabilen Mantel haben und speziell für die Großwildjagd entwickelt wurden. A-Square lädt die bekannte Triade mit 400-Grains-Geschossen, Romey 400 Grains Voll- und Teilmantelgeschosse von Woodleigh und das Labor für Ballistik Verbundkerngeschosse, die offenbar von Degol stammen und ebenfalls das klassische Gewicht von 400 Grains haben.

Der Wiederlader hat auch nicht viel mehr Möglichkeiten, denn der Geschossdurchmesser von Dia .409/.410 ist nicht sehr verbreitet. Zumindest nicht bei den Büchsenpatronen, denn das Revolverkaliber .41 Magnum verwendet einen identischen Geschossdurchmesser. Mit den leichten, dünnmanteligen Teilmantelgeschossen lassen sich aber höchstens preiswerte Übungspatronen für das Schießkino laden. Auf die 25-Meter-Distanz geht das ganz gut und viele Waffen haben eine brauchbare Treffpunktlage. Zum realistischen Üben fehlt aber der reale Rückstoß der starken Jagdlaborierung. Dafür werden aber die Läufe kaum heiß und es lassen sich auch aus einer Doppelbüchse mehrere Schusspaare in Folge abgeben. Für die Jagdmunition sollten es aber die schweren 400 Grains Jagdgeschosse sein. Zumindest bei Doppelbüchsen ist ein anderes Geschossgewicht wenig sinnvoll, denn damit werden die Läufe kaum zusammenschießen. Die alte .405 Winchester hat den Geschossdurchmesser .411 und verwendet 300-Grains-Geschosse, die von einigen Herstellern noch gefertigt werden. Versuche mit Hornady-Geschossen verliefen aber nicht sehr erfolgreich.

Geeignete Pulver sind die langsam abbrennenden Sorten wie IMR 4831, Alliant RL 22 oder Vihtavuori N 160. Die große Hülse muss gut befüllt werden und es sind nur progressive Pulver mit großem Füllvolumen brauchbar. Leichte Pressladungen sind kein Problem und gut für die Präzision. Es wurden ausschließlich Magnum-Zünder eingesetzt. Matrizensätze sind von fast allen Herstellern von Wiederladewerkzeugen erhältlich, aber entsprechend der heute geringen Verbreitung der Patrone sehr teuer. Bleibt zu hoffen, dass Hornady dies ändert und es bald günstigeres Ladewerkzeug geben wird. Wenn eine stabile Ladepresse vorhanden ist, bereitet das Laden der .450/400 N.E. 3 keine besonderen Probleme. Die modernen Hülsen, wie sie bei den heutigen Fabrikpatronen von Romey oder LFB verwendet werden, sind sehr stabil. Es war kein Problem, die Hülsen mehr als 10x zu laden.

Die .450/400 NE 3 ist eine sehr beliebte Patrone für Doppelbüchsen und liefert bei geringem Rückstoß eine sehr gute Tiefenwirkung.

Ladedaten Kaliber .450/400 N.E. 3

Geschoss-hersteller	Geschoss-typ	Geschoss-gewicht Grains	Pulver-hersteller	Pulvertyp	Pulver-ladung Grains	Hülsen-fabrikat	Zünd-hütchen	Gesamt-länge (mm)	V_0 m/s
Hornady	DGS	400	Norma	MRP	83,0	Hornady	CCI 250	93,5	641
Hornady	DGX	400	Alliant	RL 19	82,2	Hornady	CCI 250	93,5	635
Woodleigh	TMR	400	Hodgdon	H 4831	86,0	Romey	CCI 250	93,5	660
Woodleigh	Vollmantel	400	Alliant	RL 22	87,0	Romey	CCI 250	93,5	670
Woodleigh	TMR	400	Vihtavuori	N 160	82,0	LFB	CCI 250	93,5	665
Woodleigh	TMR	400	Rottweil	R 905	83,0	LFB	CCI 250	93,5	668
Degol	Starkmantel	400	Alliant	RL 22	85,2	LFB	CCI 250	93,8	660
Degol	Starkmantel	400	IMR	4831	84,5	Romey	CCI 250	93,8	662
Degol	Starkmantel	400	Alliant	RL 15	68,0	Romey	CCI 250	93,8	657
A-Square	Dead Tough	400	IMR	4831	85,0	Romey	CCI 250	93,5	665
A-Square	Dead Tough	400	Hodgdon	4831	83,0	Romey	CCI 250	93,5	659
A-Square	Dead Tough	400	Vihtavuori	N 160	83,0	Romey	CCI 250	93,5	668
Sierra	TMF	220	Hodgdon	Varget	70,0	Romey	CCI 250	88,7	680

Die letzte in der Tabelle angegebene Laborierung ist nur als Scheibenladung anzusehen. Als Testwaffe diente eine Doppelbüchse Jeffery mit 65 cm Lauflänge. Mit allen angegebenen Ladungen wurde eine gute Präzision erreicht. Die Geschwindigkeit wurde drei Meter vor der Laufmündung gemessen.

Dia. 416

Der .416er Geschossdurchmesser wird auch gern als das 10-mm-Kaliber bezeichnet, umfasst aber nicht die gesamte Patronenpalette dieses interessanten Kaliberbereiches, denn in dieser Leistungsklasse gibt es noch Patronen, die einen geringfügig abweichenden Geschossdurchmesser haben, wie etwa 10,75 x 68 und .404 Jeffery (Dia .423) und .425 Westley Richards (Dia .430). Wenden wir uns aber zunächst den echten .416er Patronen zu. Hier finden wir neben dem Klassiker .416 Rigby die Neuschöpfungen .416 Remington, .416 Weatherby Magnum sowie die Randpatrone .500/416 Krieghoff, die ebenfalls eine ganz neue Patrone ist. Die .416er Patronen sind als Allroundpatronen für den Großwildjäger anzusehen, der mit einem Gewehr reisen will. Sie sind stark genug, um die gefährlichen Großwildarten zu erlegen und haben gleichzeitig noch eine so gestreckte Flugbahn, dass eine Jagd auf Plainsgame bis gut 150 Meter möglich ist. Ihr Rückstoß ist zwar nicht von Pappe, doch ist es kein Problem, auf Waffen dieses Kaliberbereiches noch eine Zieloptik zu verwenden. Damit sind sie für eine Büffel- oder Elefantenjagd, bei der ebenfalls Großantilopen wie Eland, Kudu, Oryx oder Sable gejagt werden sollen, optimal. Sicher macht eine .416 Rigby in ein Impala ein hässliches, großes Loch, doch das interessiert den Trophäenjäger meist wenig, zumal eine .300er Magnum auch nicht wirklich wildbretschonender ist, denn hier treten meist großflächige Hämatome auf, die mindestens genauso entwertend wirken, wenn nicht sogar noch mehr.

Der zweite große Vorteil ist die relativ geringe Unempfindlichkeit gegenüber Flugbahnhindernissen dieser Kaliber. Ein 26 g schweres Geschoss, das etwa 700 m/s fliegt,

10,75x68 – .404 Jeff. – .416 Rem. – .416 Rigby – .416 Dakota – .416 Weatherby – .425 WR

ist eben wesentlich schwerer aus der Bahn zu werfen als ein halb so schweres Projektil, das 200 m/s schneller unterwegs ist. Daher werden diese Patronen auch gern bei der Jagd auf gefährliches Wild in dichtem Busch, etwa der Bärenjagd, geführt. Für die Jagd auf Großwild sind entsprechend kompakte Geschosse notwendig und hier ist das Angebot bei den 416er Geschossen nicht schlecht. Meist werden Rundkopfgeschosse eingesetzt, besonders wenn das klassische Geschossgewicht von 400 Grains verladen wird. Bei den leichteren Geschossen sind zudem Spitz- oder Halbspitzgeschosse zu haben, um eine etwas flachere Flugbahn zu bekommen. Die Auswahl lässt dem Wiederlader eine Menge Spielraum, um auch Patronen für spezielle Einsatzzwecke zu laborieren. Vom leichten 300 Grains Spitzgeschoss für leichtes Wild bis hin zum schweren 450-Grains-Brocken für maximale Stoppkraft steht alles zur Verfügung.

Geschosspalette:

Hersteller	Geschosstyp	Geschoss-gewicht g/Grains	Eignung	Patronen-empfehlung
A-Square	Dead Tough	26/400	Großwild	alle .416er
A-Square	Lion Load	26/400	Großkatzen	alle .416er
A-Square	Monolithic	26/400	Dickhäuter	alle .416er
Barnes	X-Bullet	19,5/300	Großantilopen	alle .416er
Barnes	X-Bullet	21/325	Großantilopen	alle .416er
Barnes	Solid	22,5/350	Dickhäuter	alle .416er
Barnes	Triple Shock	22,5/350	Großwild	alle .416er
Barnes	X-Bullet	22,5/350	Großantilopen	alle .416er
Barnes	Coated-X	26/400	Großwild	alle .416er
Barnes	Solid	26/400	Dickhäuter	alle .416er
Barnes	Triple Shock	26/400	Großwild	alle .416er
Barnes	X-Bullet	26/400	Großwild	alle .416er
Degol	Hohlspitz	19,5/300	Großantilopen	alle .416er
Degol	Hohlspitz	21/325	Großantilopen	alle .416er
Degol	TMR	21,4/330	Großantilopen	alle .416er
Degol	TMR	22,5/350	Großantilopen	alle .416er
Degol	TMR	24,3/375	Großwild	alle .416er
Degol	Lion Load	26,5/410	Großkatzen	alle .416er
Degol	TMR	26,5/410	Großwild	alle .416er
Degol	TMR	29/450	Großwild	alle .416er
Delsing	TMR	22/340	Großantilopen	alle .416er
Federal	Trophy Bonded	26/400	Großwild	alle .416er
GPA	GPA	24,3/375	Großwild	alle .416er
GPA	GPA	26/400	Großwild	alle .416er
Hornady	DGS	25,9/400	Dickhäuter	alle .416er
Hornady	DGX	25,9/400	Großwild	alle .416er
Hornady	Teilmantel	26/400	Großwild	alle .416er
Hornady	Vollmantel	26/400	Dickhäuter	alle .416er
Impala	Impala	15,6/240	Großantilopen	alle .416er

Hersteller	Geschosstyp	Geschoss-gewicht g/Grains	Eignung	Patronen-empfehlung
Nosler	Solid	25,9/400	Dickhäuter	alle .416er
Nosler	Partition	26/400	Großwild	alle .416er
Reichenberg	HDB	14,3/220	Großantilopen	alle .416er
Reichenberg	HDB	19,5/300	Großwild	alle .416er
Reichenberg	Super Penetrator	19,5/300	Dickhäuter	alle .416er
Reichenberg	HDB	22,5/350	Großwild	alle .416er
Reichenberg	Super Penetrator	22,5/350	Dickhäuter	alle .416er
Reichenberg	Super Penetrator	26,5/410	Dickhäuter	alle .416er
Swift	A-Frame	22,5/350	Großantilopen	alle .416er
Swift	A-Frame	26/400	Großwild	alle .416er
Speer	Mag Tip	22,5/350	Großantilopen	alle .416er
Speer	Bear Claw	26/400	Großwild	alle .416er
Speer	TM Grand Slam	26/400	Großwild	alle .416er
Speer	VM Grand Slam	26/400	Dickhäuter	alle .416er
Woodleigh	Protected Point	22/340	Großantilopen	alle .416er
Woodleigh	HSB	25,9/400	Großwild	alle .416er
Woodleigh	Teilmantel	26,5/410	Großwild	alle .416er
Woodleigh	Vollmantel	26,5/410	Dickhäuter	alle .416er
Woodleigh	Teilmantel	29,2/450	Großwild	alle .416er

Hyäne. Eine Zufallsbegegnung am späten Abend. Dieses Exemplar wog 60 kg.

.416 Rigby

Der aus Irland stammende Waffenkonstrukteur John Rigby hatte sich schon mit der ersten Nitro-Express Großwildpatrone .450 NE einen Namen gemacht. Die .416 Rigby brachte er im Jahre 1911 auf den Markt, wahrscheinlich als Konkurrenz zu der im Vorjahr vorgestellten .404 Jeffrey. Rigby benutzt für seine Büchsen in diesem Kaliber das damals ebenfalls neue Mauser-Magnumsystem. Somit lagen auch waffenseitig beste Voraussetzungen für einen Erfolg des neuen Kalibers vor, zumal die Hülse der .416 Rigby selbst aus heutiger Sicht als modern anzusehen ist. Im Vergleich zu den damaligen Expresspatronen hatte sie einen wenig konischen Hülsenverlauf und eine steile Schulter.

Lange Jahre war die .416 Rigby aufgrund ihrer Außenballistik und Präzision anderen Großwildpatronen in der Reichweite überlegen. Als Kynoch die Munitionsfertigung dann endgültig einstellte, war es lange Zeit sehr ruhig um Rigbys Erfolgspatrone. Das änderte sich erst wieder Anfang der 90er Jahre, als die .416 Rigby ein regelrechtes Comeback feierte und viele Waffenhersteller sie wieder ins Programm nahmen. Heute ist wieder Fabrikmunition von mehreren Herstellern zu erhalten. Dem Wiederlader bietet dieses Kaliber eine Menge Möglichkeiten, die einen fast universellen Einsatz einer Repetierbüchse in diesem Kaliber ermöglichen.

Fabrikpatronen werden von Federal, Norma, A-Square, LFB, W. Romey und Hornady hergestellt. Federal hat sogar gleich vier Laborierungen im Programm, sodass die Auswahl an Fabrikpatronen nicht schlecht ist. Leider beschränken sich alle Hersteller auf die Verwendung der schweren Geschosse. Es werden ausschließlich die schweren 26- oder 26,5-Gramm-Geschosse verladen.

Die Hülsenbeschaffung ist kein Problem. Neben dem Verschießen von Originalpatronen sind auch Neuhülsen von Norma, Federal oder Bell zu bekommen. Beim Pulver sind in Anbetracht des großen Hülsenvolumens der .416 Rigby vor allem die progressiven Sorten geeignet, um eine möglichst hohe Ladedichte zu erhalten. Vor Abbruchladungen muss dringend gewarnt werden. Die progressiven Pulversorten sind dafür ungeeignet und es kommt zu unkontrollierten Gasdrucksprüngen.

Die .416 Rigby ist von der CIP auf 2850 bar begrenzt, was in Anbetracht der vielen alten Originalwaffen sicher auch seine Berechtigung hat. Der Wiederlader muss also mit der nötigen Vorsicht zu Werke gehen, um den maximal zulässigen Gasdruck nicht zu überschreiten. Für Experimente eignet sich diese Patrone wenig. Für die Anzündung der großen Pulvermenge sind unbedingt Magnum-Zündhütchen zu setzten. Die folgenden Pulversorten haben sich bei den Ladeversuchen als besonders geeignet erwiesen: Vihtavuori N 160, Alliant RL 22, Norma MRP, Rottweil R 905 und Hodgdon 4831.

Bei den Geschossen steht dem Wiederlader mittlerweile eine ansehnliche Palette zur Verfügung. Immer mehr Geschosshersteller haben das .416er Kaliber mit den Jahren in ihr Fertigungsprogramm aufgenommen und neben den verschiedensten Geschosskonstruktionen ist auch die Spanne bei den Geschossgewichten stetig größer geworden. Vom leichten 300 Grains Spitzgeschoss, das Impala gibt es sogar in 240 Grains, für leichtes

Wild bis hin zum schweren 450-Grains-Brocken für maximale Stoppkraft steht alles zur Verfügung.

Matrizensätze sind von allen großen Herstellern von Wiederladewerkzeug erhältlich und oft finden sich die Matrizen .416 Rigby sogar nicht mehr bei den teuren Spezialanfertigungen, sondern bei den günstigeren Standardpatronen. Für die Verarbeitung der großen Hülse ist eine stabile Ladepresse nötig. Die Geschosse der schweren Jagdladungen sollten unbedingt durch einen Rollcrimp gesichert werden.

Rigby baut wieder neue Büchsen für die .416 Rigby. Hier eine der ersten Waffen mit Double-Square-Bridge.

Ladedaten Kaliber .416 Rigby

Geschoss-hersteller	Geschoss-typ	Geschoss-gewicht Grains	Pulver-hersteller	Pulvertyp	Pulver-ladung Grains	Hülsen-fabrikat	Zünd-hütchen	Gesamt-länge (mm)	V_0 m/s
Barnes	X-Bullet	300	Hodgdon	4350	107,0	Federal	CCI 250	94,5	812
Barnes	X-Bullet	300	Rottweil	R 904	102,0	Federal	RWS 5333	94,5	807
Reichen-berg	HDB	300	Rottweil	R 904	104,0	Federal	RWS 5333	94,0	812
Barnes	TSX	350	Alliant	RL 19	98,0	Federal	CCI 250	94,5	778
Barnes	TSX	350	Rottweil	R 905	103,0	Romey	RWS 5333	94,5	765
Barnes	BND Solid	350	IMR	4350	99,0	Romey	RWS 5333	93,0	760
Degol	Hohlspitz	300	Rottweil	R 904	103,0	Romey	RWS 5333	93,3	807
Speer	Mag Tip	350	IMR	4831	100,0	Romey	RWS 5333	93,5	782
Hornady	DGS	400	Vihtavuori	N 165	96,0	Hornady	CCI 250	94,0	692
Hornady	DGX	400	IMR	4350	88,0	Hornady	CCI 250	94,0	690
Hornady	TMR	400	Vihtavuori	N 160	93,0	Federal	CCI 250	93,5	730
Nosler	Partition	400	IMR	4350	90.0	Romey	RWS 5333	93,5	724
Nolser	Solid	400	Alliant	RL 19	99,0	Norma	RWS 5333	92,8	720
Hornady	VM	400	Rottweil	R 905	95,0	Federal	RWS 5333	93,5	728
Hornady	TMR	400	Hodgdon	4831	102,0	Federal	CCI 250	93,5	724
Barnes	TSX	400	Vihtavuori	N 560	102,0	Romey	RWS 5333	94,5	729
Swift	A-Frame	400	IMR	4831	97,0	Romey	Federal 215	93,5	728
A-Square	Lion Load	400	IMR	4831	95,5	A-Square	CCI 250	93,6	725
Woodleigh	TMR	410	Rottweil	R 904	91,5	Federal	CCI 250	93,5	698
Woodleigh	VM	410	Norma	MRP	93,5	Federal	CCI 250	93,5	700
Woodleigh	TMR	410	IMR	4350	93,0	Romey	CCI 250	93,5	712
Barnes	X-Bullet	400	Rottweil	R 905	93,5	A-Square	CCI 250	94,5	675
Degol	TMR	450	Hodgdon	4831	97,0	Federal	CCI 250	94,5	651

Als Testwaffe diente eine Repetierbüchse mit 98er System und 65 Zentimeter langem Lothar-Walther-Lauf.

.416 Remington Magnum

Die .416 Remington Magnum wurde erst 1988 auf den Markt gebracht und ist somit noch ein relativ junges Kaliber. Ziel war, eine Patrone zu entwickeln, die die Leistung der legendären .416 Rigby mit einer Hülse erbringt, die in Normalsysteme passt. Remington nahm sich die Wildcat .416 Hoffmann als Vorbild und schuf aufbauend auf der 8 mm Remington Magnum-Hülse aus eigenem Hause eine Patrone, die die ballistischen Daten der .416 Rigby dupliziert. Damit war der Grundstein für eine erfolgreiche Patrone geschaffen.

Bis auf einen kleinen Unterschied in der Schulter entspricht die .416 Remington Magnum fast genau der .416 Hoffmann. Die Übereinstimmung geht soweit, dass sich .416 Remington Magnum-Patronen sogar problemlos aus einer für die .416 Hoffmann eingerichteten Büchse verschießen lassen. Umgekehrt ist dies jedoch nicht möglich. Natürlich produzierte Remington auch Munition für das neue Kaliber, doch die Versorgung damit ist in Deutschland etwas schleppend. Besonders die Remington Vollmantellaborierung ist nicht immer lieferbar. Auch andere Hersteller nahmen die Patrone ins Programm und fertigen verschiedene Laborierungen.

Fabrikmunition ist damit zwar durchaus zu haben, doch von den Munitionsherstellern werden ausschließlich die schweren Geschosse verladen. Das Geschossangebot im Kaliber .416 ist aber mittlerweile ziemlich umfangreich und umfasst auch wesentlich leichtere Geschosse, mit denen sich der Anwendungsbereich der Patrone erweitern lässt. Durch die relativ kleine Hülse sind hier selbst leicht reduzierte Ladungen nicht so problematisch wie bei den großen Expresspatronen.

An Pulvern mangelt es ebenfalls nicht. Fast alle mittelschnell abbrennenden Sorten wie IMR 4064, Rottweil 907, Vihtavuori N 140 oder Hodgdon 380 sind gut brauchbar. Die leichten Geschosse können sogar mit recht offensiv abbrennendem Pulver wie H 322 oder IMR 3031 laboriert werden. Eine Repetierbüchse im Kaliber .416 Remington ist zurzeit die günstigste Möglichkeit, eine Waffe in einem der universellen 10-mm-Kaliber zu erwerben. Viele große Hersteller von Repetierbüchsen haben dieses Kaliber mittlerweile in ihre Kaliberpalette aufgenommen. Als Zündhütchen sollten Large Rifle Magnum-Zünder benutzt werden, um die doch recht große Pulvermenge gleichmäßig anzuzünden. Das Laden der .416 Remington Magnum bereitet keine besonderen Probleme. Bei Full House Jagdladungen sollten die Geschosse jedoch durch einen Rollcrimp gesichert werden. Alle Geschosse im Kaliber .416, mit Ausnahme der Barnes X-Bullets, verfügen über eine entsprechende Crimprille. Ist Crimpen nicht möglich, können die Geschosse mit Bitumen-Lack eingeklebt werden.

Ladedaten Kaliber .416 Remington Magnum

Geschoss-hersteller	Geschoss-typ	Geschoss-gewicht Grains	Pulver-hersteller	Pulvertyp	Pulver-ladung Grains	Hülsen-fabrikat	Zünd-hütchen	Gesamt-länge (mm)	V_0 m/s
Reichen-berg	HDB	300	Rottweil	R 903	92,0	Remington	CCI 250	91,5	826
Woodleigh	PP	340	Rottweil	R 907	83,5	Remington	CCI 250	91,5	780
Speer	AGS	400	Alliant	R 15	71,0	WR	CCI 250	92,0	695
Barnes	X-Bullet	300	Hodgdon	H 322	72,0	A-Square	RWS5333	91,0	760
Swift	A-Frame	350	Vihtavuori	N 140	77,0	Remington	CCI 250	91,0	756
Barnes	TSX	350	Vihtavuori	N 135	76,0	Remington	CCI 250	91,5	780
Barnes	BND Solid	350	Hodgdon	Varget	85,3	Remington	RWS 5333	91,0	740
Barnes	X-Bullet	400	Rottweil	R 904	76,0	Remington	CCI 250	91,5	702
A-Square	Dead Tough	400	IMR	4064	78,0	A-Square	CCI 250	91,5	698
Nosler	Partition	400	Hodgdon	Varget	79,0	Remington	CCI 250	91,5	735
Nolser	Solid	400	Hodgdon	Varget	78,5	Remington	CCI 250	91,4	731
Barnes	TSX	400	IMR	4320	75,0	Remington	RWS 5333	91,5	712
Hornady	DGS	400	IMR	4064	79,5	Remington	CCI 250	89,4	725
Hornady	DGX	400	Hodgdon	H 380	89,0	Remington	CCI 250	89,4	740
Hornady	Teilmantel	400	IMR	4064	80,0	Remington	RWS 5333	91,5	706
Woodleigh	Vollmantel	400	Hodgdon	4895	75,0	WR	CCI 250	91,5	704
Hornady	Vollmantel	400	Vihtavuori	N 150	80,8	Remington	CCI 250	91,0	712
Speer	Mag Tip	350	Hercules	RL 15	78,0	A-Square	CCI 250	91,0	740

Als Testwaffe diente eine vom Lohmarer Büchsenmacher Theo Jung gebaute Repetierbüchse aus der Jagen-Weltweit-Edition mit 65 Zentimeter langem Lauf.

.416 Ruger

Die .416 Ruger entstand aus der .375 Ruger, die im Jahre 2006 auf den Markt kam. Zwei Jahre später stellte die amerikanische Waffenfirma Ruger dann die .416 vor, die ebenfalls in Zusammenarbeit mit dem Munitionshersteller Hornady entwickelt wurde. Die Vorgaben bei der Entwicklung waren sehr ähnlich wie schon bei der kleineren .375 Ruger. Es galt, eine Patrone zu schaffen, die sich problemlos in ein Standard-Büchsensystem mit Länge des Mauser 98er verwenden lässt und die gleichzeitig die Leistung der etablierten 416er Patronen wie .416 Rigby oder .416 Remington Magnum übertrifft oder aber aus kürzeren Läufen erreicht. Mit der .375 Ruger war das ganz gut gelungen, sie kopiert die .375 Holland&Holland Magnum und braucht dazu nur einen 20 Zoll, also 50,8 cm langen Lauf. Maßstab der .416 Ruger war jetzt die .416 Rigby, die ein 400-Grains-Geschoss auf knapp über 700 m/s bringt. Bei der Hülse orientierte man sich an der .375 Ruger, die zwar den Bodendurchmesser der .375 H&H Magnum hat, aber keinen Gürtel. Dadurch kann die Hülse dicker gehalten werden und das Hülsenvolumen steigt. Zusätzlich wurde die 30-Grad-Schulter weit nach vorn verlegt, was zusätzlich Platz für Pulver schafft. Das Ergebnis war eine Hülse, die bei einer kürzeren Hülse (65,6 mm) ein acht Prozent größeres Hülsenvolumen als die .375 Holland&Holland Magnum hat. Bei der .416 Ruger wurden die Hülsenmaße übernommen und lediglich der Hülsenhals auf .416 aufgeweitet. Beibehalten wurde auch die 30-Grad-Schulter. Die Patrone passt damit in das Standard-Rugersystem und mit einer Gesamt-Patronenlänge von 84,8 mm natürlich auch in jeden 98er. Mit den von Hornady verladenen 400 Grains schweren Geschossen erzielen die Fabrikpatronen eine V_0 von 732 m/s und damit eine Mündungsenergie von fast 7000 Joule – allerdings aus einem 24 Zoll, also 61 cm langem Lauf. Das entspricht genau der Hornady-Laborierung der .416 Remington Magnum und liegt noch 300 Joule über der .416 Rigby. Die Rigby benötigt dazu natürlich deutlich weniger Gasdruck, lässt sich dafür aber nur in einem echten Magnumsystem unterbringen. Der Höchstgasdruck der .416 Ruger wurde auf 4300 bar festgelegt. Ihre Stärken soll die neue .416 Ruger aber in kurzläufigen Büchsen ausspielen und hier der Konkurrenz überlegen sein. Die Ruger 77 Hawkeye Alaskan hat nur einen 50,8-cm-Lauf und hier kommen die Hornady Fabrikpatronen immer noch auf beachtliche 709 m/s und kopieren damit tatsächlich die Leistung der legendären .416 Rigby aus einem 61er Lauf. Für eine kurze, handliche Großwildbüchse mit Standardsystem also eine ideale Patrone. Fabrikpatronen gibt es zurzeit nur von Hornady und zwar beide mit einem 400-Grains-Geschoss. Für den Wiederlader also ein großes Betätigungsfeld, zumal im Kaliberdurchmesser .416 zahlreiche gute Geschosse zur Verfügung stehen. Die optimalen Geschossgewichte dürften bei 350–400 Grains liegen.

Die Hülsenbeschaffung ist bei diesem Kaliber sehr eingeschränkt. Wer seinen Hülsenvorrat nicht unbedingt durch das Verschießen von Fabrikpatronen anlegen will, kann auch Hornady-Hülsen bekommen. Natürlich lassen sich ebenso .375 Ruger-Hülsen aufweiten, aber die liegen auf deutschen Schießständen auch höchst selten herum.

Bei den Treibladungsmitteln sind mittelschnell abbrennende Pulver wie Hodgdon Varget, Vihtavuori N 140 oder Rottweil R 903 optimal. Zur Anzündung der nicht unerheblichen Pulvermenge sind Magnum-Zünder erforderlich. Matrizensätze sind von den großen Herstellern zu bekommen und gehören sogar zu der preisgünstigsten Standardklasse. Der für die Laborierungsarbeiten verwendete Redding-Satz kostete 73,- €.

Die neue .416 Ruger erlaubt den Bau einer handlichen Repetierbüchse mit preisgünstigem Standardsystem und Serienwaffen von Ruger sind ebenfalls zu günstigen Preisen zu bekommen.

Schweres Wild bergen kann sehr anstrengend sein. Hier hilft ein „Eisernes Pferd“.

Ladedaten Kaliber .416 Ruger

Geschoss-hersteller	Geschoss-typ	Geschoss-gewicht g/Grains	Pulver-hersteller	Pulvertyp	Pulver-ladung Grains	Hülsen-fabrikat	Zünd-hütchen	Gesamt-länge (mm)	V_0 m/s
Barnes	X-Bullet	22,5/350	Hodgdon	Varget	75,0	Hornady	CCI 250	84,0	736
Barnes	TSX-Bullet	22,5/350	Alliant	RL 15	77,0	Hornady	Federal 215	84,0	742
Speer	Mag Tip	22,5/350	Rottweil	R 903	78,0	Hornady	RWS 5333	84,0	720
Degol	TMR	22,5/350	Vihtavuori	N 140	77,0	Hornady	CCI 250	83,7	735
Hornady	TMR	26/400	Vihtavuori	N 140	71,0	Hornady	CCI 250	83,9	705
Swift	A-Frame	26/400	Winchester	760	78,8	Hornady	Federal 215	83,9	690
A-Square	Monolithic	26/400	Alliant	RL 15	74,8	Hornady	CCI 250	84,0	702
A-Square	Dead Tough	26/400	Winchester	760	79,5	Hornady	CCI 250	83,7	687
Nosler	Partition	26/400	Vihtavuori	N140	71,2	Hornady	Federal 215	84,0	710
Barnes	TSX	26/400	Rottweil	R 903	70,2	Hornady	CCI 250	84,0	680
Woodleigh	TMR	26,5/410	Vihtavuori	N 540	72,0	Hornady	CCI 250	83,7	670
Woodleigh	VM	26,5/410	Rottweil	R 907	74,0	Hornady	CCI 250	83,7	668
Degol	TMR	26,5/410	Norma	N 203 B	71,0	Hornady	RWS 5333	83,8	670
Degol	TMR	29/450	Winchester	760	77,0	Hornady	CCI 250	84,0	662

Zur Ermittlung der Ladedaten wurde eine Repetierbüchse Ruger mit 50,8 Zentimeter Lauflänge benutzt.
Die Geschwindigkeit wurde drei Meter vor der Laufmündung gemessen.

.416 Weatherby Magnum

Auch in der Klasse der 40er Kaliber hatte Ed Weatherby den Ehrgeiz, die stärkste Fabrikpatrone dieses Geschossdurchmessers zu schaffen. Die 1989 vorgestellte Patrone bringt ein 400-Grains-Geschoss auf 823 m/s und liefert damit eine Mündungsenergie von 8777 Joule. Das sind gut 100 m/s und 2000 Joule mehr als beim Klassiker dieses Kalibers, der .416 Rigby. Eigentlich dreht sich Roy Weatherby mit der .416 Weatherby Magnum bei seinen Patronenentwicklungen im Kreis, denn 1953 nahm er die Hülse der .416 Rigby als Vorbild für die Entwicklung seiner .378 Weatherby Magnum. Er zog sie ein, verpasste ihr den bekannten Weatherby Doppel-Radius der Schulter und natürlich den Gürtel. 35 Jahre später weitete er genau diese Hülse wieder auf .416 auf und die .416 Weatherby war fertig. Dass die neue Patrone jetzt 100 m/s mehr bringt als die alte .416 Rigby, ist sicher nicht auf die „Hülsenkosmetik" zurückzuführen, sondern liegt am wesentlich höheren Gasdruck von 3800 bar. Die alte .416 Rigby kommt mit 2850 bar aus.

Die .416 Weatherby Magnum der .416 Rigby vorzuziehen, macht eigentlich nur Sinn, wenn weite Schüsse auf schweres Plains Game, wie etwa Eland, geplant sind. Auf die bei der echten Großwildjagd üblichen kurzen Distanzen lässt die Wirkung der .416 Rigby keine Wünsche offen und die .416 Weatherby hat keine Vorteile. Dafür allerdings den Nachteil des wesentlich härteren Rückstoßes.

Die Hülsenbeschaffung ist nur durch das Verschießen von Originalpatronen oder durch den Kauf von neuen Originalhülsen möglich. Stehen .378 Weatherby-Hülsen zur Verfügung, können natürlich auch die aufgeweitet werden. Beim Pulver sind in Anbetracht des großen Hülsenvolumens der .416 Weatherby Magnum nur die progressiven Sorten geeignet. Vor Abbruchladungen muss dringend gewarnt werden. Die progressiven Pulversorten sind dafür ungeeignet und es kommt zu unkontrollierten Gasdrucksprüngen. Für Experimente eignet sich diese Patrone wenig. Für die Anzündung der großen Pulvermenge sind unbedingt Magnum-Zündhütchen zu setzten. Bei den Ladeversuchen haben sich besonders Vihtavuori N 165, Hodgdon 3831 und Norma MRP als geeignet erwiesen, wenn schwere Geschosse verwendet werden. Bei den leichteren Geschossen zeigte Rottweil R 905 seine Stärken.

Die auch in den Fabrikpatronen eingesetzten 400-Grains-Geschosse sind das ideale Geschossgewicht für den Einsatzzweck der .416 Weatherby Magnum. In Anbetracht der hohen Mündungsgeschwindigkeit der .416 Weatherby Magnum, sollte aber auf einen entsprechend harten Geschossaufbau geachtet werden, um die angestrebte hohe Tiefenwirkung zu erreichen.

Matrizensätze sind von allen großen Herstellern von Wiederladewerkzeug erhältlich, zählen aber noch zu den teuren Spezialanfertigungen. Für die Verarbeitung der großen Hülse ist eine stabile Ladepresse nötig. Die Geschosse der schweren Jagdladungen sollten unbedingt durch einen Rollcrimp gesichert werden.

Ladedaten Kaliber .416 Weatherby Magnum

Geschoss-hersteller	Geschoss-typ	Geschoss-gewicht Grains	Pulver-hersteller	Pulvertyp	Pulver-ladung Grains	Hülsen-fabrikat	Zünd-hütchen	Gesamt-länge (mm)	V_0 m/s
Barnes	TSX	350	Alliant	RL 22	118,5	Weatherby	CCI 250	95,0	832
Barnes	TSX	350	IMR	7828	116,0	Weatherby	Federal 215	95,0	852
Speer	Mag Tip	350	Alliant	RL 22	119,0	Weatherby	RWS 5333	95,0	842
Barnes	BND Solid	350	Vihtavuori	N 550	105,0	Weatherby	Federal 215	95,0	845
Hornady	TMR	400	Vihtavuori	N 165	119,0	Weatherby	CCI 250	95,0	812
Swift	A-Frame	400	IMR	7828	117,0	Weatherby	Federal 215	95,0	810
A-Square	Solid	400	Hodgdon	4831	115,0	Weatherby	CCI 250	95,0	807
Barnes	TSX	400	Vihtavuori	N 165	118,0	Weatherby	CCI 250	95,0	817
A-Square	Dead Tough	400	IMR	7828	117,0	Weatherby	CCI 250	95,0	816
Barnes	BND Solid	400	Vihtavuori	N 550	100,5	Weatherby	Federal 215	94,0	823
Nosler	Partition	400	Norma	MRP	119,0	Weatherby	Federal 215	95,0	814
Woodleigh	TMR	410	Rottweil	R 905	110,0	Weatherby	CCI 250	95,0	817
Woodleigh	VM	410	Norma	MRP	118,0	Weatherby	CCI 250	95,0	814
Woodleigh	TMR	410	Alliant	RL 19	113,0	Weatherby	CCI 250	95,0	802
Degol	TMR	410	Vihtavuori	N 165	116,0	Weatherby	RWS 5333	95,0	818
Degol	TMR	450	Norma	MRP	109,0	Weatherby	CCI 250	95,0	774

Als Testwaffe diente eine Weatherby Repetierbüchse mit 65 Zentimeter langem Lauf.

.500/416 N.E. 3 ¼

Die .500/416 N.E. 3 ¼ ist keine alte englische Expresspatrone, sondern ein ganz neues Kaliber, das von der deutschen Waffenfirma Krieghoff, Ulm, auf den Markt gebracht wurde. Entwickelt hat die Patrone Wolfgang Romey.

Krieghoff wollte für die Doppelbüchse Classic Big Five eine Patrone, die die Leistung der legendären .416 Rigby aus einer Randhülse erbringt, womit sie sich für Kipplaufwaffen besser eignet als die randlose Rigby. Als Grundhülse diente die .500 N.E., die auf .416 eingezogen wurde. Damit ist genügend Pulverraum vorhanden und Hülsenprobleme gibt es auch keine. Ein 410-Grains-Geschoss wird auf 700 m/s beschleunigt, was eine Mündungsenergie von 6500 Joule ergibt. Die GEE liegt damit immerhin bei 148 Meter. Die Patrone hat sich schnell durchgesetzt und mittlerweile richten auch andere Firmen ihre Waffen, vornehmlich Doppelbüchsen, für die .500/416 N.E. 3 ¼ ein. Fabrikpatronen werden zurzeit nur von W. Romey hergestellt.

Die Hülsenbeschaffung ist kein Problem, aber nicht gerade billig. Die beste Lösung ist die Verwendung von Originalhülsen, aber es lassen sich natürlich auch .500-N.E.-Hülsen umformen. Das ist aber nicht unproblematisch und wer damit keine Erfahrung hat, produziert eine Menge Ausschuss. Wenn also nicht gerade ein Vorrat an .500-N.E.-Hülsen vorhanden ist, sind die Originalhülsen der bessere und einfachere Weg.

Die Geschossversorgung des neuen Kalibers ist kein Problem, denn im Kaliberdurchmesser .416 gibt es durch die populären Patronen .416 Rigby und .416 Remington Magnum mittlerweile eine reiche Auswahl.

Die Geschossgewichte reichen von 300 Grains bis 450 Grains, es ist aber zu bedenken, dass Doppelbüchsen empfindliche Gebilde und sehr munitionsabhängig sind. Das Geschossgewicht der Fabrikpatronen ist bei einer Waffe mit fest verlöteten Läufen sicher die beste Ausgangsbasis für Ladeversuche. Bei den leichten Geschossen ist es oft die zu geringe Geschosslänge, die Probleme bereitet. Eine interessante Lösung kommt hier von der Firma Degol, Belgien, die zwei .416er Geschosse fertigt, die trotz des geringen Geschossgewichtes von 300 und 325 Grains genauso lang sind wie ein 410-Grains-Geschoss. Degol setzt in das Geschossheck einen Aluminiumkern ein und kommt so auf eine größere Gesamtlänge. Mit diesen Geschossen ist die Chance, eine Doppelbüchse auch mit leichten Geschossen zum Zusammenschießen zu bringen, wesentlich höher.

Die .500/416 N.E. 3 ¼ hat ein sehr großes Hülsenvolumen und benötigt daher progressiv abbrennende Pulver, um den Pulverraum auszufüllen. Als sehr gleichmäßig erwiesen sich IMR 7828, Hodgdon H 1000 und Vihtavuori 165. Um die erhebliche Menge Pulver gleichmäßig anzuzünden, sind unbedingt Magnum-Zünder erforderlich. Bei den Ladeversuchen wurde das CCI 250 und das RWS 5333 benutzt. Die meisten Geschosse der Kalibergruppe .416 haben eine Crimprille, die auch benutzt werden kann. Der lange Hülsenhals der .500/416 N.E. 3 ¼ hält die Geschosse aber auch ohne Crimp sicher fest, wenn sie etwas tiefer als die Crimprille gesetzt werden. Die Ladeversuche zeigten, dass diese Methode die Präzision verbessert. Patronen mit Crimp hatten durchweg größere Streukreise.

Ladedaten Kaliber .500/416

Geschoss-hersteller	Geschoss-typ	Geschoss-gewicht Grains	Pulver-hersteller	Pulvertyp	Pulver-ladung Grains	Hülsen-fabrikat	Zünd-hütchen	Gesamt-länge (mm)	V_0 m/s
Degol	Hohlspitz	300	IMR	4831	103,0	WR	RWS 5333	96,5	806
Barnes	X-Bullet	350	Vihtavuori	N 165	105,0	WR	CCI 250	97,5	762
Speer	Mag Tip	350	Alliant	RL 22	99,0	WR	RWS 5333	97,5	744
Hornady	TMR	400	IMR	7828	102,0	WR	CCI 250	97,8	735
Hornady	VM	400	Rottweil	905	91,0	WR	RWS 5333	97,7	710
Hornady	TMR	400	Hodgdon	H 1000	106,0	WR	CCI 250	97,8	722
A-Square	Lion Load	400	IMR	7828	103,0	WR	CCI 250	97,5	738
Woodleigh	TMR	410	Hodgdon	H1000	105,0	WR	CCI 250	97,5	718
Woodleigh	VM	410	Hodgdon	4831	98,0	WR	CCI 250	97,5	703
Woodleigh	TMR	410	Vihtavuori	N 165	101,0	WR	CCI 250	97,5	712
Woodleigh	TMR	410	IMR	7828	100,0	WR	CCI 250	97,5	719
Degol	TMR	450	Hodgdon	H 1000	100,0	WR	CCI 250	101,5	665

Für die Ermittlung der Ladedaten wurde eine Doppelbüchse der Firma Ziegenhahn & Sohn mit 65 Zentimeter langen Läufen eingesetzt.

Dia. 423

Der .423er Geschossdurchmesser wird bei den Patronen 10,75 x 68 und 10,75 x 73 verwandt. Die 10,75 x 73 ist besser bekannt als .404 Jeffery. Es gab auch immer wieder Wildcats, die .423er Geschosse benutzten, doch eine große Rolle spielten diese Patronen nie. Lediglich die .425 Express ist etwas bekannter und A-Square fertigt Patronen in diesem Kaliber.

Der Geschossdurchmesser ist geringfügig stärker als bei den .416er Patronen, doch auf die Leistung hat das keinen großen Einfluss. Das Geschossangebot ist allerdings deutlich geringer und der Wiederlader hat hier wesentlich weniger Möglichkeiten. Durch das alte deutsche Kaliber 10,75 x 68 sind noch einige Geschosstypen im Gewicht 350 Grains erhältlich, die sehr gut geeignet sind, schnellere Laborierungen für die .404 Jeffery herzustellen. Dadurch lässt sich der Anwendungsbereich dieses Kalibers erweitern.

Geschosspalette:

Hersteller	Geschosstyp	Geschoss-gewicht g/Grains	Eignung	Patronen-empfehlung
A-Square	Dead Tough	26/400	Großwild	alle 404er
A-Square	Lion Load	26/400	Großkatzen	alle 404er
A-Square	Monolithic	26/400	Dickhäuter	alle 404er
Barnes	Solid	22,5/350	Dickhäuter	alle 404er
Barnes	X-Bullet	22,5/350	Großwild	alle 404er
Barnes	Solid	26/400	Dickhäuter	alle 404er
Barnes	X-Bullet	26/400	Großwild	alle 404er
CBS Degol	Starkmantel	19,5/300	Großwild	alle 404er
CBS Degol	Starkmantel	22,4/347	Großwild	alle 404er
CBS Degol	Teilmantel	22,5/350	Großwild	alle 404er
CBS Degol	Vollmantel	22,4/347	Dickhäuter	alle 404er
CBS Degol	Lion Load	26/400	Großkatzen	alle 404er
CBS Degol	Starkmantel	26/400	Großwild	alle 404er
CBS Degol	Teilmantel	26/400	Großwild	alle 404er
CBS Degol	Vollmantel	26/400	Dickhäuter	alle 404er
GPA	GPA	22,5/350	Großwild	alle 404er
Hornady	DGS	25,9/400	Dickhäuter	alle 404er
Hornady	DGX	25,9/400	Großwild	alle 404er
Reichenberg	HDB Alu Spitz	12,5/193	Großantilopen	alle 404er
Reichenberg	HDB	14,4/223	Großwild	alle 404er
Reichenberg	HDB	19,5/300	Großwild	alle 404er
Reichenberg	Solid	19,5/300	Dickhäuter	alle 404er
Swift	A-Frame	26/400	Großwild	alle 404er
Woodleigh	Teilmantel	22,5/350	Großwild	alle 404er
Woodleigh	HSB	25,9/400	Großwild	alle 404er
Woodleigh	Teilmantel	26/400	Großwild	alle 404er
Woodleigh	Vollmantel	26/400	Dickhäuter	alle 404er

10,75x68

Die 10,75x68 ist eine Mauser-Entwicklung und stammt aus den ersten Jahren des 19. Jahrhunderts. Sie war für das 98er-Mauser-System ausgelegt und hat daher eine relativ kurze Hülse von 68 Millimetern Länge. Besonders zwischen den Weltkriegen war dieses Kaliber in den deutschen Afrikakolonien eine beliebte Patrone, die wegen ihres vergleichbar geringen Rückstoßes und der wildbretschonenden Wirkung geschätzt wurde. Viele der heute von Sammlern gesuchten „Zivilmauser" sind für die 10,75x68 eingerichtet. Bis zum Jahre 1991 wurden Patronen von RWS gefertigt, dann stellte man auch dort die Produktion ein. Heute sind in Deutschland Fabrikpatronen nur noch von Romey und LFB zu bekommen.

Die Hülsenbeschaffung ist bei diesem Kaliber ein Problem. Es können nur Originalhülsen benutzt werden. Wegen der ungewöhnlichen Maße ist eine Umformung aus einer anderen, gängigeren Hülse nicht möglich. Entsprechend der Seltenheit der Hülse ist auch ihr Preis.

Bei den Geschossen sieht es heute etwas besser aus. Ursprünglich war die 10,75x68 mit einem 350-Grains-Geschoss verladen und dieses Geschossgewicht ist sehr effektiv. Damit lassen sich etwa 680 m/s erzielen, was über 5200 Joule Mündungsenergie entspricht. Ausgesuchte Handladungen erreichen sogar über 700 m/s. In Anbetracht der doch recht kleinen Hülse eine gute Leistungsausbeute. Für Büffel oder Elefant ist die 10,75x68 zwar an der untersten Grenze, doch in der Hand eines guten Schützen ist sie eine sehr wirkungsvolle Patrone.

Bei den Treibladungsmitteln sind die mittelschnell abbrennenden Pulver in Anbetracht der Hülsenform der 10,75x68 die beste Wahl. Für progressivere Sorten ist der Pulverraum zu klein, um genügend Treibladungspulver unterzubringen. Besonders RWS R 903 und Vihtavuori N 140 haben sich als sehr gut und präzise erwiesen, wenn 350-Grains-Geschosse verladen werden. Hohe Leistung bringt auch Rottweil R 907. Bei schwereren Geschossen muss offensiveres Pulver wie R 902 verwandt werden. Hier ist zu bedenken, dass das längere Geschoss den ohnehin schon kleinen Pulverraum noch mehr beschränkt. Progressivere Sorten erbringen dann keine Leistung mehr. Standardzündhütchen reichen zur Anzündung völlig aus. Die Werkzeugbeschaffung ist kein großes Problem, aber entsprechend teuer. Matrizensätze sind von RCBS, Redding oder Triebel zu bekommen.

Ladedaten Kaliber 10,75x68

Geschoss-hersteller	Geschoss-typ	Geschoss-gewicht Grains	Pulver-hersteller	Pulvertyp	Pulver-ladung Grains	Hülsen-fabrikat	Zünd-hütchen	Gesamt-länge (mm)	V_0 m/s
Reichen-berg	HDB	300	Vihtavuori	N 550	94,0	Romey	RWS 5341	80,0	710
Woodleigh	Teilmantel	350	Rottweil	R 903	65,2	Romey	RWS 5341	81,0	668
Degol	TMR	350	Vihtavuori	N 140	65,0	Romey	RWS 5341	80,8	682
Barnes	X-Bullet	350	Rottweil	R 903	64,7	Romey	RWS 5341	81,0	659
Delsing	TMR	350	Norma	203	65,0	Romey	RWS 5341	80,8	663
Woodleigh	TMR	350	Rottweil	R 907	73,8	Romey	RWS 5241	81,0	694
Degol	TMR	350	Vihtavuori	N 150	68,0	Romey	RWS 5341	80,8	701
Woodleigh	VM	350	Rottweil	R 902	67,8	Romey	RWS 5341	81,0	690
A-Square	Dead Tough	350	Vihtavuori	N 140	64,8	Romey	RWS 5341	80,8	680
Woodleigh	TMR	400	Rottweil	R 902	61,0	Romey	RWS 5341	81,0	610
Degol	TMR	400	IMR	4320	60,0	Romey	RWS 5341	81,0	630
Barnes	X-Bullet	400	Reloader	AL 15	60,0	Romey	RWS 5341	81,5	640
Woodleigh	VM	400	Norma	203	62,0	Romey	RWS 5341	81,0	613

Zur Ermittlung der Ladedaten wurde eine Repetierbüchse mit 63 Zentimeter Lauflänge benutzt.

.404 Jeffery

Die .404 Jeffery entstand als randloses Pendant zur .450/400 Nitro Express 3“, die als Patrone für Kipplaufwaffen sehr populär war.

Als das 98er Mausersystem für den Bau von Jagdrepetierern zur Verfügung stand, mussten randlose Patronen konstruiert werden, deren Leistung in etwa denen der großen Nitro-Express-Patronen für Doppelbüchsen entsprach. Die .404 Jeffery lässt sich noch mit etwas Aufwand im 98er Normalsystem unterbringen, doch es wurden auch Waffen mit dem langen 98er System in diesem Kaliber gebaut. Bei uns wurde diese Patrone ab 1909 unter der Bezeichnung 10,75 x 73 hergestellt.

Obwohl es mit dem Aufkommen der leistungsfähigen und kürzeren Magnumpatronen etwas still um die .404 wurde, hat sie sich doch immer einen kleinen, aber treuen Anhängerkreis bewahrt und wurde hauptsächlich von Berufsjägern geführt. Sie liegt in der gleichen Leistungsklasse wie die legendäre .416 Rigby oder die moderne .416 Remington Magnum. In letzter Zeit ist die Patrone aber wieder stark im Kommen und Mauser hat die neue M 03 dafür eingerichtet.

Ich schieße dieses Kaliber seit vielen Jahren mit bestem Erfolg und habe in Afrika vom Büffel bis zum Elefanten damit alles Großwild erlegt. Mit guten Teilmantelgeschossen wie dem Woodleigh ist die Tiefenwirkung beeindruckend. Gegenüber der legendären .416 Rigby habe ich nie einen Unterschied feststellen können.

Das Angebot an Fabrikpatronen ist nicht sehr groß und alle Hersteller beschränken sich auf schwere Geschosse.

Das Geschossangebot umfasst auch wesentlich leichtere Geschosse, mit denen sich der Anwendungsbereich der Patrone erweitern lässt. Mit einem leichten Geschoss kommt die .404 Jeffery leicht in die Klasse der .375 Holland&Holland und lässt sich damit gut für weitere Schüsse auf leichteres Wild einsetzen. Beim Pulver bevorzugt die .404 die mittelschnellen Sorten. RWS 903, 907 sowie Hodgdon 4350, IMR 4064 oder Hercules RL 15 sind bestens geeignet. Doch auch etwas offensivere Sorten wie R 902, können eingesetzt werden. Als Zündhütchen sollten für die etwas langsamer abbrennenden Sorten Magnum-Zünder eingesetzt werden. Die offensiveren Sorten, wie R 902 kommen aber auch mit Standardzündern aus.

Hülsen sind von den Herstellern der Fabrikmunition sowie von den Hülsenherstellern Bertram und Bells zu bekommen. Matrizensätze sind von RCBS, Triebel und Redding erhältlich. Wenn eine stabile Ladepresse vorhanden ist, bereitet das Laden der .404 keine besonderen Probleme. Bei Full House Jagdladungen sollten die Geschosse jedoch durch einen Rollcrimp gesichert werden. Bis auf das Barnes X-Bullet haben alle Geschosse eine Crimprille.

Ladedaten Kaliber .404 Jeffery

Geschoss-hersteller	Geschoss-typ	Geschoss-gewicht Grains	Pulver-hersteller	Pulvertyp	Pulver-ladung Grains	Hülsen-fabrikat	Zünd-hütchen	Gesamt-länge (mm)	V_0 m/s
Reichen-berg	HDB	300	Vihtavuori	N 550	84,0	RWS	RWS 5341	86,0	765
Woodleigh	Teilmantel	350	RWS	R 902	79,0	RWS	RWS 5341	86,0	710
Woodleigh	Vollmantel	400	RWS	R 907	81,5	WR	Federal 215	88,5	720
Barnes	X-Bullet	350	Vihtavuori	N 140	79,0	RWS	CCI 250	88,5	740
A-Square	Dead Tough	400	Vihtavuori	N 540	78,0	A-Square	Federal 215	88,5	715
Hornady	DGS	400	Norma	URP	81,0	Hornady	CCI 250	88,5	702
Hornady	DGX	400	Vihtavuori	N 160	86,0	Hornady	CCI 250	88,5	705
Woodleigh	Vollmantel	400	Hodgdon	H 4350	85,0	WR	CC1 250	88,5	710
Woodleigh	Teilmantel	400	IMR	4064	76,0	A-Square	RWS 5333	88,5	702
A-Square	Monolithic	400	Hercules	RL 15	74,0	WR	Federal 215	88,5	685
Barnes	TSX	400	Vihtavuori	N 550	81,0	WR	Federal 215	88,5	720
A-Square	Lion Load	400	RWS	R 903	80,5	RWS	CCI 250	88,5	710
Barnes	BND Solid	400	Alliant	RL 15	75,2	WR	Federal 215	88,5	712
Barnes	Solid	350	Hodgdon	H 4350	88,0	WR	CCI 250	86,5	735
CBS	Teilmantel	400	RWS	R 907	81,0	RWS	Federal 215	88,8	710

Als Testwaffe diente eine Repetierbüchse mit 98er System und 65 Zentimeter langem Lothar-Walther-Lauf.

Dia .430

Der .430er Geschossdurchmesser ist zwar beliebt bei Kurzwaffenmunition, bei leistungsstarken Jagdpatronen aber eher selten zu finden. Bekanntester Vertreter ist hier die .444 Marlin. In der Geschosstabelle sind nur die jagdlich brauchbaren Geschosse aufgeführt. Zum Scheibenschießen lassen sich alle 430er Revolvergeschosse einsetzen.

.45 Blaser – .450 Marlin – .444 Marlin

Geschosspalette:

Hersteller	Geschosstyp	Geschossgewicht g/Grains	Eignung	Patronen-empfehlung
Cast Performance	Blei-FK	20,7/320	mittleres und schweres Schalenwild	.444 Marlin
Degol	Starkmantel FK	17,2/265	mittleres und schweres Schalenwild	.444 Marlin
Hornady	XTP	15,6/240	mittleres Schalenwild	.444 Marlin
Hornady	Lever Evolution	17,2/265	mittleres und schweres Schalenwild	.444 Marlin
Hornady	TMF InterLock	17,2/265	mittleres und schweres Schalenwild	.444 Marlin
Hornady	XTP	19,4/300	mittleres Schalenwild	.444 Marlin
Nosler	Partition	15,6/240	mittleres Schalenwild	.444 Marlin
Reichenberg	HDB	14,6/225	mittleres und schweres Schalenwild	.444 Marlin
Remington	TMF	15,6/240	leichtes und mittleres Schalenwild	.444 Marlin
Sierra	TMF	19,4/300	mittleres Schalenwild	.444 Marlin
Speer	Gold Dot	15,6/240	leichtes und mittleres Schalenwild	.444 Marlin
Woodleigh	TMF	18,2/280	mittleres Schalenwild	.444 Marlin

.444 Marlin

Als Winchester im Jahre 1958 den Unterhebelrepetierer Modell 71 im Kaliber .348 Winchester aus dem Programm nahm, entstand eine Bedarfslücke an großkalibrigen Lever-Action-Waffen. Der zweite große Hersteller von Unterhebelrepetierern, die Firma Marlin, reagierte darauf und brachte im Jahre 1964 die Patrone .444 Marlin zusammen mit der neuen Büchse Modell 336 auf dem Markt, die sofort großen Anklang in den USA fanden. In den dichten Buschregionen Amerikas wird die .444 Marlin besonders als guter „Stopper" bei der Bärenjagd geschätzt. Auch für unsere Regionen lässt sich die Patrone speziell bei Saudrückjagden und Nachsuchen jagdlich gut einsetzen, vor allem, wenn sie durch die Hände eines versierten Wiederladers gegangen ist. Das Angebot an .444 Marlin-Waffen beschränkt sich zudem nicht nur auf Unterhebelrepetierer, sondern es werden mittlerweile auch Doppelbüchsen für die starke Randpatrone eingerichtet. Für die Entwicklung der Ladedaten stand nicht nur eine Marlin Lever Action, sondern auch eine Johannsen Doppelbüchse zur Verfügung.

Vom Prinzip her ist die .444 Marlin nichts anderes als eine verlängerte Revolverpatrone .44 Magnum und verwendet auch den gleichen Geschossdurchmesser von Dia .430. Die Hülse wurde aber auf 56,5 Millimeter verlängert und damit ist die .444er eine wirklich imposante, zylindrische Randpatrone. Munition gibt es von vielen amerikanischen Herstellern und die Geschossgewichte liegen zwischen 15,5 und 17,2 Gramm. Das schwere 17,2-Gramm-Geschoss erreicht eine maximale Mündungsgeschwindigkeit von über 700 m/s und damit 4000 Joule. Für eine Doppelbüchse ist die .444 Marlin als Randpatrone eine gute Wahl, wenn auf hohe Stoppkraft im Nahbereich bei nicht zu großem Rückstoß Wert gelegt wird. Auch für den Auslandsjäger, für die Jagd auf dünnhäutiges Wild wie Bären oder Großkatzen, ist sie in einer führigen Doppelbüchse nahezu ideal und lässt sich dazu natürlich ebenso auf heimischen Saujagden hervorragend einsetzen.

Ihre volles Leistungspotential spielt die .444 Marlin erst aus, wenn Handlaborierungen verwendet werden. Die Fabrikpatronen sind meist etwas „verhalten" laboriert und auch die verwendeten Geschosse sind oft nicht für die Jagd auf schweres Wild geeignet. Besonders das sehr dünnmantelige 240 Grains Remington Teilmantelgeschoss hat keine sehr große Tiefenwirkung, wie ich mehrmals feststellen musste. Wesentlich besser ist hier die Hornady Light Magnum mit dem 265 Grains Interlock-Geschoss. Sie hat eine erheblich höhere Mündungsgeschwindigkeit und sehr gute Tiefenwirkung. Das Interlock-Geschoss pilzt auf den doppelten Kaliberdurchmesser auf und hat kaum Masseverlust. Die Wirkung auf Sauen ist auf Drückjagdentfernung geradezu umwerfend.

Wiederladekomponenten sind kein großes Problem. Matrizensätze sind von allen großen Herstellern zu bekommen und gehören preislich zur günstigen Standardgruppe. Hülsen lassen sich entweder durch das Verschießen von Fabrikmunition gewinnen oder sind als Neuhülsen zu moderaten Preisen zu bekommen. Bei den Geschossen ist die Auswahl schon etwas eingeschränkter, wenn die Patrone zur Jagd benutzt werden soll. Der Scheibenschütze hat es hier wesentlich einfacher, denn es lässt sich im Grunde jedes .44er Revolvergeschoss mit Dia .429/.430 verwenden, und davon gibt es reichlich.

Um ein Loch in eine Pappscheibe zu stanzen, tun es die preiswerten Revolvergeschosse allemal. Bleigeschosse sollten bei den doch recht hohen Mündungsgeschwindigkeiten der leichten Revolvergeschosse aus dem Büchsenlauf besser nicht verwandt werden. Die feinen Micro-Grov-Züge der originalen Marlin-Waffen verbleien hiermit sehr schnell. Beste Erfahrungen wurden hinsichtlich der Präzision mit dem 240 Grains Teilmantelgeschoss von Nosler und 250 Grains KS-TM Tournment Master von Sierra gemacht. Für die Jagd auf Schalenwild sollten aber schwerere und vor allem härtere Geschosse benutzt werden, denn die gegenüber einem Revolver wesentlich höhere Mündungsgeschwindigkeit der .444 Marlin lässt die dünnmanteligen Revolvergschosse besonders auf Drückjagdentfernung regelrecht zerplatzen. Ausschüsse sind hier nicht mehr zu erwarten. Interessant kann die Verwendung der leichten Revolvergeschosse aber für den Hundeführer sein, der eine Gefährdung seines Schweißhundes durch austretende Geschossreste verhindern will. Hier ist das leichte Revolvergeschoss, das seine ganze Energie im Wildkörper abgibt, durchaus brauchbar.

Ladedaten Kaliber .444 Marlin

Geschoss-hersteller	Geschoss-typ	Geschoss-gewicht Grains	Pulver-hersteller	Pulvertyp	Pulver-ladung Grains	Hülsen-fabrikat	Zünd-hütchen	Gesamt-länge (mm)	V_0 m/s
Hornady	XTP	240	Vihtavuori	N 130	52,5	Hornady	CCI 200	64,0	710
Nosler	Partition FL	250	Rottweil	R 901	50,0	Hornady	CCI 200	64,5	685
Hornady	InterLock	265	PCL	512	44,5	Remington	CCI 200	65,0	730
Hornady	InterLock	265	Vihtavuori	N 130	50,8	Hornady	CCI 200	65,0	685
Hornady	InterLock	265	Hodgdon	H 335	57,5	Remington	WLR	64,0	692
Hornady	Lever Rev.	265	IMR	4189	54,0	Hornady	WLR	66,0	690
Hornady	Lever Rev.	265	Alliant	RL 7	46,5	Remington	CCI 200	65,0	695
Delsing	TMR	285	Vihtavuori	N 120	49,0	Hornady	WLR	65,0	710
Hornady	XTP HP	300	Vihtavuori	N 130	46,5	Remington	CCI 200	65,0	620
Hornady	XTP HP	300	IMR	4198	39,5	Remington	CCI 200	65,0	610

Als Testwaffe diente ein Marlin Unterhebelrepetierer mit 60 Zentimeter Lauflänge.

.430er Geschosse für den Jagdgebrauch

Das eingangs schon erwähnte 265 Grains schwere Interlock-Geschoss von Hornady, mit dem auch die Light Magnum laboriert wird, ist speziell für die .444 Marlin entwickelt worden und genau auf den Geschwindigkeitsbereich abgestimmt. Speer hat ein 270 Grains Gold Dot Revolvergeschoss im Programm, das zwar schnell anspricht und den Querschnitt erheblich vergrößert, aber durch die Verbundbauweise nicht zu viel an Masse verliert und ebenfalls jagdlich einsetzbar ist. Interessant ist zudem das 250 Grains Faustfeuerwaffengeschoss von Nosler, das als Partition-Geschoss mit Mittelsteg aufgebaut und für die Jagd mit Kurzwaffen gedacht ist. Dieses Geschoss hat eine hohe Tiefenwirkung und lässt sich in der .444 Marlin jagdlich einsetzen, auch wenn es nicht ganz so schwer ist. Ebenfalls einsetzbar wäre vom Aufbau her das schwere 300 Grains Hollowpoint von Nosler, das ebenso für die Jagd mit Kurzwaffen gedacht ist. Es ist aber sehr lang und nimmt so viel Platz im Pulverraum ein. Die erzielbare Leistung ist nicht sehr hoch. Vom belgischen Custom-Geschosshersteller Degol kommt ein 265 grs. Verbundkerngeschoss speziell für die .444 Marlin, das auch genau auf diese Patrone abgestimmt ist und dem Hornady-Geschoss zumindest ebenbürtig ist, aber erheblich mehr kostet. Das jagdlich optimale Geschossgewicht für die .444 Marlin liegt bei 265–270 Grains. Diese Geschosse sind schwer genug und lassen in der Hülse ausreichend Platz für das Treibladungsmittel. Die neueste Entwicklung ist das Lever Evolution Geschoss von Hornady, das als Spitzgeschoss konstruiert ist, aber in Röhrenmagazinen verwendet werden kann. Es hat eine weiche Spitze aus Elastomer – hier also eher Gummi als Plastik. Hornady bezeichnet das Material als Flex Tip, da es sich bei Temperaturen von –40 bis über 130 Grad Celsius völlig flexibel verhält. Die Spitze lässt sich auf einer harten Unterlage platt drücken und kehrt sofort wieder in ihre Ursprungsform zurück, sobald der Druck nachlässt. Die Zündung einer vor dieser Spitze liegenden Patrone durch den Rückstoß ist völlig ausgeschlossen.

Für die zylindrische Hülse wird ein dreiteiliger Matrizensatz benötigt und bei der Behandlung der sehr dünnwandigen Hülsen ist Vorsicht nötig, sonst kommt es zu Ausschuss. Die Hülsen deformieren am Hülsenmund extrem schnell. Ein kräftiger, aber gleichmäßiger Rollcrimp ist unbedingt erforderlich. Nicht nur, um die Geschosse sicher in der Hülse zu halten, sondern auch um eine vollständige Verbrennung des Treibladungspulvers zu erreichen und die volle Leistung zu erzielen. Damit die Präzision nicht unter ungleichmäßiger Crimpung leidet, sollten alle Hülsen vor dem Laden auf gleiche Länge getrimmt werden. Dies erwies sich bei der Ermittlung der Ladedaten als sehr wichtig. Ist der Crimp nicht gleichmäßig, leidet die Präzision sehr stark. Als Treibladungspulver lassen sich die offensiven bis mittelschnellen Büchsenpulver verwenden. Bei den Ladungen der mittelschnellen Pulver handelt es sich durchweg um Pressladungen. Trotzdem wird der höchst zulässige Gasdruck von immerhin 3550 bar nicht erreicht. Durch die Relation von Hülsenvolumen zu Pulverdichte wird der P max nur zu etwa zwei Dritteln ausgeschöpft. Die „Maximalladungen" kratzen also nicht etwa an der Gasdruckobergenze, sondern es geht schlichtweg nicht mehr Pulver in die Hülse. Standardzündhütchen reichen für die sichere Anzündung des Pulvers vollkommen aus.

Dia. 435

Der .435er Geschossdurchmesser ist sehr selten und findet sich bei den echten Großwildpatronen lediglich bei der .425 Westley Richards.

Geschosspalette:

Hersteller	Geschosstyp	Geschossgewicht g /Grains	Eignung	Patronen-empfehlung
A-Square	Monolithic	26,5 / 410	Dickhäuter	.425 WR
A-Square	Dead Tough	26,5 / 410	Großwild	.425 WR
A-Square	Lion Load	26,5 / 410	Großkatzen	.425 WR
Woodleigh	Vollmantel	26,5 / 410	Dickhäuter	.425 WR
Woodleigh	Teilmantel	26,5 / 410	Großwild	.425 WR
CBS Degol	Teilmantel	26,5 / 410	Großwild	.425 WR
CBS Degol	Kegelspitz	22,5 / 350	starkes Hochwild, leichtes Großwild	.425 WR
Barnes	Solid	26,5 / 410	Dickhäuter	.425 WR
Barnes	Teilmantel	26,5 / 410	Großwild	.425 WR
Romey	Solid	26,5 / 410	Dickhäuter	.425 WR

Starke Löwenfährte. Zum Größenvergleich eine .450/400 NE 3.

.425 Westley Richards

Die .425 Westley Richards wurde von der gleichnamigen englischen Waffenfirma Anfang des letzten Jahrhunderts auf den Markt gebracht. Vornehmlich als randlose Patrone für Repetierbüchsen konzipiert, wurden aber auch Doppelbüchsen und Blockbüchsen für dieses Kaliber eingerichtet.

Die .425 Westley Richards ist eine der wenigen Patronen mit, im Verhältnis zum Hülsenkörper, kleineren Hülsenboden. Bekanntestes Beispiel für diese Hülsenform ist wohl die .500 Jeffery. Durch diese Bauweise ist es möglich, Mauser-Standardsysteme für den Bau von kostengünstigen Büchsen zu benutzen. Obwohl die .425 Westley Richards nur eine Hülsenlänge von 67,06 Millimeter hat, bringt sie eine respektable Leistung. Im Westley Richards Katalog von 1912 werden 2350 feet per second und 5022 ft.lbs. angegeben. Das entspricht umgerechnet etwa 710 m/s und 6800 Joule. Für diese kurze Patrone bei einem Gasdruck von 2757 bar nicht schlecht. Damit lässt sich die .425 WR durchaus mit der .404 Jeffery oder .416 Rigby vergleichen. Diese Messungen beruhen aber auf den früher üblichen Lauflängen von 70 oder gar 73 Zentimeter. Romey Fabrikpatronen erreichten aus einer neu gefertigten Waffe mit 65 Zentimeter langem Lauf eine V_0 von 695 m/s. In diesem Bereich sollten auch die Eigenlaborierungen angesiedelt werden, wobei bei alten Originalwaffen Vorsicht geboten ist. 20 m/s weniger sind im Jagdbetrieb kaum spürbar, senken aber den Gasdruck erheblich. Es werden zwar heute nur noch vereinzelt neue Waffen für diese Patrone eingerichtet, aber es sind noch eine Menge alter, gut erhaltener Waffen im Umlauf. Das Angebot an Fabrikpatronen ist sehr klein und es sind lediglich Patronen mit einem Geschossgewicht von 410 Grains zu bekommen.

Die .425 Westley Richards benötigt den sehr seltenen Geschossdurchmesser von .435 (11,05 mm), was das Geschossangebot sehr einschränkt. Geschosse werden nur von Barnes, A-Square und Woodleigh fabrikmäßig gefertigt. Außerdem gibt es noch das Silber Solid von Romey und auch die belgische Geschossschmiede Degol stellt .435er Geschosse her. Alle diese Geschosse haben das Standardgewicht von 410 Grains. Leichtere Geschosse wären nur von Degol oder einem anderen Kleinhersteller als Sonderanfertigung zu bekommen. Für mich stellte Degol ein 350 Grains leichtes Kegelspitz-Geschoss her, das nicht nur außerordentlich präzise ist, sondern sich auch für starkes europäisches Hochwild sehr gut eignet, was den Anwendungsbereich einer .425er Büchse erweitert.

Beim Pulver bevorzugt die .425 WR die eher offensiven bis mittelschnellen Sorten. Mit R 907 ließ sich die leistungsstärkste Jagdladung laborieren, die den Fabrikpatronen entspricht. Auch Vihtavuori N 540 erwies sich als sehr gut. Trotz der kaum vorhandenen Schulter waren auch Versuche mit progressiveren Sorten erfolgreich. Damit bleibt die Leistung zwar etwas unter dem Niveau der Fabriklaborierung, aber gerade diese Patronen waren sehr präzise und schossen sich angenehm weich. Die offensiveren Pulversorten würden zwar auch mit Standardzündhütchen auskommen, es wird aber empfohlen, Magnum-Zünder einzusetzen, da der Abbrand hier gleichmäßiger ausfällt und so gezündete Laborierungen präziser schießen. Hülsen sind nur von den Herstellern der Fabrikmunition A-Square und WR-Munition erhältlich sowie von den Hülsenherstellern Horneber, Bertram und Bells.

Matrizensätze sind von RCBS, Triebel und Redding erhältlich, leider auch entsprechend teuer. Wenn eine stabile Ladepresse vorhanden ist, bereitet das Laden der .425 WR keine besonderen Probleme. Ein Sichern der Geschosse durch einen Crimp ist unbedingt nötig.

Büffel, erlegt mit einem Schuss auf den Stich, Kaliber .404 Jeffery.

Ladedaten Kaliber .425 Westley Richards

Geschoss-hersteller	Geschoss-typ	Geschoss-gewicht Grains	Pulver-hersteller	Pulvertyp	Pulver-ladung Grains	Hülsen-fabrikat	Zünd-hütchen	Gesamt-länge (mm)	V_0 m/s
Barnes	TM	410	Rottweil	R 907	73	WR	RWS 5333	82,5	682
Woodleigh	VM	410	Vihtavuori	N 160	80	WR	Federal 215	82,2	645
Woodleigh	TM	410	Rottweil	R 907	74	WR	CCI 250	82,2	695
Woodleigh	TM	410	IMR	4350	74	WR	CCI 250	82,2	662
Romey	Solid	410	Vihtavuori	N 150	69	WR	CCI 250	82,8	654
CBS	TM	410	Rottweil	R 907	74	WR	RWS 5333	82,5	698
Barnes	TM	410	Vihtavuori	N 540	72	WR	CCI 250	82,5	690
Degol	KS	350	Vihtavuori	N 540	82	WR	CCI 250	82,0	752
Woodleigh	VM	410	Vihtavuori	N 540	71	WR	CCI 250	82,2	680
Woodleigh	TM	410	Vihtavuori	N 150	70	WR	Federal 215	82,2	670

Als Testwaffe diente eine Repetierbüchse mit 98er System und 65 Zentimeter langem Lothar-Walther-Lauf.

Dia. 458

Der .458er Geschossdurchmesser ist sehr populär und findet sich bei einer ganzen Reihe von Großwildpatronen. Entsprechend groß ist auch das Geschossangebot. Fast jeder Geschosshersteller hat 458er Geschosse im Programm. Die Geschossgewichte reichen von 300 bis 600 Grains und neben den klassischen Rundkopfgeschossen sind auch außenballistisch günstig geformte Spitz- oder Halbspitzgeschosse zu bekommen, die in den schnellen 458er Kalibern Vorteile haben und den Einsatz der Büchse auch auf größere Distanz erlauben.

.458 Win – .458 Lott – .450 Rigby – .460 Weath – .500 Jeffery – .500 A-Square – .505 Gibbs – .585 Nyaty

Geschosspalette:

Hersteller	Geschosstyp	Geschoss-gewicht g/Grains	Eignung	Patronen-empfehlung
A-Square	Dead Tough	30/465	Großwild	alle .458er
A-Square	Lion Load	30/465	Großkatzen	alle .458er
A-Square	Monolithic	30/465	Dickhäuter	alle .458er
A-Square	Dead Tough	32,4/500	Großwild	alle .458er
A-Square	Lion Load	32,4/500	Großkatzen	alle .458er
A-Square	Monolithic	32,4/500	Dickhäuter	alle .458er
Barnes	TM-Spitz	19,5/300	Hochwild	alle .458er
Barnes	TM-Flachkopf	19,5/300	Hochwild	reduzierte Ladung
Barnes	Triple Shock	19,5/300	Hoch- und Großwild	alle .458er
Barnes	X-Bullet	19,5/300	Hochwild	alle .458er
Barnes	Triple Shock	22,6/350	Großwild	alle .458er
Barnes	X-Bullet	22,5/350	Hoch- und Großwild	alle .458er
Barnes	Solid	26/400	Dickhäuter	alle .458er
Barnes	TM-Flachkopf	26/400	Großwild/Großkatzen	alle .458er
Barnes	TM-Spitz	26/400	Großwild	alle .458er
Barnes	X-Bullet	26/400	Großwild	alle .458er
Barnes	Solid	29,2/450	Dickhäuter	alle .458er
Barnes	Triple Shock	29,2/450	Großwild	alle .458er
Barnes	X-Bullet	29,2/450	Großwild	alle .458er
Barnes	Solid	32,4/500	Dickhäuter	alle .458er
Barnes	Triple Shock	32,4/500	Großwild	alle .458er
Barnes	X-Bullet	32,4/500	Großwild	alle .458er
Barnes	Solid	39/600	Dickhäuter	nur große Hülsen
Barnes	Teilmantel	39/600	Großwild	nur große Hülsen
CBS Degol	Teilmantel	22,5/350	Großwild	alle .458er
CBS Degol	Teilmantel	26,0/400	Großwild	alle .458er
CBS Degol	Teilmantel	30,8/480	Großwild	alle .458er
CBS Degol	Teilmantel	33,5/520	Großwild	nur große Hülsen
CBS-Degol	Teilmantel	32,4/500	Großwild	alle .458er
CBS Degol	Teilmantel	39/600	Großwild	nur große Hülsen
Degol	Vollmantel	39/600	Dickhäuter	nur große Hülsen
Delsing	TM-Flachkopf	19,4/300	Hochwild	alle .458er
Delsing	Teilmantel	22,6/350	Großwild	alle .458er
Delsing	Teilmantel	26/400	Großwild	alle .458er
Federal	Trophy Bond.	26/400	Großwild	alle .458er
Federal	Trophy Bond.	32,4/500	Großwild	alle .458er
GPA	GPA	29,2/450	Hochwild	alle .458er
Hornady	TM-Hohlspitz	19,4/300	Hochwild	alle .458er
Hornady	Teilmantel	22,5/350	Hochwild/Großkatzen	alle .458er
Hornady	DGS	32,4/500	Dickhäuter	alle .458er
Hornady	DGX	32,4/500	Großwild	alle .458er

Hersteller	Geschosstyp	Geschoss-gewicht g/Grains	Eignung	Patronen-empfehlung
Hornady	Teilmantel	32,4/500	Großwild	alle .458er
Hornady	Vollmantel	32,4/500	Dickhäuter	alle .458er
Impala	Impala	16,2/250	Hochwild	alle .458er
Impala	Impala	19,4/300	Hochwild	alle .458er
Nosler	Partition	19,4/300	Hochwild	alle .458er
Nosler	Partition	32,4/500	Großwild	alle .458er
Nosler	Solid	32,4/500	Dickhäuter	alle .458er
PMP	Solid	30,8/475	Dickhäuter	alle .458er
Reichenberg	HDB	16,8/260	Weitschüsse Großantilopen	alle .458er
Reichenberg	HDB	26/400	Großwild	alle .458er
Reichenberg	HDB	29,2/450	Großwild	alle .458er
Reichenberg	Super Penetrator	29,2/450	Großwild	alle .458er
Reichenberg	Super Penetrator	32,4/500	Großwild	alle .458er
Remington	TM-Hohlspitz	19,4/300	Hochwild	alle .458er
Sierra	TM-Hohlspitz	19,5/300	Hochwild	alle .458er
Speer	TM-Flachkopf	22,5/350	Hochwild/ Großkatzen	alle .458er
Speer	TM-Flachkopf	26/400	Hochwild/ Großkatzen	alle .458er
Speer	TM G.Slam	32,4/500	Großwild	alle .458er
Speer	VM-G.Slam	32,4/500	Dickhäuter	alle .458er
Swift	A-Frame	26/400	Großwild	alle .458er
Swift	A-Frame	29,2/450	Großwild	alle .458er
Swift	A-Frame	32,4/500	Großwild	alle .458er
Winchester	Power Point	32,4/500	Großwild	alle .458er
Winchester	Teilmantel	32,4/500	Großwild	alle .458er
Woodleigh	Teilmantel	22,5/350	Hoch- und Großwild	alle .458er
Woodleigh	TM-Protected	26/400	Großwild	alle .458er
Woodleigh	HSB	29,2/450	Großwild	alle .458er
Woodleigh	HSB	31,1/480	Großwild	alle .458er
Woodleigh	Teilmantel	31,1/480	Großwild	alle .458er
Woodleigh	Vollmantel	31,1/480	Dickhäuter	alle .458er
Woodleigh	Vollmantel	32,4/500	Dickhäuter	alle .458er
Woodleigh	Teilmantel	32,4/500	Großwild	alle .458er
Woodleigh	Teilmantel	35,7/550	Großwild	nur große Hülsen
Woodleigh	Vollmantel	35,7/550	Dickhäuter	nur große Hülsen

.450 Ackley Magnum

Die .450 Ackley Magnum wurde von Parker Ackley Anfang der 60er Jahre entwickelt und ist ein weiterer Versuch, die Leistung der .458 Winchester Magnum zu verbessern. Hier befindet sie sich in der Gesellschaft einer ganzen Reihe von Patronen, wie etwa der .458 Lott, der .458 Watts oder der .460 Short A-Square, die alle den populären Geschossdurchmesser .458 benutzen.

Als die .458 Winchester 1956 auf den Markt kam, läutete sie eine neue Ära bei den Großwildpatronen ein. Sie war die erste einer Reihe von sogenannten „Short Magnums“ und brach in einen Leistungsbereich ein, der vorher von den englischen Expresspatronen beherrscht wurde. Die Hülsenlänge der neuen Patrone von nur 63 mm ermöglichte die Verwendung von Repetierbüchsensystemen mit Standardabmessungen. So war es jetzt möglich, preisgünstige Repetierer für eine leistungsstarke Großwildpatrone einzurichten. Mit dem 500 Grains (32,4 g) Standardgeschossgewicht liefert die .458 Winchester Magnum etwa 6700 Joule Mündungsenergie. Als Afrikapatrone für „Dangerous Game“ machte sie sich schnell einen Namen und lief den alten englischen Expresspatronen den Rang ab.

Nach einigen Jahren kam das Kaliber aber ins Gerede, da die Patronen einiger Hersteller sehr verhalten waren, um den Gasdruck auf niedrigem Niveau zu halten. Bei dem hohen Gasdruck, der nötig war, um aus der kleinen Hülse die geforderte Leistung herauszuholen, kam es im heißen Afrika zu Zuverlässigkeitsproblemen, die Hülsen steckten im Lager fest. Für eine Safaribüchse natürlich katastrophal. Daher gingen einige Hersteller mit der Leistung herunter, um Auszieherprobleme zu vermeiden. Die Mündungsgeschwindigkeit dieser Munition lag weit unter dem angegebenen Wert. Diese Patronen hatten natürlich keine gute Wirkung mehr, besonders die Tiefenwirkung bei den Dickhäutern war mangelhaft. Hier eröffnete sich jetzt ein großes Betätigungsfeld der „Wildcatter“, die versuchten, die Leistung durch Hülsenmodifikationen zu verbessern.

Ausgangsbasis war hier sehr oft die Hülse der .375 Holland&Holland Magnum. Auch bei der .450 Ackley Magnum ist das der Fall. Es handelt sich um eine auf den Geschossdurchmesser .458 aufgeweitete .375 H&H mit voller Hülsenlänge. Damit ist sie bei einer Hülsenlänge von 72 mm für die normalen Standardsysteme natürlich zu lang und benötigt ein Magnumsystem. Im Gegensatz zur .458 Lott, die auch die .375 H&H-Hülse als Mutterhülse benutzt, hat die .450 Ackley Magnum aber ein kleine Schulter. Der Durchmesser der Patrone im vorderen Bereich ist hier also größer, was bei einer beabsichtigten Änderung des Patronenlagers von .458 Winchester auf .450 Ackley beachtet werden muss.

Durch den größeren Pulverraum lässt sich eine beachtliche Mehrleistung gegenüber der .458 Winchester Magnum erzielen. Bei gleichem Geschossgewicht sind etwa 50–60 m/s mehr V_0 erreichbar. Die kleine Schulter hat auch innenballistische Vorteile und begünstigt den gleichmäßigen Pulverabbrand. Die Präzision der Testwaffe, einer auf .450 Ackley Magnum aufgeriebenen Brünner CZ 550 Magnum im Ursprungskaliber .458 Winchester Magnum, war beeindruckend gut.

Die .450 Ackley Magnum ist eine sehr flexible Patrone und lässt sich in Afrika zur Großwildjagd ebenso einsetzen wie in Nordamerika auf Braunbären oder Elch, und sie macht selbst bei der Jagd auf Großantilopen keine schlechte Figur, wenn die leichteren Geschosse verwendet werden, die auf beachtliche Geschwindigkeit geladen werden können. Wer mit der Leistung der .458 Winchester Magnum zufrieden ist, kann dies bei der Ackley mit deutlich geringerem Gasdruck haben.

Fabrikpatronen werden nur von A-Square angeboten. Hier werden .465 Grains schwere Geschosse verladen. Die .450 Ackley Magnum benötigt den weit verbreiteten Geschossdurchmesser von .458 DIA, was dem Wiederlader eine Menge Möglichkeiten eröffnet. Hier stehen Geschossgewichte von 300 bis 600 Grains zur Verfügung. Überschwere Geschosse sind aber wenig sinnvoll. Einige der leichten Geschosse dieses Geschossdurchmessers sind für ältere 45er Patronen wie die .45/70 Government gedacht und haben dünne Mäntel. Diese Geschosse sind nur bei reduzierten Ladungen einsetzbar. Bei voller Leistung sind harte Spezialgeschosse, etwa das 300 Grains Barnes Triple Shock, notwendig. Optimal sind Geschossgewichte zwischen 465 und 500 Grains für die .450 Ackley.

Hülsen lassen sich aus der .375 Holland&Holland umformen. Wem das zu aufwendig ist, der kann aber auch fertige Hülsen mit korrektem Bodenstempel aus Horneber-Fertigung bei Reimer Johannsen, Neumüster, erwerben. Diese Hülsen wurden bei den Ladearbeiten zu diesem Artikel verwendet und erwiesen sich als sehr langlebig.

Geeignete Pulver sind die mittelschnellen Sorten wie Vihtavuori N 133 und N 135, Hodgdon H 335 oder IMR 4064. Mit Vihtavuori N 530 ließ sich eine sehr hohe Leistung erzielen, doch die Präzision war aus der Testwaffe schlechter als bei den anderen Laborierungen. Für die Großwildjagd auf Kurzdistanz spielt das keine große Rolle und kann auch bei einer anderen Büchse ganz anders aussehen, doch der Unterschied war auffällig. Es wurden ausschließlich Magnum-Zünder eingesetzt. Matrizensätze sind von den Herstellern von Wiederladewerkzeugen erhältlich. Als Custom-Matrize ist das allerdings kein billiges Vergnügen. Ein Sichern der Geschosse durch einen Crimp ist unbedingt nötig.

Ladedaten Kaliber .450 Ackley Magnum

Geschoss-hersteller	Geschoss-typ	Geschoss-gewicht Grains	Pulver-hersteller	Pulvertyp	Pulver-ladung Grains	Hülsen-fabrikat	Zünd-hütchen	Gesamt-länge (mm)	V_0 m/s
Barnes	TSX	350	PCL	507	98,0	Horneber	CCI 250	93,5	854
Woodleigh	TM	350	Vihtavuori	N 130	85,0	Horneber	RWS 5333	92,3	812
Barnes	TSX	450	Rottweil	R 902	73,0	Horneber	CCI 250	93,5	692
Swift	A-Frame	450	Hodgdon	H 4895	85,0	Horneber	CCI 250	93,5	738
A-Square	Monolithic	465	IMR	4064	84,5	Horneber	CCI 250	92,5	730
Woodleigh	TM	480	Alliant	RL 12	84,0	Horneber	CCI 250	93,0	682
Degol	VM	480	Hodgdon	H 4895	84,0	Horneber	Federal 215	93,0	712
Barnes	X-Bullet	500	Vihtavuori	N 530	87,0	Horneber	CCI 250	93,5	765
Hornady	TM	500	Vihtavuori	N 133	84,0	Horneber	RWS 5333	93,5	708
Swift	A-Frame	500	Vihtavuori	N 135	86,0	Horneber	CCI 250	93,5	702
Barnes	Solid	500	Winchester	W 748	94,5	Horneber	CCI 250	93,5	712
A-Square	Dead T.	500	Hodgdon	H 335	86,0	Horneber	Federal 215	93,5	707
Federal	Trophy Bonded	500	Vihtavuori	N 530	85,5	Horneber	Federal 215	93,5	745
Hornady	TM	500	Vihtavuori	N 135	86,0	Horneber	RWS 5333	93,5	704

Als Testwaffe diente eine modifizierte Brünner 550 Magnum mit 63 cm Lauflänge.
Die Geschwindigkeit wurde drei Meter vor der Laufmündung gemessen.

.458 Winchester Magnum

Die .458 Winchester Magnum kam 1956 zusammen mit dem Winchester Modell 70 „African“ auf den Markt und ist wohl eine der meist geführten Großwildpatronen weltweit.

Die .458 Winchester war die erste einer Reihe von sogenannten „Short Magnums“ und brach in einen Leistungsbereich ein, der vorher von den englischen Expresspatronen beherrscht wurde. Die Hülsenlänge der neuen Patrone von nur 63 mm ermöglichte die Verwendung von Repetierbüchsensystemen mit Standardabmessungen. So war es jetzt möglich, preisgünstige Repetierer für eine leistungsstarke Großwildpatrone einzurichten.

Mit dem 500 Grains (32,4 g) Standardgeschossgewicht liefert die .458 Winchester Magnum etwa 6700 Joule Mündungsenergie. Die schweren Geschosse haben eine ausgezeichnete Wirkung auf Dickhäuter. Um diese Leistung mit der kurzen Hülse zu erreichen, ist jedoch ein Gasdruck von 3800 bar notwendig. Stabile Verschlüsse sind für diese Patrone unbedingt notwendig. Die Gürtelpatrone war zwar eigentlich für Repetierbüchsen gedacht, es wurden jedoch auch zahlreiche Doppelbüchsen in diesem Kaliber gebaut. Die Patrone entwickelt vor allem aus den gegenüber den Doppelbüchsen leichteren Repetierern einen kurzen und harten Rückstoß.

Vor einigen Jahren kam das Kaliber ins Gerede, da die Patronen einiger Hersteller sehr verhalten waren, um den Gasdruck auf niedrigem Niveau zu halten. Bei dem hohen Gasdruck kam es im heißen Afrika zu Zuverlässigkeitsproblemen, die Hülsen steckten im Lager fest. Das wollten die Munitionshersteller verhindern. Die Mündungsgeschwindigkeit dieser Munition lag aber weit unter dem angegebenen Wert. Diese Patronen hatten natürlich keine gute Wirkung mehr, besonders die Tiefenwirkung war mangelhaft. Viele .458 Winchester-Waffen wurden in dieser Zeit auf die stärkeren, aber kalibergleichen Patronen .458 Lott oder .460 Short A-Square abgeändert.

Diese Probleme sind aber mittlerweile weitgehend behoben, wobei einige Hersteller wie etwa PMP, W. Romey und A-Square auch dazu übergingen, etwas leichtere Geschosse im 465- oder 480-Grains-Bereich zu verwenden. Hier scheint der Gasdruckverlauf günstiger zu sein und es lässt sich eine höhere Mündungsgeschwindigkeit sowie Mündungsenergie erzielen. Die Tiefenwirkung dieser etwas leichteren Geschosse ist wesentlich besser.

Der große Vorteil der .458 Winchester Magnum gegenüber den meisten alten Expresspatronen besteht aber im umfangreichen Angebot an Fabrikpatronen. Es werden auch Laborierungen mit leichteren Geschossen von 350 oder 400 Grains angeboten, die den Einsatzbereich eines Repetierers in diesem Kaliber stark erweitern.

Überschwere Geschosse sind bei dem geringen Hülsenvolumen der .458 Winchester Magnum wenig sinnvoll. Bei voller Leistung sind harte Spezialgeschosse notwendig. Einige der leichten Geschosse dieses Geschossdurchmessers sind für ältere 45er Patronen wie die .45/70 Government gedacht und haben dünne Mäntel. Diese Geschosse sind nur bei reduzierten Ladungen einsetzbar.

Reduzierte Ladungen sind bei der .458 Winchester Magnum durch den verhältnismäßig kleinen Pulverraum wesentlich einfacher herzustellen als bei den noch aus der

Schwarzpulver- oder Corditzeit stammenden Expresspatronen mit ihrem für die modernen Nitropulver unnötig großem Pulverraum. Geeignete Pulver sind die mittelschnellen Sorten wie Vihtavuori N 140, Rottweil R 903 oder IMR 3031. Es wurden ausschließlich Magnum-Zünder eingesetzt.

Matrizensätze sind von allen Herstellern von Wiederladewerkzeugen erhältlich und werden meist als Standardkaliber sogar preiswert angeboten. Wenn eine stabile Ladepresse vorhanden ist, bereitet das Laden der .458 Winchester Magnum keine besonderen Probleme. Ein Sichern der Geschosse durch einen Crimp ist unbedingt nötig.

Oryx sind schusshart und nur entsprechend hart aufgebaute Geschosse erzielen hier einen Ausschuss.

Ladedaten Kaliber .458 Winchester Magnum

Geschoss-hersteller	Geschoss-typ	Geschoss-gewicht Grains	Pulver-hersteller	Pulvertyp	Pulver-ladung Grains	Hülsen-fabrikat	Zünd-hütchen	Gesamt-länge (mm)	V_0 m/s
Hornady	Hohlspitz	300	Rottweil	R 901	71,0	Winchester	CCI 250	75,5	731
Woodleigh	TMR	350	Rottweil	R 902	76,5	Winchester	RWS 5333	75,7	722
Speer	TM-Flach-kopf	350	Vihtavuori	N 130	73,5	Winchester	CCI 250	78,9	748
Hornady	TMR	350	Hodgdon	H 322	77,5	Remington	CCI 250	78,5	755
Hornady	TMR	350	IMR	4198	70,0	Remington	CCI 250	78,6	725
CBS	TMR	350	Rottweil	R 902	71,0	Remington	CCI 250	75,7	725
Reichen-berg	HDB	400	Vihtavuori	N 130	70,0	Remington	CCI 250	78,0	752
Barnes	TSX	450	Hodgdon	4198	56,0	Remington	CCI 250	83,5	670
Barnes	BND Solid	450	Hodgdon	H 335	78,0	Remington	CCI 250	80,5	665
Degol	TMR	480	Rottweil	R 903	77,0	Remington	CCI 250	84,3	654
Woodleigh	TMR	480	Vihtavuori	N 140	75,5	Winchester	CCI 250	84,2	650
Woodleigh	VMR	480	Rottweil	R 907	78,0	Winchester	Federal 215	84,2	659
Barnes	TSX	500	Rottweil	R 903	76,0	Remington	CCI 250	84,5	638
Hornady	DGS	500	Vihtavuori	N 135	75,2	Winchester	RWS 5333	84,0	655
Hornady	DGX	500	Vihtavuori	N 140	77,0	Winchester	RWS 5333	84,0	651
Hornady	TMR	500	Rottweil	R 903	76,0	Remington	RWS 5333	84,4	635
Nosler	Solid	500	Hodgdon	H 335	66,5	Winchester	CCI 250	84,3	630
Swift	A-Frame	500	Alliant	RL 12	78,0	Winchester	CCI 250	84,5	632
Barnes	BND Solid	500	Hodgdon	H 335	71,0	Winchester	CCI 250	84,1	625
A-Square	Dead T.	500	Hodgdon	4895	71,0	W. Romey	Federal 215	84,5	630
Hornady	VMR	500	Vihtavuori	N 140	74,0	W. Romey	Federal 215	84,1	629
Hornady	TM	500	IMR	3031	70,5	Winchester	RWS 5333	84,1	628

Zur Ermittlung der Ladedaten wurde eine Winchester Mod. 70 mit 56 cm Lauflänge benutzt.

.458 Lott

Die .458 Lott ist zwar nicht sehr bekannt bei uns, aber keineswegs eine neue Patrone. Dem amerikanischen Waffenschriftsteller Jack Lott gefiel bereits im Jahre 1970 die Leistung der .458 Winchester nicht und er verlängerte die Hülse soweit, dass sie gerade noch in Standardsysteme wie das Winchester 70 oder 98er System passt. Dazu bediente er sich der .375 Holland&Holland-Hülse, die er auf .458 Winchester aufweitete. So entsteht eine .458er Patrone mit 71 Millimeter Hülsenlänge gegenüber den 63,5 Millimetern der .458 Winchester. Durch den dadurch gewonnenen Pulverraum ist natürlich eine höhere Leistung möglich. Dazu kommt noch der Vorteil, aus einem auf die .458 Lott aufgeriebenen Patronenlager, im Notfall auch die kürzeren .458 Winchester verschießen zu können.

Die .458 Lott erbringt eine Mündungsenergie von fast 8000 Joule und liegt damit zwischen der .458 Winchester und der .460 Weatherby. Sie ist ein guter Kompromiss für Jäger, denen die kurze Winchester zu wenig Power und die überstarke Weatherby zu viel Rückstoß hat. Die Änderung einer Repetierbüchse im Kaliber .458 Winchester zur .458 Lott ist bei den meisten Modellen kein großes Problem und verursacht auch keine hohen Kosten.

Das Angebot an Fabrikpatronen ist sehr klein.

Durch den im Vergleich zur Winchester-Patrone größeren Pulverraum ist es möglich, auch die schweren Geschosse zu verwenden, doch in ihrem Element ist die Lott mit Geschossgewichten zwischen 400 und 500 Grains. Werden leichte Geschosse auf die dann mögliche hohe Mündungsgeschwindigkeit geladen, ist darauf zu achten, entsprechend stabile Konstruktionen wie das Barnes X-Bullet oder die Verbundkerngeschosse von Degol zu wählen, da die einfachen Teilmantelgeschosse zu weich sind und keine Tiefenwirkung mehr haben. Eine echte Weitschusspatrone lässt sich aber auf diesem Weg aus der Lott nicht machen.

Beim Pulver bevorzugt die .458 Lott die mittelschnellen Sorten. Für die wirklich langsamen Pulver ist das Hülsenvolumen zu gering und die schulterlose Hülsenform nicht besonders gut geeignet. Bei leichteren Geschossen lassen sich zwar auch offensivere Pulver verwenden, doch ist hier stets auf eine ausreichende Ladedichte zu achten. Hodgdon 4895 und IMR 3031 sind sehr universell einsetzbar. Sehr gute Präzision wurde zudem mit Rottweil R 907 und Vihtavuori 540 erreicht. Es wurden ausschließlich Magnum-Zünder eingesetzt.

Hülsen sind nur vom Hersteller der Fabrikmunition und in Deutschland von Horneber erhältlich. Es besteht aber auch die Möglichkeit, Hülsen aus der .375 Holland&Holland Magnum umzuformen.

Matrizensätze sind von RCBS, Triebel und Redding erhältlich. Wenn bereits ein Matritzensatz für die .458 Winchester vorhanden ist, kann dieser ohne weiteres benutzt werden und ein Neukauf ist nicht nötig. Mit einer stabilen Ladepresse bereitet das Laden der .458 Lott keine besonderen Probleme. Ein Sichern der Geschosse durch einen Crimp ist unbedingt nötig.

Ladedaten Kaliber .458 Lott

Geschoss-hersteller	Geschoss-typ	Geschoss-gewicht Grains	Pulver-hersteller	Pulvertyp	Pulver-ladung Grains	Hülsen-fabrikat	Zünd-hütchen	Gesamt-länge (mm)	V_0 m/s
Barnes	X-Bullet	300	Hodgdon	335	84,0	A-Square	CCI 250	91,5	810
Barnes	X-Bullet	400	IMR	3031	86,0	A-Square	CCI 250	91,5	754
Woodleigh	TM	350	Rottweil	R 902	92,0	A-Square	CCI 250	91,6	785
Reichen-berg	HDB	400	Vihtavuori	N 540	95,0	A-Square	CCI 250	91,0	760
Barnes	TSX	450	Hodgdon	H 4895	64,4	A-Square	CCI 250	91,7	670
Woodleigh	VM	480	Rottweil	R 907	86,0	A-Square	CCI 250	91,7	730
A-Square	Dead T.	465	Hodgdon	4895	84,0	A-Square	CCI 250	91,0	735
Speer	TM-FK	400	Vihtavuori	N 540	94,0	A-Square	Federal 215	91,0	780
Swift	A-Frame	450	IMR	3031	79,0	A-Square	CCI 250	91,5	725
Barnes	Solid	500	IMR	4320	76,0	A-Square	CCI 250	90,5	685
CBS	TM	350	Alliant	RL 12	92,0	A-Square	Federal 215	91,0	786
A-Square	Monolithic	465	IMR	4064	83,5	A-Square	CCI 250	91,0	730
A-Square	Lion	465	Hodgdon	4895	85,0	A-Square	CCI 250	91,0	735
Hornady	DGS	500	Hodgdon	H 335	78,0	Hornady	WLRM	91,0	670
Hornady	DGX	500	Winchester	748	85,0	Hornady	WLRM	91,0	685
Hornady	TM	500	IMR	4064	73,0	A-Square	Federal 215	90,0	700
Barnes	BND Solid	500	Hodgdon	H 335	77,2	A-Square	CCI 250	91,0	688
A-Square	Dead T.	500	Hercules	RL 12	87,5	A-Square	CCI 250	90,0	702
CBS	TM	500	Hodgdon	4895	76,0	A-Square	CCI 250	90,5	705
Nosler	Solid	500	IMR	4895	75,0	Hornady	WLRM	91,2	655
Barnes	TM	600	IMR	4064	68,0	A-Square	Federal 215	90,7	590

Als Testwaffe diente eine umgebaute Winchester 70 mit 65 cm Lauflänge.

.450 No 2 N.E.

Die .450 No 2 ist eine imposante Erscheinung und mit einer Hülsenlänge von 82,5 Millimeter eine der längsten Jagdpatronen überhaupt. Die .450 No 2 ist die kleinere Schwester der .475 No 2 und wurde im Jahr 1903 vorgestellt. Sie kann als Weiterentwicklung der 1898 von Rigby entwickelten .450 N.E. bezeichnet werden, die als Schwarzpulverpatrone nach der Umstellung auf Nitropulver einige Probleme bereitete. Der dünne Rand der Patrone verursachte bei den höheren Gasdrücken des Nitropulvers oft Auszieherprobleme. Eley entwickelte daher die .450 No 2 als reine Nitropulverpatrone mit entsprechend stabiler Hülse und moderner Form. Die .450 No 2 hat daher einen wesentlich ausgeprägteren Flaschenhals als alle anderen N.E.-Patronen. Die moderne .450 No 2 erbringt aber keine höhere Leistung als die ältere .450 N.E. 3 ¼, doch das ist kein Nachteil, denn mit einer Mündungsenergie von gut 6500 Joule lässt sich alles Wild der Erde waidgerecht erlegen.

Bei den Fabriklaborierungen sieht es nicht gerade üppig aus, außer von A-Square, LFB und W. Romey sind in Deutschland keine Patronen zu bekommen. A-Square verlädt das Monolithic Solid, das Lion Load und das Dead Tough Soft Point, alle mit Geschossgewichten von 465 Grains, während Romey zwei Laborierungen mit dem 480 Grains Voll- und Teilmantelgeschoss von Woodleigh sowie eine Patrone mit dem 480 Grains schwerem Silber Solid anbietet. LFB verlädt das Degol Verbundkerngeschoss.

Wiederladematrizen sind von RCBS, Redding und Triebel zu bekommen. In Anbetracht der relativen Seltenheit der .450 No 2 N.E. gehören diese Matrizen natürlich zur teuersten Preisgruppe und es ist auch mit entsprechenden Lieferzeiten zu rechnen.

Bei der Hülsenbeschaffung ist der Wiederlader auf das Verschießen von Fabrikpatronen oder Neuhülsen der Fabrikate Horneber, Bertrams oder Bell angewiesen.

Dafür gibt es keine Geschossprobleme, die .450 No 2 kann mit herkömmlichen .458er Geschossen versorgt werden, die durch die weit verbreitete .458 Winchester Magnum in großer Auswahl zur Verfügung stehen. Die Ladeversuche haben jedoch gezeigt, dass es sehr problematisch ist, leichte Geschosse auf eine hohe Geschossgeschwindigkeit zu bringen. Werden progressiv abbrennende Pulver verladen, brennen diese nicht vollständig und sauber ab, weil das leichte Geschoss nicht für die notwendige „Verdämmung“ sorgt und bei schneller brennenden Pulvern ist die Ladedichte in der großen Hülse so gering, dass es zu unkontrollierten Drucksprüngen kommt. Auf diesem Wege lässt sich kaum eine brauchbare Präzision erreichen.

Wer hier zum Erfolg kommen will, kann natürlich versuchen, mit Füllmitteln zu arbeiten, um den Pulverraum zu verkleinern, doch einen wirklich gleichmäßigen Abbrand erzielt man damit nur selten. Es ist wesentlich einfacher, sich auf Geschossgewichte zwischen 450 und 530 Grains zu beschränken, zumal die meisten Doppelbüchsen nur in diesem Gewichtsbereich zusammenschießen. Wird eine Büchse mit Blockverschluss benutzt, besteht natürlich ein weitaus größerer Spielraum beim Geschossgewicht.

Als Treibladungsmittel sind nur die progressiven Pulversorten zu empfehlen, um eine möglichst hohe Ladedichte zu erzielen. Die Auswahl ist hier nicht groß und einige

Sorten, die auf den ersten Blick als brauchbar eingestuft wurden, zeigten sich hinterher als wenig geeignet, wie etwa Hodgdon 870 oder Norma MRP. Besonders das für die .50 Browning gedachte Kugelpulver Hodgdon 870 verhielt sich völlig unberechenbar und zeigte große Schwankungen bei der Geschossgeschwindigkeit. Von Experimenten mit dieser Pulversorte kann nur abgeraten werden. Die besten Ergebnisse wurden mit Hodgdon 4831 erzielt, das sich als sehr gleichmäßig erwies und bei den V_0-Messungen die geringste Standardabweichung zeigte. Die .450 No 2 N.W. ist sehr problematisch bezüglich der Pulverauswahl.

Um die erhebliche Menge Pulver gleichmäßig anzuzünden, sind Magnum-Zünder erforderlich. Bei den Ladeversuchen wurde das CCI 250 benutzt. Die Geschosse müssen mit einem Rollcrimp gesichert werden. Als Testwaffe wurde eine Blockbüchse mit 65 Zentimeter Lauflänge eingesetzt. Die .450 No 2 N.E. ist eine sehr präzise Patrone, wenn die richtige Ladung erst einmal gefunden ist.

Einen Hippobullen an Land erlegen, ist schwierig und der Schuss muss das Wild auf den Platz bannen.

Ladedaten Kaliber .450 NE No 2

Geschoss-hersteller	Geschoss-typ	Geschoss-gewicht Grains	Pulver-hersteller	Pulvertyp	Pulver-ladung Grains	Hülsen-fabrikat	Zünd-hütchen	Gesamt-länge (mm)	V_0 m/s
Degol	TMR	450	IMR	4831	112	Romey	CCI 250	106	668
Swift	A-Frame	450	IMR	4831	109	Romey	CCI 250	108	665
Barnes	Solid	450	Alliant	RL 22	114	Romey	CCI 250	106	663
A-Square	Dead Tough	465	IMR	4831	108	A-Square	CCI 250	107	648
A-Square	Monolithic	465	Hodgdon	H-4831	115	A-Square	CCI 250	107	649
A-Square	Dead Tough	465	Vihtavuori	165	114	Romey	CCI 250	107	652
PMP	Solid	475	Alliant	RL 22	107	A-Square	CCI 250	106,5	619
Woodleigh	TMR	480	Hodgdon	H-4831	114	A-Square	CCI 250	106	610
Woodleigh	VM	480	Hodgdon	H-4831	112	A-Square	CCI 250	106	612
Woodleigh	TMR	480	Alliant	RL 22	113	Romey	CCI 250	106	610
Degol	TMR	500	Hodgdon	1000	112	Romey	CCI 250	107,5	612
Hornady	TMR	500	IMR	4831	105	Romey	CCI 250	108	590
Hornady	VM	500	IMR	4831	103	Romey	CCI 250	108	584

Zur Ermittlung der Ladedaten wurde eine Blockbüchse mit 65 cm Lauflänge benutzt.

.450 Nitro Express 3 ¼

Mit der .450 N.E. 3 ¼ begann die Ära der legendären englischen Nitro-Express-Patronen. Die für „rauchloses" Pulver ausgelegte Patrone basiert auf einer alten Schwarzpulverpatrone und wurde im Jahre 1898 von John Rigby auf Nitropulver umgestellt.

Die .450 N.E. 3 ¼ war eine hervorragende Patrone für die Großwildjagd in den britischen Kolonien und wurde von den Londoner Büchsenmachern begeistert aufgenommen. Zahlreiche Doppelbüchsen und Blockbüchsen wurden für dieses Kaliber eingerichtet und mit bestem Erfolg geführt. Mit Sicherheit hätte sie einen noch größeren Erfolg gefeiert, wenn nicht 1905 alle 45er Jagdpatronen in Indien und dem Sudan von der britischen Regierung verboten worden wären. Durch die Kalibergleichheit mit dem englischen Militärkaliber .577/450 Martini-Henry wurde befürchtet, dass die Rebellen die Geschosse der Jagdpatronen zum Wiederladen der Militärmunition benutzen könnten. Durch diesen Bann in den klassischen Großwildjagdgebieten verlor die .450 N.E. 3 ¼ sehr schnell an Bedeutung. Alle daraufhin entwickelten Patronen wie die .500/465, .470 N.E., .475 N.E. oder .476 N.E. haben fast eine identische Leistung und kopieren die .450 N.E. 3 ¼ mehr oder minder genau. Nur beim Geschossdurchmesser wurde das verbotene 45er Kaliber vermieden. Das klassische Geschossgewicht lag bei 465–500 Grains und bei einer Mündungsgeschwindigkeit von etwa 640 m/s wurden gut 6300 Joule Mündungsenergie erreicht. Auch heute noch ist eine Doppelbüchse im Kaliber .450 N.E. 3 ¼ eine gute Wahl für die Jagd auf Big Game.

Fabrikmunition wird heute wieder von A-Square und W. Romey hergestellt. A-Square lädt 465-Grains-Geschosse und Romey 480-Grains-Geschosse. Der Wiederlader hat durch den heute sehr populären Geschossdurchmesser von Dia .458 noch weitaus mehr Möglichkeiten.

Es stehen Geschossgewichte von 300 bis 600 Grains zur Verfügung. Überschwere Geschosse sind aber wenig sinnvoll, da dann die Mündungsgeschwindigkeit sehr gering wird. Viele der leichten Geschosse dieses Geschossdurchmessers sind für ältere 45er Patronen wie die .45/70 Government gedacht und haben dünne Mäntel. Diese Geschosse sind nur bei reduzierten Ladungen einsetzbar und sollten nicht auf Großwild verwendet werden. Geeignete Pulver sind die langsam abbrennenden Sorten wie IMR 4350, Hodgdon 4831 oder Vihtavuori N 160. Die große Hülse muss gut befüllt werden und es sind nur progressive Pulver mit großem Füllvolumen brauchbar. Es wurden ausschließlich Magnum-Zünder eingesetzt.

Matrizensätze sind von fast allen Herstellern von Wiederladewerkzeugen erhältlich, aber entsprechend der heute geringen Verbreitung der Patrone sehr teuer. Wenn eine stabile Ladepresse vorhanden ist, bereitet das Laden der .450 N.E. 3 ¼ keine besonderen Probleme. Die modernen Hülsen, wie sie bei den heutigen Fabrikpatronen von A-Square oder Romey verwendet werden, sind auch sehr stabil und haben nicht mehr einen so dünnen und empfindlichen Hülsenhals wie die alten Kynoch-Patronen. Wird Munition für eine der alten englischen Doppelbüchsen geladen, muss unbedingt vorher der genaue Laufdurchmesser ermittelt werden. Das ist gerade bei der .450 N.E. 3 ¼ sehr wichtig, da bekannt ist, dass sich einige Büchsenmacher früher nicht immer an die genauen Maße gehalten haben und es daher Probleme mit modernen .458er Geschossen geben kann.

Ladedaten Kaliber .450 N.E. 3 ¼

Geschoss-hersteller	Geschoss-typ	Geschoss-gewicht Grains	Pulver-hersteller	Pulvertyp	Pulver-ladung Grains	Hülsen-fabrikat	Zünd-hütchen	Gesamt-länge (mm)	V_0 m/s
Speer	TM-Flach-kopf	350	Rottweil	904	101,0	Romey	CCI 250	100,0	681
A-Square	Dead Tough	465	Alliant	RL 19	95,0	Romey	CCI 250	99,8	642
PMP	Solid	475	Hodgdon	4831	92,0	Romey	CCI 250	98,0	631
Degol	TM	480	Hodgdon	4831	98,5	Romey	CCI 250	100,0	635
Hornady	DGS	480	Norma	MRP	94,0	Romey	CCI 250	100,0	635
Hornady	DGX	480	IMR	4831	88,0	Romey	CCI 250	100,0	630
Woodleigh	TM	480	IMR	4350	93,5	Romey	CCI 250	100,0	640
Woodleigh	VM	480	IMR	4350	93,0	Romey	CCI 250	100,0	638
Hornady	TM	500	Vihtavuori	N 160	97,0	Romey	CCI 250	100,0	640
Swift	A-Frame	500	Rottweil	R 905	96,5	Romey	CCI 250	101,0	637
Barnes	Solid	500	Alliant	RL 19	92,5	Romey	CCI 250	99,5	621
Degol	TM	500	IMR	4350	91,5	Romey	CCI 250	100,0	625
Hornady	VM	500	Vihtavuori	N 160	96,0	Romey	CCI 250	100,0	635
Hornady	TM	500	Rottweil	R 905	97,0	Romey	CCI 250	100,0	638

Als Testwaffe diente eine Blockbüchse mit 65 cm Lauflänge.

.460 Short A-Square

Die .460 Short A-Square ist keine alte englische Expresspatrone mit klangvollem Namen, sondern eine Neuentwicklung, an der eindrucksvoll der technische Fortschritt in der Munitionsentwicklung dokumentiert wird. Mit einer relativ kurzen Hülse erbringt die .460 Short A-Square nicht nur eine erstaunliche Leistung, sondern ist dabei auch noch außerordentlich präzise.

Die .460 Short A-Square stammt aus dem Jahre 1976 und wurde entwickelt, um eine Patrone zu schaffen, die bei gleicher Länge wie die .458 Winchester Magnum wesentlich mehr Leistung bietet. Der Umbau von .458 Winchester Magnum-Büchsen ist so kein Problem und auch die Magazinlänge kann beibehalten werden. Als Mutterhülse dient die .460 Weatherby Magnum, die entsprechend gekürzt wurde. Die .460 Short A-Square beschleunigt ein 500-Grains-Geschoss auf eine Mündungsgeschwindigkeit von 740 m/s und erbringt damit eine Mündungsenergie von 8800 Joule. Damit übertrifft sie die .458 Winchester Magnum deutlich und liegt auch noch um gut 800 Joule über der .458 Lott. Power genug für jedes Wild, das auf dieser Erde seine Fährte zieht.

Ein besonderer Ruf geht der .460 Short A-Square bezüglich der Eigenpräzision voraus. Man nennt sie auch „Die 6 mm PPC der Großkaliber“ und das bestätigte sich bei der Entwicklung der Ladedaten.

Das Angebot an Fabrikpatronen ist sehr klein und es sind lediglich A-Square-Patronen mit einem Geschossgewicht von 500 Grains zu bekommen.

Durch die weit verbreitete .458 Winchester stehen hier Geschossgewichte von 300 bis 600 Grains zur Verfügung. Geschosse über 500 Grains sind für die kleine Hülse aber zu lang und können nicht auf entsprechende Leistung gebracht werden, da sie zu tief gesetzt werden müssen und den Pulverraum reduzieren.

Beim Pulver bevorzugt die .460 Short A-Square die mittelschnellen Sorten. Für die progressiven Pulver ist das Hülsenvolumen zu gering. Die offensiven Pulver lassen sich gut für reduzierte Ladungen mit den leichten Geschossen von 300–350 Grains einsetzen. Mit R 907 und Vihtavuori N 540 ließen sich leistungsstarke und sehr präzise Jagdladungen laborieren. Hodgdon 4895 ist sehr universell einsetzbar. Es wurden ausschließlich Magnum-Zünder eingesetzt. Versuche mit Standardzündhütchen zeigten auch bei den offensiven Pulvern eine deutlich schlechtere Präzision.

Hülsen sind nur vom Hersteller der Fabrikmunition A-Square erhältlich. Es besteht zwar die Möglichkeit, Hülsen aus der Ursprungshülse .460 Weatherby umzuformen, aber da diese Patrone auch nicht sehr verbreitet ist, lohnt sich dieser Aufwand kaum.

Matrizensätze sind von RCBS, Triebel und Redding erhältlich, leider auch entsprechend teuer. Wenn eine stabile Ladepresse vorhanden ist, bereitet das Laden der .460 Short A-Square keine besonderen Probleme. Ein Sichern der Geschosse durch einen Crimp ist unbedingt nötig.

Ladedaten Kaliber .460 Short A-Square

Geschoss-hersteller	Geschoss-typ	Geschoss-gewicht Grains	Pulver-hersteller	Pulvertyp	Pulver-ladung Grains	Hülsen-fabrikat	Zünd-hütchen	Gesamt-länge (mm)	V_0 m/s
Barnes	X-Bullet	400	Vihtavuori	N 135	88,5	A-Square	CCI 250	82,7	770
Woodleigh	TM	350	Rottweil	R 902	91,0	A-Square	CCI 250	83,0	840
Woodleigh	VM	480	Vihtavuori	N 540	83,0	A-Square	CCI 250	83,3	745
Hornady	TM	350	Rottweil	R 902	91,5	A-Square	CCI 250	83,0	836
Speer	TM-FK	400	Vihtavuori	N 135	89,0	A-Square	Federal 215	83,2	770
CBS	TM	350	Rottweil	R 902	92,0	A-Square	Federal 215	82,8	840
Barnes	X-Bullet	500	IMR	4064	93,5	A-Square	CCI 250	83,3	730
A-Square	Lion	500	Hodgdon	4895	93,0	A-Square	CCI 250	83,3	738
Hornady	TM	500	Hodgdon	4895	92,5	A-Square	Federal 215	83,1	740
A-Square	Dead T.	500	Hercules	RL 12	95,0	A-Square	CCI 250	83,3	742
Hornady	VM	500	Hercules	RL 15	97,0	A-Square	CCI 250	83,3	732
Hornady	TM	300	Vihtavuori	N 120	70,0	A-Square	Federal 215	82,5	770
Speer	TM-FK	400	Vihtavuori	N 135	89,0	A-Square	CCI 250	83,0	775

Zur Ermittlung der Ladedaten wurde eine Repetierbüchse der Fa. Pfeiffer mit 65 cm Lauflänge benutzt.

.45 Blaser

Nach der .30 R Blaser die zweite Patrone des Waffenherstellers aus Isny. Maßgeschneidert für die Blaser R 93, ist die relativ neue Patrone eine Drückjagdpatrone mit hoher Stoppkraft auf Kurzdistanz und für die Jagd im Busch.

Schöpfer der .45 Blaser ist Wolfgang Romey, der in den letzten Jahren einige neue Patronen für verschiedene europäische Waffen- und Munitionshersteller entwickelt hat. Wie die Kaliberbezeichnung .45 schon aussagt, ist der Geschossdurchmesser für eine europäische Patrone reichlich bemessen. Die .45 Blaser verwendet Geschosse im Kaliberdurchmesser .458. Normalerweise setzt man solche dicken Brummer nur auf Großwild wie Büffel oder Elefanten ein.

Die Geschossauswahl ist in diesem Kaliber recht groß und an geeigneten Geschossen herrscht kein Mangel.

Die .45 Blaser ist aber nicht für die üblichen Schwergewichte von 480 oder 500 Grains ausgelegt, sondern für 350 Grains schwere Geschosse gedacht. Sollen schwerere Geschosse verwendet werden, muss zunächst überprüft werden, ob der Übergangskegel des Laufes lang genug geschnitten ist. Sonst muss das Geschoss zu tief in die Hülse gesetzt werden und der ohnehin nicht gerade üppige Pulverraum wird so stark beschnitten, dass keine ausreichende Leistung mehr erreicht werden kann. Wurde der Übergangskegel der .458 Winchester benutzt, sind auch schwerere Geschosse möglich. Das Geschossangebot im populären .45er Kaliber ist reichlich. Fabrikpatronen dagegen eher rar. Lediglich die von Wolfgang Romey geladene Version mit 350 Grains Woodleigh-Geschoss steht zur Verfügung. Die Fabrikpatrone ist zudem recht verhalten laboriert und nutzt das Potential der .45 Blaser nicht voll aus.

Hintergedanke war zum einen, den Rückstoß in der doch recht leichten R 93 nicht zu groß werden zu lassen und zum anderen ist die volle Leistung für Sauen auf Drückjagddistanz gar nicht nötig. Die Romey-Laborierung reicht hier völlig aus, wie die Praxis zeigte. Bei der Laborierungsentwicklung war das Ziel, eine auf Drückjagddistanz wirkungsvolle und angenehm zu schießende Patrone zu schaffen. Das 350 Grains schwere Geschoss wird aus dem 57 cm langen Lauf einer R 93 auf 620 m/s beschleunigt. Das ergibt eine Mündungsenergie von 4429 Joule. Die V 50 beträgt 536 m/s (3248 Joule) und die V 100 liegt bei 473 m/s (2537 Joule).

Der Wiederlader hat jedoch die Möglichkeit, die Patrone auch auf wesentlich höhere Leistung zu laborieren, ohne den zulässigen Höchstgasdruck zu übersteigen.

Die Patrone ist zudem längst nicht mehr ausschließlich auf die Blaser R 93 beschränkt. Es wurden mittlerweile auch schon andere Repetierer dafür eingerichtet, und selbst eine Selbstladebüchse, eine umgebaute Browning BAR, gibt es schon.

Bei der Hülsengestaltung geht es exotisch zu. Eine .458er Patrone mit normaler Hülsenform war für die Blaser R 93 nicht gerade optimal, denn dann wären umfangreiche Änderungen am Stoßboden erforderlich, was bei einer Waffe, deren großer Vorteil der schnelle Laufwechsel ist, kaum ratsam wäre. Um beim Kaliberwechsel lediglich den

Lauf und das Magazin auswechseln zu müssen, wurde bei der .45 Blaser eine Hülsenform mit hinterschnittenem Rand eingesetzt.

Als Ursprungshülse wählte Wolfgang Romey die .425 Westley Richards, die auf 55 Millimeter gekürzt und dann auf .458 aufgeweitet wurde. Damit die R 93 drei Patronen fasst, wurde der Hülsendurchmesser noch etwas schlanker gestaltet. Das Ergebnis sieht zwar aus wie ein Lippenstift, doch die Vorteile liegen auf der Hand: Die Patrone ist kurz genug für das R-93-Magazin und der eingezogene Patronenboden kommt mit dem Standardverschluss aus. Einem preisgünstigen Kaliberwechsel steht damit nichts mehr im Wege. Der Wiederlader ist auf die Hülsen von Fabrikpatronen angewiesen oder muss Neuhülsen aus der Produktion von Horneber kaufen.

Geeignete Pulver sind die offensiven und mittelschnellen Sorten wie Vihtavuori N 130, Rottweil R 901 oder Hodgdon 322. Es wurden ausschließlich Standardzünder eingesetzt. Matrizensätze sind von vielen Herstellern von Wiederladewerkzeugen erhältlich und gehören sogar schon zur preiswerten Standardklasse. Ein Sichern der Geschosse durch einen Crimp ist unbedingt nötig. Bevor schwere Geschosse verladen werden, ist unbedingt sicherzustellen, dass der Übergangskegel der Waffe lang genug ist.

Zebras sind hart im Schuss und benötigen eine Patrone mit guter Tiefenwirkung.

Ladedaten Kaliber .45 Blaser

Geschoss-hersteller	Geschoss-typ	Geschoss-gewicht Grains	Pulver-hersteller	Pulvertyp	Pulver-ladung Grains	Hülsen-fabrikat	Zünd-hütchen	Gesamt-länge (mm)	V_0 m/s
Hornady	Hohlspitz	300	Vihtavuori	N 120	54,0	Blaser	RWS 5341	66,0	710
Barnes	X-Bullet	300	Norma	200	58,0	Blaser	RWS 5341	67,0	722
Woodleigh	TM	350	Vihtavuori	N 130	56,0	Blaser	CCI BR 2	66,0	660
Speer	TM-Flach-kopf	350	Vihtavuori	N 133	55,0	Blaser	RWS 5341	66,0	625
Hornady	TM	350	Rottweil	R 901	57,0	Blaser	CCI BR 2	66,0	643
CBS	TM	350	Hodgdon	H 322	57,0	Blaser	RWS 5341	66,0	661
Barnes	X-Bullet	350	Vihtavuori	N 130	57,0	Blaser	RWS 5341	68,0	652
Delsing	TMR	350	Rottweil	R 901	57,0	Blaser	RWS 5341	66,0	639
Federal	Trophy Bon-ded	400	IMR	3031	56,5	Blaser	CCI BR 2	68,0	620
Barnes	X-Bullet	400	IMR	3031	55,0	Blaser	RWS 5341	68,0	605
Degol	TM	480	Rottweil	R 901	47,5	Blaser	RWS 5341	70,0	542
Woodleigh	TM	480	Vihtavuori	N 130	47,5	Blaser	RWS 5341	70,0	548

Als Testwaffe diente eine Blaser R 93 mit 57 cm Lauflänge.

.450 Marlin

Die .450 Marlin ist eine Entwicklung des Munitionsherstellers Hornady und war als leistungsstarke Patrone mit hoher Stoppkraft auf Kurzdistanz und für die Jagd im Busch gedacht. Sie liegt im gleichen Aufgabenbereich wie die .45 Blaser.

Im Prinzip ist die neue .450 Marlin nichts anderes als eine .45-70 Government mit Gürtel und ohne Rand. Hergestellt war sie zunächst für die Marlin Unterhebelrepetierer. Die gab es – und gibt es immer noch – auch im Kaliber .45-70 Government. Wozu also eine neue Patrone? Die Antwort liegt in der Gasdruckbeschränkung der uralten .45-70 Government, für die es noch zahlreiche alte Büchsen, teilweise noch aus der Schwarzpulverzeit gibt. Der gesetzliche Höchstgasdruck der .45-70 Government liegt daher bei nur 2000 bar.

Es wäre kein Problem, aus der Hülse mit mehr Gasdruck eine deutlich höhere Leistung herauszuholen und amerikanische Wiederlader, welche die alte Patrone aus modernen Waffen, wie den neuen Marlin Unterhebelrepetierern oder der Ruger Blockbüchse, verschießen, machen das auch mit bestem Erfolg. Für die großen Munitionsfirmen, die die .45-70 im Programm haben, wäre es ebenfalls kein Problem, eine High Speed oder +P Ausführung der .45-70 für die modernen Büchsen auf den Markt zu bringen. Hier traut sich aber wohl niemand heran, denn wenn doch mal jemand versehentlich eine gasdruckstarke Magnumversion der .45-70 in eine alte Büchse, wie etwa einer Springfield Trap-Door oder einer alten Winchester, schiebt und das historische Stück dann in teuren Waffenschrott verwandelt, können die Schadensersatzprozesse in den USA ruinös sein.

Die .450 Marlin ist also eigentlich ein Kind der Produkthaftung. Sie kann im Grunde nicht mehr als eine .45-70 Government, aber durch die Gürtelhülse kann man sie nicht in das Patronenlager einer .45-70 schieben.

Die Gürtelhülse hat keinerlei technische Vorteile, sie ist nur ein Sicherheitsaspekt, um zu verhindern, dass die Patrone in ein Patronenlager .45-70 passt. Gab es zunächst nur die Unterhebelrepetierer von Marlin, so zogen andere Hersteller bald nach und selbst Steyr Mannlicher aus Österreich richtete eine Repetierbüchse dafür ein.

Vergleichbar ist die .450 Marlin in der Leistung etwa mit der .45 Blaser oder der .444 Marlin. Sie leistet eine Mündungsenergie von über 4500 Joule und ist damit eine Jagdpatrone für mittleres und schweres Schalenwild. Die Mündungsenergie liegt im Bereich unserer 9,3 x 62, nur dass hier ein dickes, langsameres Geschoss verwendet wird. Das bringt in der Stoppwirkung auf kurze Distanzen Vorteile, hat aber natürlich bei weiteren Schüssen entsprechende Nachteile. Für Drückjagden auf Sauen, oder aber der Jagd auf Bären im dichten Busch, ist die dicke .45er sicher ein zuverlässiger Begleiter, zumal der Rückstoß relativ zahm ausfällt und daher eine schnelle Schussfolge möglich ist. Hier hat ein Unterhebelrepetierer, gegenüber einer Büchse mit Kammerverschluss natürlich Vorteile.

Die .450 Marlin verwendet Geschosse im Kaliberdurchmesser .458.

Sie ist wie die .45 Blaser nicht für die üblichen Schwergewichte von 480 oder 500 Grains ausgelegt, sondern für 300–400 Grains schwere Geschosse gedacht. Nur in diesem Bereich kann eine ausreichend hohe Geschwindigkeit erreicht werden, um ein sicheres Ansprechen der Geschosse zu erzielen. Bei der Geschossauswahl ist der Waffentyp zu beachten. In Unterhebelrepetierern mit Röhrenmagazin dürfen nur Flachkopfgeschosse verwendet werden, sonst kann es durch den Rückstoß zu einer Zündung der Patronen im Magazinrohr kommen, denn die Patronen liegen ja hintereinander mit der Geschossspitze auf dem Zündhütchen der Patrone davor. Ausnahme ist das neue Lever-Evolution-Geschoss von Hornady, das speziell für Unterhebelrepetierer gedacht ist und über eine ganz weiche Kunststoff-Geschossspitze verfügt, die eine Zündung durch den Rückstoß unmöglich macht. Dieser Geschosstyp ist entwickelt worden, um auch in Waffen mit Röhrenmagazin außenballistsich günstige Spitzgeschosse verschießen zu können. In Kammerverschlussbüchsen, wie der Steyr Mannlicher Big Bore, die ein herkömmliches Kastenmagazin haben, können alle Arten von Geschossen in der .450 Marlin benutzt werden.

Das Geschossangebot im populären .45er Kaliber ist reichlich. Fabrikpatronen dagegen eher rar. Lediglich die von Hornady geladenen Sorten mit 325 und 350 Grains Geschossgewicht stehen zur Verfügung.

Bei der Hülsenbeschaffung ist der Wiederlader auf die Hülsen von Fabrikpatronen angewiesen oder muss Neuhülsen aus der Produktion von Hornady kaufen. Die sind jedoch erschwinglich, sodass es sich kaum lohnt, über Umformarbeiten nachzudenken.

Geeignete Pulver sind die offensiven und mittelschnellen Sorten wie Vihtavuori N 130, Rottweil R 901 oder Hodgdon 322. Es wurden ausschließlich Standardzünder eingesetzt. Matrizensätze sind von vielen Herstellern von Wiederladewerkzeugen erhältlich und gehören sogar schon zur preiswerten Standardklasse.

Die .450 Marlin liefert eine Menge Power aus einer kurzen Hülse.

Ladedaten Kaliber .450 Marlin

Geschoss-hersteller	Geschoss-typ	Geschoss-gewicht Grains	Pulver-hersteller	Pulvertyp	Pulver-ladung Grains	Hülsen-fabrikat	Zünd-hütchen	Gesamt-länge (mm)	V_0 m/s
Barnes	FSX-FN	250	Hodgdon	4198	51,0	Hornady	CCI 200	64,5	685
Hornady	Hohlspitz	300	Vihtavuori	N 120	53,0	Hornady	RWS 5341	64,5	640
Nosler	Partition	300	Hodgdon	H 322	55,4	Hornady	CCI 200	64,5	651
Nosler	Partition	300	IMR	3031	59,5	Hornady	RWS 5341	64,5	602
Hornady	Hohlspitz	300	Vihtavuori	N 130	56,5	Hornady	CCI 200	64,5	652
Remington	TM-FP	300	IMR	4198	44,2	Hornady	CCI 200	64,5	610
Sierra	TM-Hohl-spitz	300	Hodgdon	4198	48,0	Hornady	CCI 200	64,5	550
Woodleigh	TM	350	Vihtavuori	N 133	58,0	Hornady	Federal 210	64,5	610
Speer	TM-Flach-kopf	350	Norma	200	55,5	Hornady	RWS 5341	64,5	660
Hornady	TM	350	Hodgdon	4198	43,2	Hornady	CCI 200	64,5	620
Degol	TM	350	IMR	3031	55,2	Hornady	CCI 200	64,5	612
Hornady	TM-Flach-kopf	350	Vihtavuori	N 120	46,5	Hornady	CCI 200	64,5	580
Hornady	TM-Flach-kopf	350	Vihtavuori	N 130	53,0	Hornady	CCI 200	64,5	607
Barnes	X-Bullet	350	Vihtavuori	N 133	57,5	Hornady	Federal 210	64,5	610
Delsing	TMR	350	Hodgdon	H 322	52,5	Hornady	RWS 5341	64,5	615
Speer	TM-Flach-kopf	400	Hodgdon	H 322	51,0	Hornady	CCI 200	64,5	603
Barnes	X-Bullet	400	Hodgdon	H 335	52,5	Hornady	Federal 210	64,5	570
Remington	Flachkopf	405	Hodgdon	H 322	52,0	Hornady	RWS 5341	64,5	566

Als Testwaffe diente eine Marlin Guide Gun mit 47 cm Lauflänge.

.450 Rigby

Die englische Traditionsfirma John Rigby & Co. ist nicht nur für ihre exzellenten Waffen bekannt, sondern verfügt auch über eine ganze Kaliberpalette mit eigenem Namen. Die schon legendäre .416 Rigby dürfte der bekannteste Vertreter sein. Die Rigby-Kaliber haben alle eine langjährige Vergangenheit und stammen noch aus der Zeit der großen Safaris. Die .450 Rigby ist aber eine Neuentwicklung.

Urheber dieser Neuschöpfung ist Paul Roberts, letzter Inhaber der Firma Rigby vor dem Verkauf an ein amerikanisches Konsortium. Der begeisterte Großwildjäger musste anlässlich einer Elefantenjagd feststellen, dass ein annehmender und wütender Elefantenbulle eine ganze Menge verträgt. Seite an Seite mit dem Berufsjäger bedurfte es fast zwei volle Magazininhalte der .416 Rigby-Büchsen, um den Elefanten aufzuhalten. Kaum zu Hause, dachte Paul Roberts über ein wirkungsvolleres Kaliber nach und beauftragte schließlich den deutschen Munitionsfachmann Wolfgang Romey mit der Entwicklung einer leistungsstarken Patrone für Repetierbüchsen. Vorgabe war ein Geschossdurchmesser von .458 und damit ein höheres Geschossgewicht als bei der .416 Rigby.

Wolfgang Romey wählte als Mutterhülse die .416 Rigby, die aufgrund ihrer Konstruktion zu der Zeit, wo als Treibladungspulver noch Kordite diente, über reichlich Pulverraum verfügt. Die neue .450 Rigby entstand durch Aufweiten der .416 Rigby, wobei die Schulter einen Winkel von 30 Grad erhielt. Das Ergebnis ist eine leistungsstarke Patrone. Das Umrüsten einer vorhandenen .416 Rigby-Büchse ist durch einfachen Laufwechsel möglich. Der Gasdruck wurde auf 3800 bar (gemessen nach Piezo) festgesetzt und Romey laboriert die .450 Rigby mit 480 Grains schweren Voll- und Teilmantelgeschossen des australischen Herstellers Woodleigh. Die .450 Rigby beschleunigt ein 480 Grains schweres Geschoss auf 720 m/s und erreicht damit eine Mündungsenergie von 8063 Joule.

Damit übertrifft sie die Ursprungspatrone .416 Rigby um mehr als 1000 Joule. Die Stoppwirkung dürfte aufgrund des größeren Geschossdurchmessers erheblich besser sein. Dabei lässt sich die .450 Rigby noch angenehm verschießen. Die Rückstoßkräfte unterscheiden sich nicht wesentlich von der .416 Rigby.

Die .450 Rigby ist nicht nur eine weitere Patrone in der Reihe der Rigby-Patronen, sondern eine interessante Alternative, wenn ein Kaliber mit hoher Stoppwirkung für Repetierbüchsen gesucht wird. Es gibt natürlich noch eine Reihe bedeutend stärkerer Patronen – um das festzustellen, reicht ein Blick in den A-Square-Katalog – doch die .450 Rigby schießt sich noch erträglich und macht das Schießen mit einer Waffe in diesem Kaliber nicht zum schweißtreibenden Abenteuer. Die .450 Rigby füllt genau die Lücke, die zwischen der .416 Rigby und leistungsgleichen Kalibern und den „Overkillpatronen" mit horrendem Rückstoß klaffte.

Der Wiederlader hat durch den heute sehr populären Geschossdurchmesser von Dia .458 eine Menge Möglichkeiten. Viele der leichten Geschosse dieses Geschossdurchmessers sind für ältere 45er Patronen wie die .45/70 Government gedacht und haben dünne Mäntel. Diese Geschosse sind nur bei reduzierten Ladungen einsetzbar und sollten nicht auf Großwild verwendet werden. Geeignete Pulver sind die langsam abbrennenden Sorten wie Hodgdon 4831 oder Vihtavuori N 165. Die große Hülse muss gut befüllt werden und es sind nur progressive Pulver mit großem Füllvolumen brauchbar. Es wurden ausschließlich Magnum-Zünder eingesetzt. Matrizensätze sind von fast allen Herstellern von Wiederladewerkzeugen erhältlich, aber entsprechend teuer. Wenn eine stabile Ladepresse vorhanden ist, bereitet das Laden der .450 Rigby keine besonderen Probleme. Hülsen sind vom Hersteller Horneber im Handel. Es ist aber auch kein großes Problem .416 Rigby-Hülsen aufzuweiten. Eine 20er Packung Neuhülsen ist bedeutend preiswerter. Nur der Bodenstempel ist dann nicht korrekt. Für die Ermittlung der Ladedaten wurden die Hülsen von WR-Munition Fabrikpatronen benutzt. Die Geschosse sollten mit einem Crimp gesichert oder eingeklebt werden, wenn das Geschoss keine Crimprille hat.

Die .450 Rigby ist eine aufgeweitete .416 Rigby und hat ein deutlich höheres Geschossgewicht.

Ladedaten Kaliber .450 Rigby

Geschoss-hersteller	Geschoss-typ	Geschoss-gewicht Grains	Pulver-hersteller	Pulvertyp	Pulver-ladung Grains	Hülsen-fabrikat	Zünd-hütchen	Gesamt-länge (mm)	V_0 m/s
Speer	TM-Flach-kopf	350	Vihtavuori	N 150	105,0	WR	CCI 250	95,3	807
A-Square	Dead Tough	465	Vihtavuori	N 560	108,5	WR	CCI 250	95,3	721
PMP	Solid	475	Hodgdon	4831	108,5	WR	CCI 250	95,3	703
Degol	TM	480	Rottweil	R 905	104,5	WR	CCI 250	95,3	705
Woodleigh	TM	480	Vihtavuori	N 165	109,0	WR	CCI 250	95,5	712
Woodleigh	VM	480	Vihtavuori	N 160	104,0	WR	CCI 250	95,5	710
Hornady	TM	500	Vihtavuori	N 165	107,0	WR	CCI 250	95,3	680
Swift	A-Frame	500	Rottweil	R 905	103,0	WR	CCI 250	95,3	682
Barnes	Solid	500	Norma	MRP	104,0	WR	CCI 250	95,5	670
Degol	TM	500	Vihtavuori	N 165	106,5	WR	CCI 250	95,3	678
Hornady	VM	500	Hodgdon	4831	106,0	WR	CCI 250	95,3	672
Hornady	TM	500	Rottweil	R 905	103,0	WR	CCI 250	95,3	684

Als Testwaffe diente eine Repetierbüchse mit 65 cm Lauflänge.

.450 Dakota

Die in Sturgis, South Dakota, beheimatete Firma Dakota Arms wurde 1986 von Don Allen gegründet und ist bekannt für ihre praxisgerechten Custom- und Semi-Custom Repetierbüchsen. Nach dem Vorbild berühmter Waffenfirmen, wie Holland&Holland oder Rigby, brachte Dakota vor einigen Jahren auch eine eigene Patronenserie heraus, die von der 7 mm Dakota bis hin zur .450 Dakota reicht.

Als Basishülse dient bei allen Patronen, mit Ausnahme der .450 Dakota, die Hülse der .404 Jeffery. Für die .450 Dakota wählte Don Allen, der leider im Mai 2003 verstarb, die Hülse der .416 Rigby. Die neue Patrone wurde offiziell im Jahre 1993 vorgestellt und erwarb sich unter Großwildjägern einen guten Ruf. Bei Rigby hatte man einige Zeit später die gleiche Idee und weitete die Hülse der .416 Rigby ebenfalls auf .450 auf. Die in Zusammenarbeit mit Wolfgang Romey entwickelte .450 Rigby ist mit der .450 Dakota nahezu identisch. Die Unterschiede sind minimal. Während Don Allen einen Schulterwinkel von 26 Grad wählte, hat die englische Konkurrenz eine 30-Grad-Schulter. So lässt sich auch eine .450 Dakota aus einer Büchse .450 Rigby abfeuern, umgekehrt geht das nicht.

In der Leistung sind beide Patronen praktisch identisch. Dakota gibt eine Mündungsgeschwindigkeit von 746 m/s für das 500-Grains-Geschoss an, was eine Mündungsenergie von satten 9016 Joule entspricht. Doch diese Leistung ist etwas hochgegriffen und wird auch von den Fabrikpatronen nicht erreicht. Knapp über 700 m/s und gute 8000 Joule sind hier realistisch und völlig ausreichend. In diesem Leistungsbereich liegt auch die .450 Rigby.

Damit übertrifft die .450 Dakota die Ursprungspatrone .416 Rigby um mehr als 1000 Joule. Die Stoppwirkung dürfte aufgrund des größeren Geschossdurchmessers erheblich besser sein und die Penetration ist ebenfalls höher als beim .416er Kaliber. Dabei lässt sich die .450 Dakota noch angenehm verschießen. Die Rückstoßkräfte unterscheiden sich nicht wesentlich von der .416 Rigby, wenn die Waffe über einen anatomisch richtig ausgeführten Schaft verfügt.

Die .450 Dakota ist eine interessante Alternative, wenn ein Kaliber mit hoher Stoppwirkung für Repetierbüchsen gesucht wird. Zumal von Dakota selbst dafür auch hochwertige Waffen angeboten werden. Die .450 Dakota füllt – neben der .450 Rigby – genau die Lücke, die zwischen der .416 Rigby und leistungsgleichen Kalibern und den „Overkillpatronen“ mit horrendem Rückstoß klaffte.

Dakota bietet zur Zeit neun Laborierungen mit Geschossgewichten zwischen 400 und 600 Grains an. Damit lässt sich die Patrone sehr universell einsetzen und reicht von starken Plains Game bis zum Elefanten. Sie ist und bleibt jedoch hauptsächlich eine Patrone für die Jagd auf wehrhaftes Großwild. Fabrikmunition ist in Deutschland nur sehr schwer zu bekommen, was die Patrone zu einer Wiederladeangelegenheit macht.

Der Wiederlader hat durch den heute sehr populären Geschossdurchmesser von Dia .458 sogar noch weitaus mehr Möglichkeiten. Es stehen Geschossgewichte von 300 bis 600 Grains zur Verfügung. Viele der leichten Geschosse dieses Geschossdurchmessers sind für ältere 45er Patronen wie die .45/70 Government gedacht und haben dünne Mäntel. Diese Geschosse sind nur bei reduzierten Ladungen einsetzbar und sollten nicht auf Großwild verwendet werden. Geeignete Pulver sind die langsam abbrennenden Sorten wie Hodgdon 4831 oder Vihtavuori N 165. Die große Hülse muss gut befüllt werden und es sind nur progressive Pulver mit großem Füllvolumen brauchbar. Es wurden ausschließlich Magnum-Zünder eingesetzt.

Matrizensätze sind von fast allen Herstellern von Wiederladewerkzeugen erhältlich, aber entsprechend teuer. So kostet der für die Ladearbeiten eingesetzte RCBS Matrizensatz 339,- €. Wenn eine stabile Ladepresse vorhanden ist, bereitet das Laden der .450 Dakota keine besonderen Probleme. Dakota stattet die Büchsen mit einer Dralllänge von 1:14 aus. Das ist für die schweren Geschosse ausgelegt. Diese schossen auch bedeutend präziser als 300- oder 350-Grains-Geschosse. Die beste Präzision wurde mit den 500-Grains-Geschossen erzielt.

Hülsen von Dakota sind bei Raimer Johannsen, Neumünster, zu bekommen. Es ist aber auch kein großes Problem .416 Rigby-Hülsen aufzuweiten. Für die Ermittlung der Ladedaten wurden originale Dakota-Hülsen benutzt.

Für eine Elefantenjagd im hohen Gras ist die Doppelbüchse ohne Zielfernrohr die beste Wahl.

Ladedaten Kaliber .450 Dakota

Geschoss-hersteller	Geschoss-typ	Geschoss-gewicht Grains	Pulver-hersteller	Pulvertyp	Pulver-ladung Grains	Hülsen-fabrikat	Zünd-hütchen	Gesamt-länge (mm)	V_0 m/s
Speer	TM-Flach-kopf	350	Vihtavuori	N 150	106	Dakota	CCI 250	94,0	825
Barnes	X-Bullet	400	Vihtavuori	N 160	112	Dakota	RWS 5333	94,5	748
Degol	TM	400	Hodgdon	4350	114	Dakota	RWS 5333	94,5	752
Degol	TM	480	Rottweil	R 905	106	Dakota	CCI 250	94,8	715
Woodleigh	TM	480	Vihtavuori	N 165	111	Dakota	CCI 250	94,8	718
Woodleigh	VM	480	IMR	4831	110	Dakota	CCI 250	94,8	712
Hornady	TM	500	Vihtavuori	N 165	109	Dakota	Federal 215	94,8	702
Swift	A-Frame	500	Rottweil	R 905	105	Dakota	Federal 215	95,0	699
Barnes	Solid	500	Norma	MRP	108	Dakota	CCI 250	94,8	690
Degol	TM	500	Vihtavuori	N 165	111	Dakota	CCI 250	95,0	685
Nosler	Partition	500	Hodgdon	4350	110	Dakota	Federal 215	95,0	690
Hornady	TM	500	IMR	4831	109	Dakota	CCI 250	95,0	705
Woodleigh	VM	550	IMR	4831	101	Dakota	RWS 5333	94,8	672
Degol	VM	600	Vihtavuori	N 165	99	Dakota	CCI 250	94,8	643

Zur Ermittlung der Ladedaten wurde eine Repetierbüchse mit 65 cm Lauflänge benutzt.

.460 Weatherby Magnum

Die .460 Weatherby Magnum ist eine Patrone der Superlative und übertrifft die Leistung der .458 Winchester Magnum bei gleichem Geschoss um gut 150 m/s. Dementsprechend sind die Nebenwirkungen beim Schuss und viele Wiederlader nutzen die Möglichkeit leicht reduzierter Ladungen. Auch mit etwas weniger Power ist immer noch mehr als genug Leistung vorhanden.

Die .460 Weatherby Magnum war die Antwort Roy Weatherby's auf die .458 Winchester Magnum, die im Jahre 1956 vorgestellt und in kürzester Zeit zur „Afrikapatrone" schlechthin wurde. Als Grundlage diente die Hülse der drei Jahre zuvor auf den Markt gebrachten .378 Weatherby Magnum, die ihrerseits von der .416 Rigby abstammt. Pulverraum war somit reichlich vorhanden und bei ihrer Einführung im Jahre 1958 war die .460 Weatherby Magnum die stärkste, serienmäßig gefertigte Büchsenpatrone. Die Meinung in der Jägerschaft war allerdings geteilt. Berichteten die Befürworter von Wunderdingen bezüglich der Durchschlagskraft und enormer Wirkung auf Elefanten, so sprachen die Gegner von einer Overkillpatrone mit horrendem Rückstoß. Der Rückstoß ist tatsächlich enorm und wer eine Büchse dieses Kalibers in jagdlichen Situationen beherrschen will, muss schon sehr schussfest sein. Dafür ist die Präzision hervorragend und wer in der Lage ist, eine .460 Weatherby Magnum sauber zu schießen, verfügt über eine echte Lebensversicherung. Mit einer Mündungsbremse, auch die originale Weatherby-Büchse ist damit ausgestattet, lässt sich die Waffe wesentlich besser kontrollieren.

Das Angebot an Fabrikpatronen ist sehr klein und es sind lediglich Weatherby-Patronen, geladen von Norma, und Munition von A-Square mit einem Geschossgewicht von 500 Grains zu bekommen.

Bei der hohen Leistung sind harte Spezialgeschosse sehr sinnvoll. Den Versuch, aus der .460 Weatherby unter Verwendung leichter Geschosse im 300–350-Grains-Bereich eine flach schießende Weitschusspatrone zu machen, kann der Wiederlader sich allerdings sparen. Die leichten Geschosse dieses Geschossdurchmessers haben einen derart schlechten ballistischen Koeffizienten, dass sie dem schweren Standardgeschoss in jeder Beziehung unterlegen sind.

Beim Pulver bevorzugt die .460 Weatherby Magnum die mittelschnellen bis leicht progressiven Sorten. Besonders die Rottweil-Pulver 907 und 904 zeigten sehr gleichmäßige Leistung und mit R 904 lässt sich die Werksladung innerhalb des zulässigen Druckbereiches kopieren. Von reduzierten Ladungen bei den progressiven Pulversorten ist dringend abzuraten, da die dann zu geringe Ladedichte zu nicht vorhersehbaren Drucksprüngen führen kann. Um eine Patrone im Leistungsbereich der .458 Winchester zu erhalten, sollten die offensiveren Sorten benutzt werden. Bei den leichten Geschossen von 300–350 Grains zeigte sich Rottweil R 902 als sehr geeignet. Es wurden ausschließlich Magnum-Zünder eingesetzt.

Hülsen sind nur von den Herstellern der Fabrikmunition A-Square und Norma erhältlich. Matrizensätze sind von RCBS, Triebel und Redding erhältlich, leider auch entsprechend teuer. Wenn eine stabile Ladepresse vorhanden ist, bereitet das Laden der .460 Weatherby Magnum keine besonderen Probleme. Ein Sichern der Geschosse durch einen Crimp ist unbedingt nötig.

Als Testwaffe diente eine originale Weatherby-Büchse. Mit allen angegebenen Ladungen wurde eine gute Präzision erreicht.

Dieser 700 kg Eland-Bulle wurde mit einer .318 Westley Richards erlegt.

Ladedaten Kaliber .460 Weatherby Magnum

Geschoss-hersteller	Geschoss-typ	Geschoss-gewicht Grains	Pulver-hersteller	Pulvertyp	Pulver-ladung Grains	Hülsen-fabrikat	Zünd-hütchen	Gesamt-länge (mm)	V_0 m/s
Barnes	X-Bullet	400	Vihtavuori	N 140	114,0	Weatherby	CCI 250	95,2	852
Woodleigh	TM	350	Rottweil	R 907	106,0	Weatherby	RWS 5333	86,8	850
Woodleigh	VM	480	Vihtavuori	N 150	109,0	Weatherby	CCI 250	95,2	780
Hornady	TM	350	Rottweil	R 903	108,0	Weatherby	CCI 250	86,8	770
Speer	TM-FK	400	Vihtavuori	N 140	113,0	Weatherby	Federal 215	92,3	832
Reichen-berg	HDB	450	Rottweil	R 904	120,0	Weatherby	Federal 215	91,5	810
Barnes	TSX	450	Vihtavuori	N 150	100,2	Weatherby	CCI 250	97,0	755
Barnes	BND Solid	450	Alliant	RL 15	101,5	Weatherby	CCI 250	97,0	743
CBS	TM	350	Rottweil	R 907	106,0	Weatherby	CCI 250	88,0	852
Barnes	X-Bullet	500	Rottweil	R 904	118,0	Weatherby	CCI 250	97,0	770
A-Square	Lion	500	IMR	4064	93,0	Weatherby	Federal 215	95,5	740
Hornady	TM	500	Rottweil	R 907	103,0	Weatherby	RWS 5333	95,1	740
Hornady	TM	500	Vihtavuori	N160	118,5	Weatherby	CCI 250	95,1	765
Swift	A-Frame	500	Vihtavuori	N 150	105,0	Weatherby	CCI 250	94,5	756
Barnes	TSX	500	Hodgdon	H 414	109,0	Weatherby	CCI 250	97,0	751
Barnes	BND Solid	500	IMR	4320	98,3	Weatherby	CCI 250	97,0	745
A-Square	Dead T.	500	Hodgdon	4895	88,0	Weatherby	Federal 215	95,2	742
Hornady	VM	500	Rottweil	R 904	119,5	Weatherby	Federal 215	95,2	780
Woodleigh	VM	550	Alliant	R 22	118,0	Weatherby	CCI 250	95,5	695
Hornady	TM	500	Vihtavuori	N 150	107,0	Weatherby	RWS 5333	96,9	740

Als Testwaffe diente eine originale Weatherby-Büchse.

Dia .468

Der .468er Geschossdurchmesser ist sehr selten und findet sich bei den echten Großwildpatronen lediglich bei der .500/465 NE. Das Geschossgewicht beschränkt sich auf 480 Grains.

Geschosspalette:

Hersteller	Geschosstyp	Geschoss-gewicht g/Grains	Eignung	Patronen-empfehlung
A-Square	Dead Tough	31/480	Großwild	.500/465 NE
A-Square	Lion Load	31/480	Raubkatzen	.500/465 NE
A-Square	Monolithic	31/480	Dickhäuter	.500/465 NE
Barnes	Original Kupfer TM	31/480	Großwild	.500/465 NE
Barnes	Solid	31/480	Dickhäuter	.500/465 NE
Barnes	Teilmantel	31/480	Großwild	.500/465 NE
CBS Degol	Teilmantel	31/480	Großwild	.500/465 NE
CBS Degol	Vollmantel	31/480	Dickhäuter	.500/465 NE
Woodleigh	Teilmantel	31/480	Großwild	.500/465 NE
Woodleigh	Vollmantel	31/480	Dickhäuter	.500/465 NE
Woodleigh	HSB	31/480	Großwild	.500/465 NE

Der „Bulsbag“ ist mit Sand gefüllt und die Büchse klemmt sich zwischen den „Ohren“ fest. Dadurch wird der Rückstoß stark reduziert.

.500/465 Nitro Express

Die .500/465 N.E. wurde im Jahre 1907 von der britischen Waffenfirma Holland&Holland auf den Markt gebracht. Sie war eine direkte Reaktion auf das 1906 von der britischen Regierung verhängte Verbot des Kalibers .450 in Indien und dem Sudan. .450er Jagdgeschosse ließen sich auch in der damaligen Militärpatrone verwenden und so fielen alle Jagdpatronen mit .450er Geschossdurchmesser unter den Bann. Angestrebt war die Leistung der beliebten .450 N.E. 3 ¼ zu erreichen, was auch problemlos gelang. Eine wirklich große Verbreitung fand die .500/465 N.E. allerdings nicht, dazu liegt ihr Leistungsbereich zu nah bei der beliebten .470 N.E. Es wurden jedoch viele gute Waffen, meist Doppelbüchsen, nicht nur in England, sondern auch in Belgien gefertigt, die heute noch in sehr gutem Zustand sind. Das klassische Geschossgewicht für die .500/465 N.E. ist 480 Grains. Die damaligen Patronen von Kynoch erzielten eine Mündungsgeschwindigkeit von 2150 fps, also etwa 655 m/s. Die Mündungsenergie liegt bei gut 6400 Joule. Damit lässt sich die .500/465 N.E. auf alles Wild der Erde einsetzen. Eine neue Waffe wird sich in diesem Kaliber wohl kaum jemand bauen lassen, hier ist die 470 N.E., die eine fast identische Leistung aufweist, sicher die bessere Wahl, doch eine gut erhaltene Doppelbüchse in diesem Kaliber ist auch heute noch eine gute Lebensversicherung bei der Großwildjagd. Zu ihrer Zeit war die .500/465 N.E. sehr beliebt als Back-Up-Rifle bei professionellen Jagdführern.

Die Auswahl an Fabrikmunition ist heute sehr gering. A-Square hat das Kaliber mit drei Geschossen im Programm, wobei es zurzeit fast aussichtslos ist, A-Square Patronen in Deutschland zu bekommen. Wolfgang Romey fertigt die .500/465 N.E. mit dem 480 Grains Vollmantel- und Teilmantel-Geschoss von Woodleigh. Von LFB gibt es Teil- und Vollmantelpatronen mit 480 Grains Dogol-Geschossen.

Die Hülsenbeschaffung ist bei diesem Kaliber gleichfalls ein Problem. Neben dem Verschießen von Originalpatronen können noch vorgeformte Hülsen von Bertram gekauft werden.

Die .500/465 N.E. verlangt nach Geschossen mit einem Durchmesser von 468 – und da ist die Auswahl auch nicht gerade berauschend. Neben den schwierig zu beschaffenden A-Square-Geschossen und den beiden 480 Grains Woodleigh-Geschossen beschränkt sich das Angebot auf ein Barnes TMR, ebenfalls 480 Grains schwer und dem Verbundkern- und Vollmantelgeschossen von Degol vergleichbar. Damit hat der Wiederlader nicht sehr viele Möglichkeiten. Zumindest lässt sich aber die Fabrikpatrone problemlos kopieren.

Bei den Treibladungsmitteln sind bei der großen Hülse trotz der kaum vorhandenen Schulter die langsam abbrennenden Pulver die beste Wahl. Für die schneller abrennenden Sorten ist der Pulverraum zu groß und es müsste mit Füllmittel gearbeitet werden.

Hodgdon 4831 hat sich als sehr präzise erwiesen und brachte die beste Leistung mit den 480-Grains-Geschossen. Doch auch Rottweil R 905 und Vihtavuori N 160 lässt sich gut verwenden. Zur Anzündung der über 100 Grains liegenden Pulvermenge sind unbedingt Magnum-Zündhütchen erforderlich. Die Werkzeugbeschaffung ist kein großes Problem, aber entsprechend teuer. Matrizensätze sind von RCBS, Redding oder Triebel zu bekommen.

Ladedaten Kaliber .500/465 NE

Geschoss-hersteller	Geschoss-typ	Geschoss-gewicht Grains	Pulver-hersteller	Pulvertyp	Pulver-ladung Grains	Hülsen-fabrikat	Zünd-hütchen	Gesamt-länge (mm)	V_0 m/s
Woodleigh	TMR	480	Hodgdon	4831	105	Romey	RWS 5333	98,8	640
Degol	TMR	480	Alliant	RL 22	105	Romey	RWS 5333	98,6	644
Barnes	TMR	480	IMR	4831	104	Romey	Federal 215	98,8	643
Woodleigh	VM	480	Hodgdon	4831	104	Romey	CCI 250	98,8	642
Degol	TMR	480	Rottweil	R 905	102	Romey	RWS 5333	98,6	645
Woodleigh	VM	480	Rottweil	R 905	101	Romey	RWS 5333	98,8	640
A-Square	Dead Tough	480	IMR	4831	106	Romey	CCI 250	98,8	658
Woodleigh	TMR	480	Vihtavuori	N 160	101	Romey	CCI 250	98,8	642
Degol	TMR	480	Vihtavuori	N 160	101	Romey	CCI 250	98,6	641
Barnes	TMR	480	Hodgdon	4831	105	Romey	RWS 5333	98,8	648
Woodleigh	VM	480	IMR	4831	105	Romey	RWS 5333	98,8	644

Zur Ermittlung der Ladedaten wurde eine Doppelbüchse mit 65 Zentimeter Lauflänge benutzt.

Dia .475

Auch .475er Geschosse werden nicht gerade in vielen Patronen verladen. Neben der populären .470 NE gibt es nur noch Neuschöpfungen wie etwa die .470 Capstick.

Geschosspalette:

Hersteller	Geschosstyp	Geschossgewicht g/Grains	Eignung	Patronen-empfehlung
A-Square	Dead Tough	32,4/500	Großwild	.470 NE
A-Square	Lion Load	32,4/500	Großkatzen	.470 NE
A-Square	Monolithic	32,4/500	Dickhäuter	.470 NE
Barnes	Solid	32,4/500	Dickhäuter	.470 NE
Barnes	TM	32,4/500	Großwild	.470 NE
Barnes	Triple Shock	32,4/500	Großwild	.470 NE
Barnes	TM	39,0/600	Großwild	.470 NE
Degol	TM-Lion Load	32,4/500	Großkatzen	.470 NE
Degol	VM	32,4/500	Dickhäuter	.470 NE
Federal	Trophy Bonded Bear Claw	32,4/500	Großwild	.470 NE
Federal	Trophy Bonded Sledgehammer	32,4/500	Großwild	.470 NE
GPA	GPA	29,4/453	Großwild	.470 NE
Hornady	DGS	32,4/500	Dickhäuter	.470 NE
Hornady	DGX	32,4/500	Großwild	.470 NE
Nosler	Solid	32,4/500	Dickhäuter	.470 NE
Reichenberg	HDB	17,8/275	Großwild	.470 NE
Reichenberg	HDB	19,5/300	Großwild	.470 NE
Reichenberg	Solid	19,5/300	Dickhäuter	.470 NE
Reichenberg	Super Penetrator	32,4/500	Dickhäuter	.470 NE
Speer	VM	32,4/500	Dickhäuter	.470 NE
Swift	A-Frame	32,4/500	Großwild	.470 NE
Woodleigh	TM	32,4/500	Großwild	.470 NE
Woodleigh	VM	32,4/500	Dickhäuter	.470 NE
Woodleigh	HSB	32,4/500	Großwild	.470 NE
WR-Munition	Solid	32,4/500	Dickhäuter	.470 NE

.470 Nitro Express

Die .470 NE ist eine der beliebtesten Patronen für Großwild-Doppelbüchsen. Sie ist eine hervorragend ausbalancierte Patrone, was Leistung und Rückstoß betrifft.

Die .470 NE ist wohl die bekannteste und auch beliebteste der großkalibrigen britischen Nitro-Express-Patronen. Sie wurde 1907 von Joseph Lang konstruiert, als die Briten in den afrikanischen Kolonien das 450er Kaliber verboten. Schnell wurde die .470 NE auch von anderen Waffenfirmen angenommen und weltweit bekannt. Die Leistung der .470 NE entspricht etwa der modernen .458 Winchester, doch die große Randpatrone hat dabei einen um 35 % niedrigeren Gasdruck. Heute werden auch wieder zahlreiche neue Waffen für die alte englische Randpatrone eingerichtet, denn ihre Vorteile sind unbestritten. Das Angebot an Fabriklaborierungen ist jedoch nicht gerade groß.

Alle Hersteller verladen ausschließlich schwere Geschosse. Genau hier liegt das Problem für den Wiederlader, denn leichtere Geschosse werden von keinem Hersteller, außer Reichenberg, angeboten. Selbst Barnes beginnt mit der Geschosspalette erst bei 500 Grains.

Immerhin hat der Wiederlader die Wahl unter einem Dutzend verschiedener Geschosse. Die Auswahl des Pulvers ist relativ problemlos. Für die noch aus Kordit-Zeiten stammende große Hülse der .470 NE kommen nur die langsam brennenden Sorten in Frage. Von den besonders in amerikanischen Wiederladen-Büchern empfohlenen offensiven Sorten sollte Abstand genommen werden, denn die Hülse der .470 NE ist dafür viel zu groß. Durch die viel zu geringe Ladedichte sind solche Laborierungen sehr ungleichmäßig und wenig präzise.

Als Zündhütchen sollten starke Large Rifle Magnum-Zünder benutzt werden, um die doch recht große Pulvermenge gleichmäßig anzuzünden. Bei den Hülsen sieht es dagegen etwas schlechter aus. Hier beschränkt sich das Angebot auf die Hersteller von Fabrikpatronen wie A-Square, Federal, Hornady und Romey sowie den Hülsenherstellern Horneber, Bertram und Bell.

Matrizensätze für die .470 NE sind von RCBS, Hornady und Triebel erhältlich. Das Laden der .470 NE bereitet keine besonderen Probleme. Die Hülsen der .470 NE sind jedoch besonders am Hülsenrand sehr dünn und müssen entsprechend vorsichtig behandelt werden. Bei ungenügender Fettung reißt schnell der Rand ab und die Hülse sitzt in der Kalibriermatrize fest und muss umständlich mit einem Matrizenretter entfernt werden. Bei starken Jagdladungen sollten die Geschosse durch einen Rollcrimp gesichert werden. Alle Geschosse im Kaliber .474–475 verfügen über eine entsprechende Crimprille.

Ladedaten Kaliber .470 NE

Geschoss-hersteller	Geschoss-typ	Geschoss-gewicht Grains	Pulver-hersteller	Pulvertyp	Pulver-ladung Grains	Hülsen-fabrikat	Zünd-hütchen	Gesamt-länge (mm)	V_0 m/s
A-Square	Solid	500	IMR	4831	106,0	A-Square	CCI 250	97,5	640
Woodleigh	VM	500	Hercules	RL 19	105,0	Federal	CCI 250	98,5	645
Barnes	TSX	500	Vihtavuori	N 170	94,0	Federal	CCI 250	99,5	610
Barnes	BND Solid	500	Hodgdon	H 1000	111,0	Federal	CCI 250	99,0	615
WR	Solid	500	Norma	204	103,5	WR	Federal 215	100,0	620
Hornady	DGS	500	Norma	MRP	108,5	Hornady	Federal 215	100,7	619
Hornady	DGX	500	Hodgdon	H 1000	115,0	Hornady	Federal 215	100,7	628
Woodleigh	TM	500	Hodgdon	4831	106,0	WR	CCI 250	98,5	645
Woodleigh	TM	500	RWS	R 905	105,0	Federal	Federal 215	98,5	640
WR	Solid	500	RWS	R 905	99,5	Federal	Federal 215	100,0	624
Woodleigh	TM	500	RWS	R 904	104,0	Federal	CCI 250	98,5	648
Barnes	TM	500	RWS	R 904	106,0	Federal	CCI 250	98,0	645
Reichen-berg	Super Penetrator	500	Norma	204	104,0	Federal	CCI 250	98,0	642
A-Square	Dead T.	500	IMR	7828	109,0	A-Square	CCI 250	98,0	642
Swift	A-Frame	500	RWS	R 905	104,0	Federal	Federal 215	99,0	635
Barnes	TM	500	Hercules	RL 15	87,0	Federal	CCI 250	98,5	600

Die Versuche mit dem schweren 600-Grains-Geschoss führten zu keinem befriedigenden Ergebnis, sodass auf die Angabe von Ladedaten für dieses Geschoss verzichtet wurde. Als Testwaffe diente eine Doppelbüchse der Firma Heym mit 65 Zentimeter langen Läufen.

Dia .505

Noch ein sehr seltener Geschossdurchmesser, der sich nur bei einer Patrone, der .505 Gibbs, findet. Dafür ist die Geschossauswahl allerdings erfreulich groß. Das klassische Geschossgewicht für die Patrone ist 525 Grains/34 g und daran halten sich auch alle Hersteller. Nur von Impala gibt es noch ein Leichtsolid von 360 Grains und Woodleigh hat ein mit 600 Grains überschweres Protected Point im Programm.

Geschosspalette:

Hersteller	Geschosstyp	Geschossgewicht g/Grains	Eignung	Patronen-empfehlung
A-Square	Dead Tough	34/525	Großwild	.505 Gibbs
A-Square	Lion Load	34/525	Großkatzen	.505 Gibbs
A-Square	Monolithic	34/525	Dickhäuter	.505 Gibbs
Barnes	Solid	34/525	Dickhäuter	.505 Gibbs
Barnes	TSX	34/525	Großwild	.505 Gibbs
Degol	TM	34/525	Großwild	.505 Gibbs
Degol	VM	34/525	Dickhäuter	.505 Gibbs
Hornady	DGS	34/525	Dickhäuter	.505 Gibbs
Hornady	DGX	34/525	Großwild	.505 Gibbs
Impala	Solid	23,3/360	Hochwild	.505 Gibbs
Impala	Solid	34/525	Großwild	.505 Gibbs
Woodleigh	HSB	34/525	Großwild	.505 Gibbs
Woodleigh	TM	34/525	Großwild	.505 Gibbs
Woodleigh	VM	34/525	Dickhäuter	.505 Gibbs
Woodleigh	Protected Point	39/600	Großwild	.505 Gibbs

.505 Gibbs

Die .505 Gibbs ist eine der klassischen und schon legendären Großwildpatronen. Hemingway verhalf ihr durch die Erwähnung in seinen Büchern zu einer gewissen Popularität und auch wenn sie keine wirklich große Verbreitung fand, so wurden doch immer wieder Büchsen für die große Patrone eingerichtet.

Die .505 Gibbs entstand 1913 und geht auf den britischen Büchsenmacher George Gibbs aus Bristol zurück. Es gibt nur wenige Repetierbüchsensysteme, die eine .505 Gibbs aufnehmen können. Um eine .505 Gibbs zu bauen, ist ein langes Mauser-System unbedingt notwendig, das Normalsystem ist viel zu kurz. Die meisten Büchsen in diesem Kaliber wurden aber nicht in England, sondern in Amerika, etwa von der Firma Griffin&Howe gebaut. Als Mitte der 20er Jahre die Suhler Waffenfabrik August Schüler die Patrone 12,5 x 70 Schüler auf den Markt brachte, die von der Firma Jeffery kurze Zeit später als .500 Jeffery in England vermarktet wurde, kam die .505 Gibbs etwas ins Hintertreffen, denn die .500 Jeffery erbrachte sogar eine etwas höhere Leistung aus einer wesentlich kleineren Hülse. Durch den im Verhältnis zum Hülsenkörper kleineren Stoßboden, den sich Schüler bereits 1904 patentieren ließ, kann die .500 Jeffery kostengünstig in Standardsysteme eingelegt werden. Ein weiteres Handikap der .505 Gibbs war ihr ungewöhnlicher Geschossdurchmesser von .505. Die anderen der 500er Patronen der damaligen Zeit, wie die .500 NE oder die .500 Jeffery verschossen 510er Geschosse. Unbestritten hat die .505 Gibbs eine sehr gute Eigenpräzision und eine hervorragende Stoppwirkung. Für die Elefantenjagd ist die .505 Gibbs auch heute noch eine sehr gute Wahl. Fabrikpatronen sind mehr als selten und nur schwer zu bekommen. Es wird nur das klassische Geschossgewicht von 525 Grains verladen.

Ein echtes Problem ist die Hülsenbeschaffung. Neben dem recht teuren Weg der Hülsenbeschaffung durch Verschießen von Originalpatronen sind .505 Gibbs-Hülsen nur noch von der Firma Horneber oder dem australischen Hersteller Bertram zu bekommen.

Als Treibladungsmittel kommen in Anbetracht der riesigen Hülse nur die extrem langsam abbrennenden Sorten in Frage. Gut geeignet sind Pulver wie Vihtavuori 165 oder IMR 7828. Die Tabelle gibt Aufschluss darüber, welche Pulversorten eingesetzt werden können.

Auch die Werkzeugbeschaffung ist entsprechend schwierig und kostspielig. Die großen Hersteller wie RCBS oder Redding, aber auch Triebel können Matrizensätze liefern. Allerdings sind diese Custom-Sätze nicht billig. Bei der .505 Gibbs ist der Durchmesser größer als die üblichen 7/8 Zoll, sodass er nur in Ladepressen geschraubt werden kann, die eine auswechselbare Gewindebuchse haben, wie etwa die RCBS Rock Chucker. Als Zündhütchen sollten nur starke Magnum-Zünder benutzt werden, um die große Menge progressiven Pulvers gleichmäßig und sicher anzuzünden. Die Geschosse müssen durch Crimp oder Einkleben gesichert werden.

Ladedaten Kaliber .505 Gibbs

Geschosshersteller	Geschosstyp	Geschossgewicht Grains	Pulverhersteller	Pulvertyp	Pulverladung Grains	Hülsenfabrikat	Zündhütchen	Gesamtlänge (mm)	V_0 m/s
Woodleigh	VM	525	IMR	7828	141,0	Romey	CCI 250	96,0	689
Woodleigh	TM	525	IMR	7828	140,0	Romey	CCI 250	96,0	686
A-Square	Monolit.	525	Alliant	RL-22	135,0	Romey	CCI 250	96,2	690
Barnes	TSX	525	Hodgdon	H 1000	143,2	Romey	CCI 250	96,0	670
Barnes	BND Solid	525	Alliant	RL 25	148,0	Romey	CCI 250	96,0	705
Degol	TM	525	IMR	7828	142,0	Romey	CCI 250	96,0	691
Hornady	DGS	525	IMR	7828	138,0	Romey	Federal 215	97,4	662
Hornady	DGX	525	Alliant	RL 25	144,0	Romey	Federal 215	97,4	671
Woodleigh	TM	525	Hodgdon	4831	131,5	Romey	CCI 250	96,0	675
Degol	VM	525	Vihtavuori	N 165	135,0	Romey	CCI 250	96,0	688
A-Square	Monolit.	525	Rottweil	R 905	129,0	Romey	CCI 250	96,2	671
Degol	VM	525	Alliant	RL-22	133,0	Romey	CCI 250	96,0	675
Woodleigh	TM	525	Norma	MRP	132,0	Romey	CCI 250	96,0	678
Degol	TM	525	Rottweil	R 905	130,0	Romey	RWS 5333	96,0	679

Als Testwaffe wurde eine Repetierbüchse mit einer Lauflänge von 65 Zentimeter benutzt.

Dia .510

Dieser Geschossdurchmesser ist nicht so selten, denn einige bekannte Großwildpatronen wie die .500 NE und .500 Jeffery werden damit versorgt. Doch auch bei alten Kalibern wie der 50-100 WCF ist er zu finden. Die Geschosspalette reicht von 300 bis 700 Grains und damit hat der Wiederlader eine recht große Spielwiese.

Geschosspalette:

Hersteller	Geschosstyp	Geschoss-gewicht g/Grains	Eignung	Patronen-empfehlung
A-Square	Dead Tough	37/570	Großwild	alle 500er
A-Square	Lion Load	37/570	Großkatzen	alle 500er
A-Square	Monolithic	37/570	Dickhäuter	alle 500er
A-Square	Dead Tough	39/600	Großwild	alle 500er
A-Square	Lion Load	39/600	Großkatzen	alle 500er
A-Square	Monolithic	39/600	Dickhäuter	alle 500er
Barnes	TM-Flach	19,5/300	Scheibe/ Hochwild	alle 500er
Barnes	TM-Flach	29/450	starkes Hoch-wild/Großwild	alle 500er
Barnes	Solid	34/510	Dickhäuter	alle 500er
Barnes	X-Bullet	34/510	Großwild	alle 500er
Barnes	Solid	39/600	Dickhäuter	alle 500er
Barnes	TM	39/600	Großwild	alle 500er
Barnes	X-Bullet BT	41,9/647	Großwild	alle 500er
Barnes	TM	45/700	Großwild	alle 500er
Degol	TM Lion Load	34,5/535	Großkatzen	alle 500er
Degol	TM Protected Point	34,5/535	Großwild	alle 500er
Degol	VM	34,5/535	Dickhäuter	alle 500er
Degol	Starkmantel	37/570	Großwild	alle 500er
Degol	TM Lion Load	37/570	Großkatzen	alle 500er
Degol	VM	37/570	Dickhäuter	alle 500er
Degol	Starkmantel	39/600	Großwild	alle 500er
Degol	TM Lion Load	39/600	Großkatzen	alle 500er
Degol	VM	39/600	Dickhäuter	alle 500er
GPA	Special Fellines	35,6/550	Großwild	alle 500er
Hornady	DGS	36,9/570	Dickhäuter	alle 500er
Hornady	DGX	36,9/570	Großwild	alle 500er
Impala	Massivgeschoss	24,0/370	Großwild	alle 500er
Romey	Silber Solid	34,5/535	Dickhäuter	alle 500er
Woodleigh	TM	34,5/535	Großwild	alle 500er
Woodleigh	VM	34,5/535	Dickhäuter	alle 500er
Woodleigh	HSB	36,9/570	Großwild	alle 500er
Woodleigh	TM	37 /570	Großwild	alle 500er
Woodleigh	VM	37/570	Dickhäuter	alle 500er

.500 Nitro Express 3“

Als die Ära des Schwarzpulvers zu Ende ging, wurde die bewährte .500er Patrone auf rauchschwaches Cordite umgestellt und erhielt den klangvollen Zusatz Nitro Express. Neben der hier vorgestellten Version mit drei Zoll langer Hülse gibt es noch eine Dreieinviertel-Zoll-Version, deren Unterschied lediglich im geringeren Gasdruck der längeren Patrone besteht. Die Leistung ist gleich. Und zur Not lässt sich auch die Drei-Zoll-Patrone aus einer Waffe mit längerem Patronenlager verschießen.

Die Leistung der .500 N.E. ist beeindruckend, denn ein 570 Grains schweres Geschoss lässt sich auf eine Mündungsgeschwindigkeit von 655 Meter in der Sekunde beschleunigen. Das ergibt eine Energie von immerhin 7920 Joule. Dabei beträgt der Gasdruck nur 2500 bar. Auch heute noch wird die .500 N.E. daher gern als Kaliber für eine schwere Doppelbüchse gewählt. Fabrikmunition wird zur Zeit von W. Romey, LFB, Hornady und A-Square gefertigt.

Wie bei vielen alten Patronen ist die Hülsenbeschaffung ein Problem. Neben dem recht teuren Weg, sich durch Verschießen von Originalpatronen einen Hülsenvorrat anzulegen, sind .500 N.E.-(3 Zoll)-Hülsen nur noch von den Firmen Horneber, Hornady und Bell oder dem australischen Hersteller Bertram zu bekommen. Billig sind sie aber leider alle nicht.

Bei den Geschossen sieht es da schon wesentlich besser aus. Erforderlich ist ein Geschossdurchmesser von .510, also 12,95 Millimetern. Dieser ist nicht so selten, denn auch die .500 Jeffery oder die alte Winchester-Patrone .50-100 WCF werden damit laboriert.

Die Geschosspalette reicht von 300 bis 700 Grains, damit stehen dem Wiederlader eine Menge Möglichkeiten offen. Werden Patronen für Doppelbüchsen geladen, ist aber zu bedenken, dass diese in der Regel für das Standard-Geschossgewicht von 570 Grains reguliert sind. Patronen mit wesentlich leichteren oder schwereren Geschossen schießen fast nie aus beiden Läufen zusammen. Wer eine Blockbüchse in .500 N.E. besitzt, hat dieses Problem nicht.

Bei den leichteren Geschossen ist zu bedenken, dass sie ursprünglich für die alten, langsamen Schwarzpulver-Patronen gedacht waren und meist über sehr dünne Geschossmäntel verfügen. Beim Einsatz auf Wild ist daher mit geringer Tiefenwirkung zu rechnen. Ausnahmen sind hier die modernen Geschosse von Degol, die auch bei geringem Gewicht über ausreichend starke Mäntel verfügen.

Bei den Treibladungsmitteln stellen die langsam abbrennenden Pulver in Anbetracht des großen Hülsenvolumens die beste Wahl dar. Besonders IMR 4350 und H-4831 haben sich als sehr gut erwiesen. Lediglich bei den leichteren Geschossen um 450 Grains können auch schneller abbrennende Pulver eingesetzt werden. Die Kombination aus langsamen Pulvern und schweren Geschossen führt zu komprimierten Ladungen, die aber den Gasdruck nicht erhöhen.

Die Werkzeugbeschaffung ist kein großes Problem. RCBS, Redding und Triebel haben die .500 N.E. im Programm. Die Preise sind entsprechend hoch. Der Matrizendurchmesser ist zudem größer als die üblichen 7/8 Zoll, sodass er nur in Ladepressen geschraubt werden kann, die eine auswechselbare Gewindebuchse haben, wie etwa die RCBS Rock Chucker. Eine passende Reduzierbuchse von eineinviertel Zoll auf ein Zoll liegt jedem RCBS Matrizensatz bei. Als Zündhütchen sollten nur starke Magnum-Zünder benutzt werden, um die große Menge progressiven Pulvers gleichmäßig und sicher anzuzünden.

Ladedaten Kaliber .500 NE 3“

Geschoss-hersteller	Geschoss-typ	Geschoss-gewicht Grains	Pulver-hersteller	Pulvertyp	Pulver-ladung Grains	Hülsen-fabrikat	Zünd-hütchen	Gesamt-länge (mm)	V_0 m/s
Delsing	TMF	300	Alliant	RL 15	105,0	Romey	RWS 5333	87,2	802
CBS	SM	400	Rottweil	R 904	112,0	Romey	RWS 5333	89,3	704
CBS	TMR	500	IMR	4350	108,0	Romey	RWS 5333	93,9	670
Woodleigh	TMR	535	Vihtavuori	N 165	117,0	A-Square	CCI 250	93,2	660
Romey	Solid	535	IMR	4350	103,0	Romey	CCI 250	92,8	635
A-Square	Lion Load	570	Hodgdon	4831	111,0	A-Square	CCI 250	95,2	635
Woodleigh	TMR	570	Alliant	RL 19	105,0	A-Square	CCI 250	95,4	640
A-Square	Dead Tough	570	IMR	4350	104,0	A-Square	CCI 250	95,2	632
Woodleigh	VM	570	Norma	MRP	113,0	Romey	CCI 250	95,2	653
Hornady	DGS	570	Norma	URP	99,5	Hornady	CCI 250	94,8	628
Hornady	DGX	570	IMR	4350	102,0	Hornady	CCI 250	94,8	632
Barnes	TSX	570	Vihtavuori	N 540	92,6	Romey	CCI 250	95,2	630
Barnes	BND Solid	570	Hodgdon	H 380	100,2	Romey	CCI 250	95,2	648
Woodleigh	TMR	600	Rottweil	R 905	111,0	Romey	RWS 5333	95,4	655

Zur Ermittlung der Ladedaten musste eine Doppelbüchse mit 65 Zentimeter Lauflänge herhalten.

.500 Jeffery

Die .500 Jeffery oder 12,5 x 70 Schüler ist eine der klassischen und schon legendären Großwildpatronen. Auch sie erlebt zurzeit eine Renaissance und es werden wieder neue Waffen für dieses Kaliber eingerichtet. Munition ist jedoch Mangelware und beschränkt sich auf die Geschossgewichte 535 und 570 Grains. Der Wiederlader hat hier bedeutend bessere Möglichkeiten.

Etwa Mitte der 20er Jahre brachte die Suhler Waffenfabrik August Schüler die Patrone 12,5 x 70 Schüler auf den Markt, die von der Firma Jeffery kurze Zeit später als .500 Jeffery in England vermarktet wurde. Durch den im Verhältnis zum Hülsenkörper kleineren Stoßboden, den sich Schüler bereits 1904 patentieren ließ, kann die .500 Jeffery kostengünstig in Standardsysteme eingelegt werden. Die .500 Jeffery oder 12,5 x 70 Schüler beschleunigte ein 535 Grains schweres Geschoss bei für heutige Verhältnisse recht bescheidenem Gasdruck von 3200 bar auf 730 m/s, was einer Mündungsenergie von 9237 Joule entspricht. Damit war sie die zur damaligen Zeit stärkste Patrone für Repetierbüchsen und wurde erst viel später von der .460 Weatherby übertroffen. Von den damaligen Großwildjägern wurde stets die Eigenpräzision und hohe Stoppwirkung der .500 Jeffery, diese Bezeichnung hat sich bis heute durchgesetzt, gelobt. Für die großen Elefantenjagden kam die .500 Jeffery aber schon zu spät und zwischen den Weltkriegen wurde es sehr ruhig um diese Patrone. Jeffery selbst hat nur 23 Büchsen in diesem Kaliber gebaut. Erst mit der Renaissance der alten Großwildpatronen, die vor einigen Jahren begann, wurde die .500 Jeffery wieder zum Gesprächsthema. Das aber führte zu Problemen mit den Patronenabmessungen, denn bei der CIP-Zulassung wurden nicht die Originalmaße der ursprünglichen 12,5 x 70 Schüler aus GECADO-Fertigung übernommen, sondern der Abstand Patronenboden–Schulter wurde vergrößert. In alte Originalbüchsen passten diese Patronen nicht mehr. Die Romey-Patronen aus alter Fertigung entsprachen dagegen den alten GECADO-Maßen und passten in alle Büchsen. Werden die Patronenlager von neuen Büchsen nach den festgelegten CIP-Maßen gerieben, kann es passieren, dass alte Patronen nicht zünden, weil sie zu kurz sind. Bleibt abzuwarten, welche Maße die neuen A-Square-Patronen haben werden. Damit es noch etwas komplizierter wird, fertigt die Firma HWM in Belgien .500 Jeffery Improved-Patronen, die einen größeren Boden haben. Diesen Problemen geht der Wiederlader natürlich aus dem Weg.

Ein Problem ist die Hülsenbeschaffung. Neben dem recht teuren Weg der Hülsenbeschaffung durch Verschießen von Originalpatronen sind .500 Jeffery-Hülsen nur noch von der Firma Horneber oder dem australischen Hersteller Bertram zu bekommen. Bei den Geschossen sieht es da, wie ein Blick in die Geschosspalette zeigt, schon wesentlich besser aus. Erforderlich ist ein Geschossdurchmesser von .510, also 12,95 Millimeter. Die 600 und 700 Grains schweren Geschosse sind jedoch problematisch, da sie, für die Randpatronen konzipiert, eine zu weit vorliegende Crimprille haben und so die Gesamtlänge überschreiten würden. Werden sie tiefer gesetzt, müssen sie unbedingt eingeklebt werden, um einen sicheren Halt zu erzielen. Bei den leichteren Geschossen ist zu bedenken, dass sie ursprünglich für die alten, langsamen Schwarzpulverpatronen gedacht waren und meist über sehr dünne Mäntel verfügen. Beim Einsatz auf Wild ist daher mit geringer Tiefenwirkung zu rechnen. Reduzierte Ladungen sind hier angebracht.

Als Treibladungsmittel kommen nur die langsam abbrennenden Sorten in Frage. Wiederladedaten sind kaum zu finden. Im Cartridge of the World werden 95 Grains Cordite bei einem Geschossgewicht von 535 Grains angegeben. Um die große Hülse auf eine Ladedichte von etwa 80 Prozent zu füllen, sind Ladungen von weit über 100 Grains Pulver der langsamen Sorten nötig. Gut geeignet sind Pulver wie Vihtavuori 160 oder Hodgdon 4895.

Die Werkzeugbeschaffung ist kein großes Problem, denn die großen Hersteller wie RCBS oder Redding, aber auch Triebel können Matrizensätze liefern. Allerdings sind diese Custom-Sätze nicht billig. Wer einen Hülsenhalter für die .416 Rigby besitzt, braucht keinen neuen zu kaufen, der Bodendurchmesser beider Patronen ist gleich. Die .500 Jeffery ist eine gewaltige Patrone und entsprechend groß fällt der Matrizensatz aus. Auch hier ist eine Presse mit auswechselbarer Gewindebuchse, wie etwa die RCBS Rock Chucker, notwendig. Als Zündhütchen sollten nur starke Magnum-Zünder benutzt werden, um die große Menge progressiven Pulvers gleichmäßig und sicher anzuzünden.

Elefantenbulle erlegt mit der .404 Jeffery.

Ladedaten Kaliber .500 Jeffery

Geschoss-hersteller	Geschoss-typ	Geschoss-gewicht Grains	Pulver-hersteller	Pulvertyp	Pulver-ladung Grains	Hülsen-fabrikat	Zünd-hütchen	Gesamt-länge (mm)	V_0 m/s
A-Square	Dead Touch	570	Hodgdon	4831	112,0	Romey	CCI 250	90,4	625
Woodleigh	VM	535	Vihtavuori	N 160	117,0	Romey	CCI 250	87,1	665
Woodleigh	TM	535	Vihtavuori	N 160	120,0	Romey	CCI 250	87,1	680
Romey	Solid	535	Vihtavuori	N 160	114,0	Romey	RWS 5333	87,3	670
Barnes	BND Solid	535	Hodgdon	Varget	106,5	Romey	RWS 5333	87,0	709
A-Square	Monolit.	570	Alliant	RL 15	100,0	Romey	CCI 250	90,4	670
Barnes	TM	570	Alliant	RL 15	99,0	Romey	CCI 250	87,3	655
Woodleigh	TM	570	Hodgdon	H 4831	106,0	Romey	CCI 250	88,6	620
Woodleigh	VM	570	Vihtavuori	N 160	126,0	Romey	CCI 250	88,6	640
Barnes	TSX	570	Vihtavuori	N 150	105,6	Romey	CCI 250	89,0	685
Barnes	BND Solid	570	Hodgdon	Varget	105,0	Romey	CCI 250	88,0	712
A-Square	Solid	570	IMR	4064	104,0	Romey	CCI 250	90,4	706
Barnes	TM	300	IMR	4350	120,0	Romey	CCI 250	88,0	795
Barnes	TM	450	Norma	MRP	115,0	Romey	CCI 250	88,5	715
Barnes	TM	600	Norma	MRP	103,0	Romey	RWS 5333	88,6	585
Barnes	TM	700	Vihtavuori	N 160	93,0	Romey	CCI 250	88,6	570

Als Testwaffe wurde eine Repetierbüchse mit einer Lauflänge von 65 Zentimeter benutzt.

.500 A-Square

Die .500 A-Square war die erste von Col. Arthur Alphin für A-Square entwickelte Fabrikpatrone. Grund waren die Probleme Alphins mit der .458 Winchester bei einer Safari in Mozambique. Auf der Suche nach einer leistungsfähigeren Patrone stieß Alphin auf die .460 Weatherby, doch deren Geschossgewicht war ihm noch zu gering und er weitete die Hülse auf .500 auf. Das Ergebnis ist beeindruckend.

Der erste Einsatz in Afrika erfolgte im Jahre 1976 und die Stoppwirkung und Durchschlagskraft ließ keine Wünsche offen. Mit 600-Grains-Geschossen (38,9 g) erreicht die .500 A-Square eine Mündungsgeschwindigkeit von 750 m/s und hat damit eine Mündungsenergie von gewaltigen 10 936 Joule. Dazu erwies sich die .500 A-Square als sehr präzise. Dadurch wurde die neue Patrone recht schnell beliebt bei professionellen Jagdführern, die eine maximale Aufhaltekraft wollten und trotzdem eine Patrone, die auch einen etwas weiteren Schuss zuließ, um angeschweißtes Wild den Fangschuss anzutragen, wenn es auf größeren Distanzen in Anblick kam. Ein Problem dabei ist allerdings der gewaltige Rückstoß der .500 A-Square. Wird eine Zieloptik montiert, sollte sie genügend weit vom Auge des Schützen entfernt sein. Die originalen A-Square Repetierbüchsen hatten daher ein Kurzwaffenzielfernrohr mit 40 cm Augenabstand vorn auf dem Lauf montiert. Damit ließ sich die Präzision der .500 A-Square sicher umsetzen. Sitzend aufgelegt ist allerdings nicht die ideale Schussposition einer Büchse in diesem Kaliber. Waffen sind meist Custom-Anfertigungen oder die von A-Square vertriebenen Modelle, gern werden .460 Weatherby-Waffen mit einem neuen Lauf versehen. Dieser Umbau ist recht einfach und preisgünstig.

Fabrikpatronen werden zurzeit nur von A-Square gefertigt, wobei die A-Square-Patronen in Deutschland zurzeit nicht lieferbar sind.

Ein Problem ist die Hülsenbeschaffung. Neben dem recht teuren Weg der Hülsenbeschaffung durch Verschießen von Originalpatronen – soweit erhältlich – sind .500 A-Square-Hülsen nur noch von der Firma Horneber zu bekommen. Umformen aus .460 Weatherby ist natürlich möglich, aber diese Hülsen liegen auch nicht gerade oft auf dem Schießstand herum und sind als Neuhülsen kaum günstiger.

Bei den Geschossen sieht es da schon wesentlich besser aus. Bei der Geschossauswahl müssen die gleichen Kriterien wie bei der .500 Jeffery angelegt werden.

Als Treibladungsmittel müssen hier die mittelschnell abbrennenden Sorten eingesetzt werden, denn die Hülse der .500 A-Square ist fast zylindrisch und hat keine Schulter mehr. Gut geeignet sind Pulver wie Vihtavuori 150, Hodgdon 4895 oder Rottweil R 907.

Die Werkzeugbeschaffung ist nicht schwierig, aber teuer. Als Zündhütchen sollten nur starke Magnum-Zünder benutzt werden. Es empfiehlt sich, die Geschosse durch einen Crimp festzulegen, wenn eine Crimprille vorhanden ist, oder sie einzukleben.

Ladedaten Kaliber .500 A-Square

Geschoss-hersteller	Geschoss-typ	Geschoss-gewicht Grains	Pulver-hersteller	Pulvertyp	Pulver-ladung Grains	Hülsen-fabrikat	Zünd-hütchen	Gesamt-länge (mm)	V_0 m/s
Woodleigh	VM	535	Vihtavuori	N 140	100	A-Square	CCI 250	93,0	735
Woodleigh	TM	535	Rottweil	R 907	110	A-Square	CCI 250	93,0	742
Romey	Solid	535	Vihtavuori	N 550	111	A-Square	RWS 5333	93,0	750
A-Square	Monolit.	570	Vihtavuori	N 550	110	A-Square	CCI 250	92,0	735
Barnes	TM	570	Vihtavuori	N 150	104	A-Square	CCI 250	93,0	715
Woodleigh	TM	570	Hodgdon	H 4895	110	A-Square	CCI 250	94,0	732
Woodleigh	VM	570	IMR	4064	110	A-Square	CCI 250	94,0	762
A-Square	Monolith.	570	Alliant	RL 15	109	A-Square	CCI 250	94,0	752
A-Square	Dead Touch	570	Vihtavuori	N 150	103	A-Square	CCI 250	94,0	710
Barnes	Solid	600	Hodgdon	H 4895	111	A-Square	CCI 250	94,0	710
A-Square	Monolith.	600	Alliant	RL 15	110	A-Square	CCI 250	94,0	715
Barnes	TM	600	Rottweil	R 907	107	A-Square	RWS 5333	94,0	712

Als Testwaffe wurde eine Blockbüchse mit einer Lauflänge von 65 Zentimeter benutzt.

Dia .585

Der .585er Geschossdurchmesser wurde für die klassische Elefantenpatrone .577 N.E. entwickelt, wird heute aber auch von modernen Repetierbüchsenpatronen wie der .585 Nyaty benutzt, die sogar den echten Geschossdurchmesser in ihrem Namen führt. Die Geschossgewichte reichen von 650 bis 900 Grains und damit hat der Wiederlader eine Menge Spielraum.

Geschosspalette:

Hersteller	Geschosstyp	Geschossgewicht g/Grains	Eignung	Patronen-empfehlung
A-Square	Dead Tough	48,6/750	Großwild	alle .585er
A-Square	Lion Load	48,6/750	Großkatzen	alle .585er
A-Square	Monolithic	48,6/750	Dickhäuter	alle .585er
Barnes	Solid	42,1/650	Dickhäuter	alle .585er
Barnes	Kupfer-TM	45,4/700	Großwild	alle .585er
Barnes	Solid	48,6/750	Dickhäuter	alle .585er
Degol	TM	34,3/530	red. Ladungen	alle .585er
Degol	TM	48,6/750	Großwild	alle .585er
Degol	VM	48,6/750	Dickhäuter	alle .585er
Degol	TM	58,3/900	Großwild	alle .585er
Degol	VM	58,3/900	Dickhäuter	alle .585er
GPA	Solid	48,6/750	Dickhäuter	alle .585er
Woodleigh	TM	42,1/650	Großwild	alle .585er
Woodleigh	VM	42,1/650	Großwild	alle .585er
Woodleigh	TM	48,6/750	Großwild	alle .585er
Woodleigh	VM	48,6/750	Dickhäuter	alle .585er

.577 Nitro Express 3“

Die .577 N.E. wurde von vielen berühmten *White Huntern* wie Sutherland, Pearson, Norton oder Rushby benutzt und war während ihrer Blütezeit zwischen 1900 und 1930 beliebter als die .600 N.E. Ursprünglich gab es eine Version mit 2 ¾ und 3 Zoll langer Hülse. Heute wird sie nur noch mit 3“-Hülse gefertigt.

Der Ursprung dieser berühmten Jagdpatrone lag in der 1880 in England entwickelten Schwarzpulverpatrone .577 mit 2,75 Zoll Hülsenlänge. Kurz vor der Jahrhundertwende wurde die Hülse auf drei Zoll (76,20) verlängert und geladen mit Cordite als .577 Nitro Express vorgestellt. Die Patrone wurde von professionellen Großwildjägern begeistert aufgenommen und war bald als verlässlicher „Elefantenstopper“ bekannt. Die 750 Grains (48,6 g) schweren Geschosse wurden auf eine Mündungsgeschwindigkeit von 625 m/s beschleunigt und leisteten eine Mündungsenergie von 9500 Joule. Der Gasdruck betrug dabei nur 2200 bar. Die .577 Nitro Express ist eine beeindruckende Patrone und ihre Durchschlagskraft und Stoppwirkung ist bereits Legende.

Sie liefert aber auch einen horrenden Rückstoß und erfordert einen unerschrockenen Schützen. Unter professionellen Elefantenjägern ist sie noch heute die Nr. 1 und viele gute Waffen, hauptsächlich Doppelbüchsen, wurden für diese Patrone eingerichtet. Eine Doppelbüchse in diesem Kaliber wiegt etwa 5,5–6 Kilogramm und dieses Gewicht ist gerade noch erträglich bei einer Jagd in Afrika. Das war wohl auch ein Grund, warum viele Jäger die .577 N.E. der .600 N.E. vorzogen, denn Doppelbüchsen in diesem Kaliber wiegen gut 7,5 Kilogramm. Oft liest man in alten Jagdberichten, dass die .577 N.E. gegenüber der .600 N.E. die höhere Durchschlagskraft hat. Hier liegt die Ursache aber weniger beim Kaliber selbst, sondern vielmehr bei den damals eingesetzten Geschossen. Die .600 N.E. wurde ursprünglich mit Kupfer-Nickelmantelgeschossen verladen, während bei der .577 N.E. Stahlmantelgeschosse, die wesentlich stabiler waren, zum Einsatz kamen. Die Penetration war daher besser. Diese Unterschiede dürften heute bei Verwendung moderner Geschosse verschwinden. Die Auswahl an Patronen ist nicht sehr groß und beschränkt sich auf das klassische Geschossgewicht von 750 Grains.

Kein großes Problem ist die Hülsenbeschaffung. Neben dem recht teuren Weg der Hülsenbeschaffung durch Verschießen von Originalpatronen sind neue .577 N.E.-Hülsen bei Johannsen, Neumünster, sowie Hülsen des australischen Herstellers Bertram zu bekommen. Die Auswahl bei den Geschossen ist erstaunlich groß, was aber wohl auch mit den neuen Kalibern, wie .577 Tyrannosaur oder .585 Nyati zusammenhängt, die den Geschossdurchmesser von .585 ebenfalls haben.

Als Treibladungsmittel kommen, in Anbetracht der riesigen Hülse, nur die extrem langsam abbrennenden Sorten in Frage. Gut geeignet sind Pulver wie Hodgdon 4831 oder IMR 7828. Die Werkzeugbeschaffung ist kostspielig und es müssen oft lange Lieferzeiten in Kauf genommen werden. Matrizensätze in diesem Kaliber liegen selten auf Lager. Die großen Hersteller wie RCBS oder Redding, aber auch Triebel können Matrizensätze liefern. Als Zündhütchen sollten nur starke Magnum-Zünder benutzt werden, um die große Menge progressiven Pulvers gleichmäßig und sicher anzuzünden. Die Geschosse müssen durch Crimp oder Einkleben gesichert werden.

Neben der .577 Nitro Express gibt es auch die .577 Black Powder. Aus diesen Waffen dürfen keine Patronen mit Nitropulver verschossen werden. Steht nur .577 auf der Büchse und ist kein Nitrobeschuss vorhanden, dürfen die modernen Patronen mit rauchlosem Pulver nicht verschossen werden. Es gab früher auch sehr leichte .577 N.E. Doppelbüchsen für die Tigerjagd, die mit 650-Grains-Geschossen benutzt wurden, da für die Jagd auf die Großkatzen nicht die volle Leistung benötigt wurde. Diese Büchsen verschossen nicht nur leichtere Ladungen, sondern waren auch nicht so stabil wie die schweren Elefantenbüchsen. Die nachfolgenden Patronen sind für schwere .577 N.E.-Büchsen mit 3“-Hülse ausgelegt und dürfen nicht in den leichten „Tigerbüchsen“ verschossen werden. Die besten Ergebnisse wurden mit 750-Grains-Geschossen erzielt. Die Versuche mit 900 Grains waren nicht sehr erfolgreich. Weder konnte eine befriedigende Präzision erreicht werden, noch war die erzielbare Mündungsgeschwindigkeit ausreichend. Die angegebene Ladung ist nur der Vollständigkeit halber enthalten.

Doppelbüchse von Fanzoj, Kaliber .500 NE mit Gravur von Ritchi Maier.

Ladedaten Kaliber .577 N.E.

Geschoss-hersteller	Geschoss-typ	Geschoss-gewicht Grains	Pulver-hersteller	Pulvertyp	Pulver-ladung Grains	Hülsen-fabrikat	Zünd-hütchen	Gesamt-länge (mm)	V_0 m/s
Degol	TM	530	Vihtavuori	N 550	140	Romey	CCI 250	91,5	715
Woodleigh	VM	750	Hodgdon	4831	151	Romey	CCI 250	91,0	620
Woodleigh	TM	750	IMR	7828	159	Romey	CCI 250	91,5	612
Woodleigh	VM	750	Alliant	RL 15	133	Romey	CCI 250	91,0	618
Degol	VM	750	Hodgdon	4831	150	Romey	CCI 250	91,0	616
Degol	TM	750	IMR	7828	154	Romey	Federal 250	91,5	610
Woodleigh	TM	750	Vihtavuori	N 165	140	Romey	Federal 250	91,5	612
Degol	VM	750	Norma	MRP	138	Romey	CCI 250	91,0	602
Barnes	BND Solid	750	Vihtavuori	N 550	133	Romey	CCI 250	91,0	615
Degol	TM	900	Vihtavuori	N 165	128	Romey	CCI 250	91,5	554

Als Testwaffe wurde eine Doppelbüchse mit einer Lauflänge von 65 Zentimeter benutzt.

.585 Nyati

Die .585 Nyati ist eine Entwicklung des amerikanischen Jagdjournalisten und Professional Hunters Ross Seyfried. Sie entstand, nachdem Seyfried mit einer .450 Nitro Express bei der Büffeljagd hinsichtlich der Stoppwirkung schlechte Erfahrungen gemacht hatte.

Bei professionellen Großwildjägern ist die .577 NE als verlässlicher „Elefantenstopper" bekannt. Seyfried wollte aber keine teure Doppelbüchse, sondern die Leistung der .577 NE in eine Repetierbüchsenpatrone übertragen. Er nahm die .577 NE-Hülse, entfernte den Rand, kürzte sie so weit, dass sie noch in ein Mauser-Magnum-System passte und verpasste ihr einen hinterdrehten Stoßboden, dessen Durchmesser nahe an dem der .416 Rigby liegt.

Dieser Konstruktion gab er den Namen „Nyati", was in verschiedenen afrikanischen Eingeborenensprachen soviel wie Büffel bedeutet. Damit ist der Einsatzschwerpunkt der neuen Patrone klar definiert. Als Geschossdurchmesser übernahm Seyfried den Originaldurchmesser .585, den auch die .577 NE verwendet, selbst wenn sie anders heißt. Damit können alle Geschosse der großen Randpatrone verwendet werden. Die ersten Umbauten erfolgten auf Basis der Winchester 70, heute werden auch gern Brünner 550 CZ Magnumsysteme verwendet. Was die Leistung der .585 Nyati angeht, so war Seyfried nicht gerade sparsam, wobei ihm aber die jetzt zur Verfügung stehenden Treibladungspulver entgegenkamen, die es zu der Zeit, als die .577 NE entwickelt wurde, noch nicht gab. Auch beim Gebrauchsgasdruck konnte er bei einer modernen Repetierbüchsenpatrone natürlich aus dem Vollen schöpfen. Das Ergebnis war eine Patrone von beeindruckender – viele sagen auch beängstigender – Leistung, die die alte .577 NE weit in den Schatten stellt. Die bewährte Randpatrone bringt ein 750-Grains-Geschoss auf 625 m/s und kommt damit auf eine Mündungsenergie von 9492 Joule. Mehr als ausreichend für alles Wild der Erde, wie Generationen von Elefantenjägern bestätigen werden. Seyfried gibt für seine .585 Nyati für das identische 750-Grains-Geschoss eine V_0 von 770 m/s an, was einer Mündungsenergie von 14 407 Joule entspricht. Über das verwendete Pulver und den Gasdruck schweigt er sich jedoch aus. Wer jetzt allerdings glaubt, Seyfried stände völlig allein auf dem Olymp der Patronen „für echte Männer", der irrt gewaltig. Brad Ralston brachte mit seiner .585 African Express eine fast identische Patrone heraus, die ebenfalls 585er Geschosse verwendet und für Repetierbüchsen gedacht ist und Art Alphin von A-Square legte mit der .577 Tyrannosaur, die auf einer völlig neu entwickelten Hülse basiert, aber auch den Geschossdurchmesser von .585 hat, nach.

Alphins .577 Tyrannosaur kommt auf 750 m/s und erzielt damit 13 669 Joule, was in Anbetracht der gegenüber der .585 Nyati deutlich größeren Hülse schon fast als bescheiden anzusehen ist, aber doch deutlich realistischer erscheint.

Bei den Ladeversuchen wurden die von Seyfried angegebenen 770 m/s bei 750 Grains Geschossgewicht lange nicht erreicht. Bei gut 740 m/s wurden die Zündhütchen langsam platt und die Kammer der umgebauten Brünner 550 CZ ging schon etwas schwer auf. Mit den jetzt anliegenden 13 300 Joule Mündungsenergie sollte man sich zufrieden geben. Es ist allerdings eher zu erwarten, dass die Wiederladebemühungen der meisten Besitzer einer .585 Nyati in die andere Richtung gehen werden. Der Rückstoß einer Repetierbüchse in diesem Kaliber, die so etwa 5–5,5 kg wiegt, ist wirklich gewöhnungsbedürftig, wobei sich eine ganze Reihe von Schützen daran sicher niemals gewöhnen wird. Etwas weniger Leistung – es ist eh mehr als genug davon vorhanden – zugunsten eines weicheren Rückschlages ist sicher nicht verkehrt. Die Ladetabelle enthält einige Laborierungen in dieser Richtung. Auch mit etwas reduzierter Ladung übertrifft die .585 Nyati „Warmduscher-Kaliber“ wie etwa .460 Weatherby Magnum immer noch um Längen. Eine gewöhnliche .416 Rigby ist schon fast Kleinkaliber dagegen. Es soll übrigens auch noch mal eine .585 Nyati mit verlängerter Hülse gegeben haben. Wer schon ein superlanges Büchsensystem hat, will schließlich keinen Raum verschenken und etwas mehr Leistung kann man vielleicht noch mal brauchen.

Aber Spaß beiseite. Fest steht, dass die .585 Nyati eine sehr leistungsstarke – und wie die Ladeversuche ergaben – auch erstaunlich präzise Patrone ist und der Umbau einer Repetierbüchse mit langem Magnumsystem, wie einer preiswerten Brünner CZ 550 Magnum, ohne allzu großen Aufwand möglich ist. Ob soviel Leistung jagdlich notwendig ist, ist eine andere Sache. Wer mit dem Rückstoß keine großen Probleme hat, hat mit einer solchen Büchse aber sicher eine echte Lebensversicherung in der Hand. Durchschlagskraft und Stoppwirkung sind enorm.

Die .585 Nyati ist eine echte Patrone für den Wiederlader, denn selbst A-Square, sonst für jedes Exotenkaliber zu haben, fertigt die Patrone nicht – hat man doch mit der .577 Tyrannosaur ein hauseigenes Kaliber in dieser Leistungsklasse. In den USA gibt es zwar einige Kleinhersteller, die Munition im Kaliber .585 Nyati anbieten, doch diese Patrone hier zu bekommen, dürfte mehr als schwierig und sehr aufwendig sein. Wiederladen ist allerdings kein Problem, denn die Komponenten sind zu bekommen. Hülsen gibt es bei der Fa. Johannsen, Neumünster, von Horneber und Bell und es können alle .585er Geschosse verwendet werden, wie sie auch in der .577 NE Verwendung finden.

Als Treibladungsmittel kommen die langsamen, aber nicht die ganz progressiven Sorten in Betracht. Gut geeignet sind Pulver wie IMR 4350, Norma 204 oder Alliant RL 15.

Als Zündhütchen sollten nur starke Magnum-Zünder benutzt werden, um die große Menge progressiven Pulvers gleichmäßig und sicher anzuzünden. Die Geschosse müssen durch Crimp oder Einkleben gesichert werden. Die besten Ergebnisse wurden mit 750-Grains-Geschossen erzielt. Die 900-Grains-Geschosse waren deutlich unpräziser.

Ladedaten Kaliber .585 Nyati

Geschoss-hersteller	Geschoss-typ	Geschoss-gewicht Grains	Pulver-hersteller	Pulvertyp	Pulver-ladung Grains	Hülsen-fabrikat	Zünd-hütchen	Gesamt-länge (mm)	V_0 m/s
Woodleigh	TM	750	IMR	4350	130	Horneber	CCI 250	87	672
Woodleigh	TM	750	IMR	4350	148	Horneber	CCI 250	87	745
Woodleigh	TM	750	Norma	204	136	Bertram	CCI 250	87	685
Woodleigh	TM	750	IMR	4350	140	Horneber	RWS 5333	87	730
Degol	VM	750	Alliant	RL 15	129	Bertram	CCI 250	88	675
Degol	TM	750	Vihtavuori	N 550	130	Bertram	CCI 250	88	682
Degol	TM	750	Alliant	RL 15	145	Horneber	Federal 250	88	742
Woodleigh	TM	750	Rottweil	R 204	140	Horneber	Federal 250	87	695
Degol	VM	750	Norma	204	145	Bertram	CCI 250	88	701
Degol	VM	750	Vihtavuori	N 550	128	Horneber	RWS 5333	88	680
Degol	TM	900	Hodgdon	4831	110	Horneber	CCI 250	88	630
Degol	VM	900	Hodgdon	4831	115	Horneber	CCI 250	88	636

Als Testwaffe wurde eine Brünner CZ 550 Magnum mit einer Lauflänge von 65 Zentimeter benutzt.

Dia .620

Geschosse mit diesem Geschossdurchmesser braucht die gewaltige Großwildpatrone .600 Nitro Express.

Geschosse mit dem Durchmesser von .620 werden von Barnes, Woodleight, A-Square und Degol hergestellt. Angeboten werden jeweils Teil- und Vollmantelgeschosse von 900 Grains. Barnes hat auch ein leichteres Geschoss mit 750 Grains Gewicht im Programm, das für die Laborierungsversuche aber nicht beschafft werden konnte. Es sind frühe .600 N.E. Doppelbüchsen mit engen Läufen bekannt, die für Geschosse von .616 ausgelegt sind. Aus solchen Waffen dürfen keine modernen .620er Mantelgeschosse verfeuert werden. Wer eine sehr alte .600er besitzt, sollte den Lauf ausmessen, ist er zu eng, dürfen nur Bleigeschosse benutzt werden.

Geschosspalette:

Hersteller	Geschosstyp	Geschossgewicht g/Grains	Patronen-empfehlung
A-Square	Dead Tough	58,3/900	.600 NE
A-Square	Lion Load	58,3/900	.600 NE
A-Square	Monolithic	58,3/900	.600 NE
Barnes	Teilmantel	48,6/750	.600 NE
Barnes	Teilmantel	58,3/900	.600 NE
Degol	Teilmantel	58,3/900	.600 NE
Degol	Vollmantel	58,3/900	.600 NE
Woodleigh	Teilmantel	58,3/900	.600 NE
Woodleigh	Vollmantel	58,3/900	.600 NE

.600 Nitro Express

Die Firma Jeffery brachte diese Patrone der Superlative im Jahre 1903 als Konkurrenz zur .577 Nitro Express heraus. Bis zum Erscheinen der .460 Weatherby Magnum – immerhin erst 55 Jahre später – war die .600 N.E. die stärkste serienmäßig geladene Gewehrpatrone der Welt.

Die .600 Nitro Express war von Anfang an für rauchloses Pulver konstruiert. Eine Schwarzpulverversion hat es nie gegeben. Das 900 Grains (58,3 g) schwere Vollmantelgeschoss der gewaltigen Patrone wirkt im wahrsten Sinne des Wortes umwerfend – wenn die Kugel richtig platziert ist. Die Stoppwirkung ist absolut zuverlässig – auch wenn die .600er Patrone nicht ganz die Durchschlagskraft der .577 Nitro Express erreicht. Ein Kopftreffer lässt einen angreifenden Elefanten sofort zu Boden gehen – auch wenn keine tödliche Stelle getroffen ist. Auf jeden Fall bleibt dann genug Zeit für den Fangschuss aus dem zweiten Lauf. Wer die Nerven hat, einen annehmenden Dickhäuter so nahe heranzulassen, um einen präzisen Schuss auf den Kopf anbringen zu können, und auch in der Lage ist, den gewaltigen Rückstoß ohne Mucken zu verkraften, ist mit einer Doppelbüchse im Kaliber .600 Nitro Express bestens ausgerüstet. Waffen in diesem Kaliber sind absolute Spezialwaffen und finden sich meist in den Händen von Berufsjägern, die sie aber auch nur bei der Nachsuche in unübersichtlichem Gelände einsetzen. Viele Experten halten sie mit einer Mündungsenergie von über 10 000 Joule allerdings selbst für Elefanten für überzogen. Ursprünglich gab es die Patrone in zwei unterschiedlich starken Laborierungen. Die stärkere war 594 m/s schnell (10 304 Joule), die schwächere 564 m/s (9287 Joule). Mit den heutigen, modernen Pulvern können Patronen in diesem Bereich problemlos geladen werden.

Patronen werden heute wieder hergestellt, was die Munitionsversorgung einer Waffe in diesem Kaliber wieder unproblematisch macht. Als die traditionsreiche Munitionsfabrik Kynoch ihre Pforten schloss, sah es eine Zeit lang schlecht damit aus. In Anbetracht der horrenden Kosten für eine Patrone und der Möglichkeit des Wiederladers, die Läufe einer Doppelbüchse durch Variationen bei der Laborierung zum Zusammenschießen zu bringen, ist die .600 N.E. eine für den Wiederlader interessante Patrone, auch wenn der Munitionsverbrauch bei diesem Kaliber naturgemäß nicht sehr groß ist. Fabrikpatronen sind in Deutschland von W. Romey erhältlich. Die A-Square-Laborierungen sind nur sehr schwer zu bekommen. Das Geschossgewicht ist bei allen Fabriklaborierungen 900 Grains. Die Hülsenbeschaffung ist durch das Verschießen von Originalmunition oder durch den Kauf von leeren Hülsen von Bertram oder Bell möglich. Kein billiges Vergnügen. Auch ein Matritzensatz kostete ein kleines Vermögen. Ähnlich exklusiv und teuer geht es bei den Geschossen zu. Als Treibladungspulver kommen nur die langsam abbrennenden Sorten in Frage, um eine möglichst hohe Ladedichte zu erhalten. Von Experimenten mit Füllstoffen sollte abgesehen werden. Die Geschosse müssen mit einem soliden Rollcrimp gesichert oder eingeklebt werden. Zum Anzünden der hohen Pulvercharge sind unbedingt Magnum-Zündhütchen erforderlich.

Ladedaten Kaliber .600 NE

Geschoss-hersteller	Geschoss-typ	Geschoss-gewicht Grains	Pulver-hersteller	Pulvertyp	Pulver-ladung Grains	Hülsen-fabrikat	Zünd-hütchen	Gesamt-länge (mm)	V_0 m/s
Woodleigh	Teilmantel	900	Hodgdon	4831	157	Romey	CCI 250	92,2	578
Degol	Teilmantel	900	Vihtavuori	N 165	152	Romey	CCI 250	92,2	564
Woodleigh	Vollmantel	900	IMR	7828	164	Romey	RWS 5333	92,2	576
Woodleigh	Vollmantel	900	Alliant	RL-22	158	Romey	Federal 215	92,2	580
Degol	Vollmantel	900	IMR	7828	163	Romey	CCI 250	92,2	574
Degol	Vollmantel	900	Norma	MRP	150	Romey	CCI 250	92,2	571
Barnes	Teilmantel	900	Vihtavuori	N 165	151	Romey	CCI 250	92,2	570
Degol	Teilmantel	900	Norma	MRP	153	Romey	Federal 215	92,2	576
Woodleigh	Vollmantel	900	Hodgdon	4831	165	Romey	Federal 215	92,2	575
A-Square	Lion Load	900	Vihtavuori	N 165	154	Romey	RWS 5333	92,2	570
A-Square	Lion Load	900	Alliant	RL-22	157	Romey	CCI 250	92,2	574
Degol	Teilmantel	900	IMR	7828	162	Romey	CCI 250	92,2	572

Als Testwaffe diente eine H&H Doppelbüchse mit 65 Zentimeter langen Läufen.

NEUMANN-NEUDAMM

NORBERT KLUPS

Das 1 x 1 der Präzision

Präzisionswaffen, Schießtechnik, Ballistik für Jäger und Sportschützen

2., überarbeitete und stark erweiterte Auflage
Hardcover, 192 Seiten
136 Farbabbildungen
Format: 16,8 x 23,5 cm
ISBN 978-3-7888-0970-6

Der präzise, möglichst sofort tödliche Büchsenschuss ist die Visitenkarte des Jägers. Dazu sind drei Dinge nötig: Eine wirklich genau schießende Waffe, perfekte Schießtechnik und die Kenntnis der tödlichen Trefferzonen bei den verschiedenen Wildarten. Diese drei Grundvoraussetzungen werden im Buch von Norbert Klups eingehend behandelt. Im ersten Abschnitt geht es um die Waffentechnik und die damit verbundenen Komponenten wie Zielfernrohre und Zielfernrohrmontagen. Neben dem Tuning von Serienwaffen wird auch der Bau einer Custom-Büchse besprochen. Im zweiten Teil des Buches erläutert Klups den optimalen Anschlag in den unterschiedlichen Positionen, erklärt das so wichtige Einschießen der Büchse und setzt sich mit der Ursache von Fehlschüssen auseinander. Im dritten Abschnitt geht es um Außenballistik, Kaliber und Wildarten und um die Wirkung des Büchsenschusses.

Verlag J. NEUMANN-NEUDAMM AG
Schwalbenweg 1
34212 Melsungen

Tel.: 05661-9262-0
info@neumann-neudamm.de
www.neumann-neudamm.de

NORBERT KLUPS

Großwildbüchsen

2. Auflage
Hardcover, 240 Seiten
Zahlreiche Abbildungen
Format: 16,8 x 23,5 cm
ISBN 978-3-7888-1114-3

Sie sind nicht nur Waffe und Handwerkszeug, sondern gleichzeitig Kunstwerk und Liebhaberobjekt. Großwildbüchsen müssen mehr leisten als die Alltagsbüchse daheim, die richtige Büchse kann im richtigen Moment sogar Leben retten. Daher ist die Beziehung, die der Großwildjäger zu seiner Waffe hat eine ganz besondere und kommt in Gravuren, Schaftverschneidungen und Technik, Material und nicht zuletzt auch dem Preis der Waffe zum Ausdruck. Der Fachautor Norbert Klups hat in dieser 2., wesentlich erweiterten Auflage die wichtigsten Modelle vorgestellt, sie in der Praxis getestet und die Handhabung beschrieben. An diesem Buch kommt der Auslandsjäger nicht vorbei.